中国科普大奖图书典藏书系

地球传

徐 刚◎著

长江出版传媒 湖北科学技术出版社

图书在版编目(CIP)数据

地球传 / 徐刚著. —武汉：湖北科学技术出版社，2021.11(2022.6 重印)
(中国科普大奖图书典藏书系/叶永烈，刘嘉麒主编)
ISBN 978-7-5706-1619-0

Ⅰ. ①地… Ⅱ. ①徐… Ⅲ. ①地球—普及读物
Ⅳ. ①P183-49

中国版本图书馆 CIP 数据核字(2021)第 179785 号

地球传
DIQIU ZHUAN

责任校对：陈衡宇
责任编辑：万冰怡
封面设计：胡　博

出版发行：湖北科学技术出版社
电话：027-87679468
地　　址：武汉市雄楚大街 268 号
(湖北出版文化城 B 座 13-14 层)
邮编：430070
网　　址：http://www.hbstp.com.cn

印　　刷：武汉中科兴业印务有限公司
邮编：430071

710×1000　1/16　20.5 印张　2 插页　280 千字
2021 年 11 月第 1 版　2023 年 6 月第 2 次印刷
定价：49.50 元

总 序

ZONGXU

我热烈祝贺“中国科普大奖图书典藏书系”的出版！“空谈误国，实干兴邦。”习近平同志在参观《复兴之路》展览时讲得多么深刻！本书系的出版，正是科普工作实干的具体体现。

科普工作是一项功在当代、利在千秋的重要事业。1953年，毛泽东同志视察中国科学院紫金山天文台时说：“我们要多向群众介绍科学知识。”1988年，邓小平同志提出“科学技术是第一生产力”，而科学技术研究和科学技术普及是科学技术发展的双翼。1995年，江泽民同志提出在全国实施科教兴国战略，而科普工作是科教兴国战略的一个重要组成部分。2003年，胡锦涛同志提出的科学发展观既是科普工作的指导方针，又是科普工作的重要宣传内容；不是科学的发展，实质上就谈不上真正的可持续发展。

科普创作肩负着传播知识、激发兴趣、启迪智慧的重要责任。“科学求真，人文求善”，同时求美，优秀的科普作品不仅能带给人们真、善、美的阅读体验，还能引人深思，激发人们的求知欲、好奇心与创造力，从而提高个人乃至全民的科学文化素质。国民素质是第一国力。教育的宗旨，科普的目的，就是为了提高国民素质。只有全民的综合素质提高了，中国才有可能屹立于世界民族之林，才有可能实现习近平同志提出的中华民族的伟大复兴这个中国梦！

中华人民共和国成立以来，我国的科普事业经历了：1949—1965年的创立与发展阶段；1966—1976年的中断与恢复阶段；

1977—1990 年的恢复与发展阶段；1991—1999 年的繁荣与进步阶段；2000 年至今的创新发展阶段。60 多年过去了，我国的科技水平已达到“可上九天揽月，可下五洋捉鳖”的地步，而伴随着我国社会主义事业日新月异的发展，我国的科普工作也早已是一派蒸蒸日上、欣欣向荣的景象，结出了累累硕果。同时，展望明天，科普工作如同科技工作，任务更加伟大、艰巨，前景更加辉煌、喜人。

“中国科普大奖图书典藏书系”正是在这 60 多年间，我国高水平原创科普作品的一次集中展示。书系中一部部不同时期、不同作者、不同题材、不同风格的优秀科普作品生动地反映出中华人民共和国成立以来中国科普创作走过的光辉历程。为了保证书系的高品位和高质量，编委会制定了严格的选编标准和原则：①获得图书大奖的科普作品、科学文艺作品（包括科幻小说、科学小品、科学童话、科学诗歌、科学传记等）；②曾经产生很大影响、入选中小学教材的科普作家的作品；③弘扬科学精神、普及科学知识、传播科学方法，时代精神与人文精神俱佳的优秀科普作品；④每个作家只选编一部代表作。

在长长的书名和作者名单中，我看到了许多耳熟能详的名字，倍感亲切。作者中有许多我国科技界、文化界、教育界的老前辈，其中有些已经过世；也有许多一直为科普事业辛勤耕耘的我的同事或同行；更有许多近年来在科普作品创作中取得突出成绩的后起之秀。在此，向他们致以崇高的敬意！

科普事业需要传承，需要发展，更需要开拓、创新！当今世界的科学技术在飞速发展、日新月异，人们的生活习惯和工作节奏也随着科学技术的进步在迅速变化。新的形势要求科普创作跟上时代的脚步，不断更新、创新。这就需要有更多的有志之士加入到科普创作的队伍中来，只有新的科普创作者不断涌现，新的优秀科普作品层出不穷，我国的科普事业才能继往开来，不断焕发出新的生命力，不断为推动科技发展、为提高国民素质做出更好、更多、更新的贡献。

“中国科普大奖图书典藏书系”承载着中华人民共和国成立60多年来科普创作的历史——历史是辉煌的，今天是美好的！未来是更加辉煌、更加美好的。我深信，我国社会各界有志之士一定会共同努力，把我国的科普事业推向新的高度，为全面建成小康社会和实现中华民族的伟大复兴做出我们应有的贡献！“会当凌绝顶，一览众山小”！

中国科学院院士
华中科技大学教授 杨叔子 二〇一二 九．廿八

目录

非洲大裂谷的东边猜想

我们在自然界看见的不是字，而是字的开头字母，当我们随后想读时，却发现新的所谓字又不过是另外的开头字母。

——利希滕贝格

亲爱的读者，在叙述——猜想——天地玄黄、混沌初开之前，我们似应简略回顾一番人类认识地球的历程，为此又不能不涉及人之初的若干推测与判断。

人类的历史总是支离破碎的。愈是遥远的史前时代，其破碎和贫乏愈是达到空前的程度，人类学家便在这几百万年的近乎空白中寻觅、挖掘、想象。那些离体的牙齿、破裂的头骨、单块的骨骼似乎都闪烁着灵光，但那灵光是幽暗而断续的，不过是史前时代的几个字母、几块断片。然后是拼接或者说拼凑，成为历史的某种线索，“如果没有这些线索，我们就无法叙述人类史前时代的故事了。”(《人类的起源》理查德 · 利基著)1969 年，理查德 · 利基去探测肯尼亚北部特卡纳湖东岸地区的古老砂岩堆积，他相信“那里的成层堆积物是富有潜力的古老生命的库藏”。终于在一个烧灼般的中午，理查德 · 利基写道：“突然，我看见就在我们正前方的橙色沙土上，有一具完整的化石头骨，它的眼眶茫然地凝视着我们。”这是早已灭绝的人类的一个物种——南方古猿鲍氏种的一具头骨，在埋没了175万年之后重见天日的原因很简单，是季节性的河水把它从沉积层中冲刷、剥离而出，而且恰恰走进了一个考古人类学家的视野中。可是，在这之前难以计数的季节性洪水中，它为什么避而不现呢？就在理查德·利基拾获这具头骨之后的几个星期，特卡纳湖东岸，倾盆大雨便溢满了这个干涸的河床，洪水浊流滔滔滚滚。

是理查德·利基来得更是时候？还是南方古猿鲍氏种的在天之灵促使它显现的呢？

关于人类起源，有多种说法，而所有起源的故事都是那样扑朔迷离、激动人心。

荷兰古人类学家科特兰特率先提出的“人和猿在非洲分歧的裂谷假设”，以及法国人类学家伊夫·柯盘斯1994年5月发表在美国《科学与美国人》上的《人类起源的东边故事》，均指出：正是因为非洲地理环境的深刻变化，使人和猿的共同祖先分开了。

我们能不能这样说呢：当起源时，是环境创造了人。

1500万年前的非洲是绿色的非洲，从西到东都为葱郁的森林覆盖，林中居住着形形色色的灵长类动物，包括不同种类的猴与猿，猿的家族最为庞大。非洲的森林不再平静，是在以后的几百万年里，非洲大陆东部地壳沿着红海，经过今天的埃塞俄比亚、肯尼亚、坦桑尼亚等地一线裂开，埃塞俄比亚和肯尼亚的陆地抬升，形成海拔270米以上的高地，非洲的地貌及气候从此改观。由西向东的大面积的森林被分割、破坏，和谐一致的气流不复存在，隆起的高地使非洲东部成为少雨地区，丧失了森林生长的条件，单一的森林环境演化成为片林、疏林、灌木与高地互为镶嵌的环境。

> 古猿们一定很惶惑，熟悉的潮湿多雨的环境消失得如此之快，出于生存的本能，它除了设法改变自己外，别无他路。

不过,真正不可思议的时间是在1200万年前,地质力量似乎是漫不经心地在非洲大陆撕开了一条更大的裂缝,这是深刻的裂缝,无法修补的裂缝,这就是漫长而弯曲的非洲大裂谷,大裂谷成为天然屏障。古猿们被彻底分开了,或许在分隔之初,大裂谷西边的猿看起来要幸运一些,西边是湿润的树丛环境,与原先的大森林相差无几。裂谷东边的猿却面对着更加复杂的地理环境,从高原到斜坡直落900多米的炎热干旱的台地,还有稀树草地,总而言之,它们面对着几乎束手无策的辽阔与广大。

法国人伊夫·柯盘斯认为,大裂谷对人猿的分道扬镳是至关重要的,他说:"由于环境的力量,'人'和'猿'的共同祖先的群体本身就分开了。共同祖先西部的后裔致力于适应生活在湿润的树丛环境,这些就是'猿类'。相反,共同祖先东部的后裔,为了适应它们在开阔环境中的新的生活,开创了一套全新的技能,这些就是'人类'。"在柯盘斯看来,这是"人类起源的东边故事"的开头。

"东边故事"的接下来的猜想,便更加精彩纷呈了:古猿的直立行走,最初的制造工具,脑容量增大,狩猎与食肉,第一次说话,第一次性交,第一次生育,等等。

那么,肯尼亚北部特卡纳湖东岸的那一只古猿,因何葬身此地呢?是游玩?找水?觅食?还是迁徙途中的落伍?

还是理查德·利基,在1984年夏天,他和同事们决定去勘查特卡纳湖西岸,"8月23日,在一个狭窄的被季节性水流刻蚀成的沟壑附近,一个斜坡上的砾石之间",他们发现了一块古人类的头骨,进而开始寻找其他碎片。他们共勘查了7个月,搬走了1500吨的沉积物,"最终得到了一个人的几乎全身的骨骼。这个在160多万年前死于古代湖边的人,我们叫他特卡纳男孩,死时刚满9岁,死因不明"。

作为肯尼亚国家博物馆馆长,理查德·利基当然是欣喜若狂的,对所有古人类学家来说,连做梦都在想着的便是能得到一具完整的古人类骨骼,那是真正遥远的追寻,属于人类的起初和开始。

你好，特卡纳男孩！

你为什么9岁便死了呢？而且刚好是死在特卡纳湖的另一边。

特卡纳男孩是直立人种的成员之一。

距今大约200万年前，直立人在历史舞台上出现了，我特别提醒读者注意理查德·利基的下面这句话："这时的人类史已经很长了。"这个所谓很长的时间年限是700万年前，第一个人的物种出现，但在直立人之前，所有的人的物种虽然已能两足行走，脑子却很小，漏斗形的胸廓、短颈且没有腰部。只有直立人才产生了许多像今天的人的身体特征。

人类史前时代进入200万年时，明显地经历了一场巨大的革命性的改变。

1997年12月31日《参考消息》援引法新社文章称：南非发现200万年前婴孩化石。这是1997年最后的好消息，在笔者看来，同一版上的《美提出新型对撞核聚变反应堆方案》《1997年重要科技成果100项》等，都相形失色了。

文章说：蒙昧时代，南非大草原时有严寒肆虐，一天，两个婴孩大概为了避寒钻进了一个山洞，可他们发现这岩洞里并不只有他们两个，一只吃人的野兽已待在这里了……

没有任何证据能证明这个200万年前南非野兽吃人的故事的存在，同样也没有任何证据能证明它的不存在。在证实与证伪之间，人们还可以想象多种别的可能，比如这个岩洞本来是我们老祖宗发现的，后来成了家园之地。这种在今天看来极为平常的山洞、极为平常的发现，在200万年前却绝不寻常，甚至可以说是史前人类大发现之一端。要知道值此蒙昧将开未开之际，任何一种不同以往的地形地貌所引起的新奇或惊讶，以及探险的冲动，都会极大地刺激古人类的大脑，并且成为他们原始经验积累之开始，继续发现的动力，是人类认识地理多样性的难能可贵的开端。他们面对这个岩洞肯定觉得奇怪也好玩，有新鲜感，便试着钻了进去。比起开阔的高地，岩洞能给他们安全感，从此就成了他们的家，在岩洞里休息、躲避风雨和严寒，还生养后代。后来的某一天，因为某种紧急情况，他们不得不把孩子留在洞中而全体走入严寒中了。

这是异乎寻常的。非洲古人类通常是一群一群地生活，每群几十人，雄性的个体外出狩猎，雌性的则在住地附近采集，照看下一代。距南非比勒陀利亚30千米的德里默伦的那一个岩洞中，居然除了两个小孩以外全体弃洞而去，不知道究竟发生了什么事情？除了严寒、饥饿，会不会在别的凶猛动物的挑衅下有过一场恶战？或者同类中因为饥饿而在打斗之后互相残杀、吞食呢？

总而言之，这两个小孩是被孤零零地留在山洞中了。

法国和南非的联合考古小组，从岩洞中首先发掘到的是一些牙齿、一个颌骨、两块颅骨及一个不到3岁小孩的前臂骨骼。第二个孩子更小，不足1岁，他的遗骸化石是两个半颌骨、几只牙齿及一个属南方古猿类的婴孩头颅的前额部分。考古专家在巴黎出示了这些化石，同时强调，“这是相当远古的人类最完整也是年龄最小的婴孩化石”，而对第二个发现，可称为“远古人类中年龄最小的婴孩”。

他们夭折了。

简短的消息没有告诉读者这两个200万年前的孩子是男孩还是女孩。

现在，面对这个山洞，面对这些破碎的骸骨的父亲和母亲，要猜想他们的举手投足。

> 这才是人类发现地理、地球的真正的开始。因为缺少实证，史前地理大发现常常被一笔带过，但，毫无疑问正是我们的初民始祖，扛着木棍、手执石块的流浪的足迹，后来成了地球上各有特色的人类家园的最早的、悲壮的奠基。

人类始祖是从大自然轰隆剧变中产生的大裂谷开始，茫然而新奇地认识地球的；它们不再以爬树为生存的主要技能后，双脚站地直立行走便成了最初的高瞻远瞩；大地的开阔及镶嵌地貌的多样复杂，除了不断有所地理发现外，也使我们始祖的简单思维逐步走向复杂思维。

其实很难断定大裂谷东西两边人猿分歧之初，东边的“人类”是否羡慕过西边的猿类？它们曾经互相思念过吗？对大裂谷本身的不解与恐惧又延续了多久？我们甚至可以设想：东西两边相望相闻的同宗同祖的“人”与猿还曾偶然地发现过对方，那是西边的猿在树上荡秋千玩，东边的“人”沿着裂谷的陡壁步履维艰地走向高地草丛时，这些“表兄弟”遥遥对视的一瞬间，发出过最初的呼喊吗？——那不是语言只是声音而已——但又不是一般的声音。或者只是无奈，因为它们只能各走各的路了。

关键在于东边。

无论乐意不乐意，他们已经站起来了，在失去原始大森林的依托之后，生的本能的挣扎意味着他们要走很长很长的路。

走路是什么？走路的当初没有目的地，没有目的地的走路才是真正的走路，类似漫游或者流浪，但会有意料之外的发现。渴了，便找到了特卡纳湖；饿了要找东西吃，便找到了稀树草原上野生的各种果实；困了要睡觉，先是倒地而眠，可是在严寒季节却幸运地发现了山洞。同时，他们也面对着晨昏交替、雨雪风霜、草木枯荣，以及天黑之后那神秘的、有点可怕的、高深莫测的星空、冷月和闪闪烁烁的繁星。

一个惊心动魄的问题是：直立人是怎样一步一步地从非洲向欧洲和亚洲迁移的？

那时世界的气候与地理形势大致是：覆盖欧洲的冰雪一直延伸到泰晤士河、德国中部和俄罗斯一带；法国与不列颠岛之间并无海峡阻隔；地中海与红海还都是洼地，较深的可能是大湖；今天已成为内海的黑海，当时横亘东欧南部并远及中亚。史前人类虽然直到很晚才进入大洋洲和美洲，但到旧石器时代晚期之初，欧洲和亚洲发生了最后一次史前人类大迁移，或者说是最后完成了史前地理大发现，除了南极洲以外，人类的始祖已经走遍世界各地，人类在地球上分布的格局已大体完成。在这一次史前人类大迁移中，澳大利亚北部第一次被人类占据，第一批大洋洲人南迁至澳大利亚的斯旺河谷地，以及半干旱的芒戈湖一带。“这样的迁移还意味着在亚洲大陆和澳大利亚北部之间的沿海先民，已经开始人类史最早的海上航行了。”(《第四纪环境》刘东生等编译)人们始终认为第一批到美洲的居民是苔原居民，当冰期时海平面下降，他们步行通过白令陆桥到达阿拉斯加。奇怪的是，他们宁可追随猛犸象等兽群之后步行而拒绝坐船作海上航行，部分的原因可能是对大洋的惧怕，而跟着兽群的好处是，除了有野兽先行探路之外，兽群同时又是他们的食物来源，肚子饿了便捉住一只宰杀、分食。这是到北美洲的最早的原始猎人，其时的白令陆桥是南北宽1500千米的大草原，大草原上的这一幕景观现在已尽在波涛汹涌中了。可以想见的是，猛犸象笨重的步伐，原始猎人茫然的目光，他们肩扛木棒、手执石器的身姿后来成了一个人种一大片地域的游牧文明的形象。这是一支奇怪的队伍，没有旗帜，没有号令，没有宣称“发现”了什么，没有歌功颂德，而只是默默地行走。人是有目的吗？那么猛犸象呢？兽是无目的的吗？可是又为什么人随兽走呢？

通常认为，他们是在走向一个文明的新的起点，但他们并不欢欣鼓舞，而仿佛只是以行走的方式走自己该走的路，或许有憧憬，或许有叹息，或许有失落的木器与石器，不知道是已经随波逐流而去呢？还是埋进了白令海峡下的洋中山脉？

无论如何，一个时代——旧石器时代快要过去了——亲爱的读者，现在让我们来回顾并且体会那个时代的木棒、石片以及人类始祖对地球的最简单、最早也是最纯情的触摸。

这是一个特别漫长的时代，大约距今300万年至七八千年，全世界的历史学家、古人类学家对这一时代已经有了不少共识，并载入了教科书。但这个时代仍然是疑云重重的。笔者曾在《森林与人类》上读到过一篇文章说，在人类的旧石器时代之前，还应有一个木器时代，因为原始人类最早熟悉并有可能加以利用的，首先是也只能是木器，而这一不应忽略的时代，因为木器容易腐朽不易保存而被忽略了。

笔者深有同感。

试想一下，当人之初，走出丛林或非洲的稀树草原茫然回顾，要在一个新的环境中生存时，他随手可得的工具，除了树枝、木棍还能是什么呢？或者还可以这样说，森林和稀树草原也是原始人认识大地的开始——这些树这些草因何能立足？为什么枯，为什么荣？为什么有的落叶，有的不落叶？为什么有的地方长树长草，有的地方干旱荒凉？在原始人眼里，地球与大自然的最初印象是以绿色为标记的，直到并不遥远的18世纪的一些游牧民族，和今天南非的仍以狩猎、采集为生的布须曼人，还是逐水草而居。可以说这是自有人类以来最熟悉、最基本、最不可或缺的生存条件。

还不妨进而猜想：当原始人行将站立，有没有过扶树而立、拄棒而行的初级阶段？

为了采集，会不会借助木棍实施打击和挖掘？

抵挡野兽的攻击时，木棍是不是最早的武器？

另外，长长短短、粗粗细细的木棍也许还是原始人唯一可爱的玩具。把一根木棍突发奇想地抛到空中，看着它落下，后来还有人居然能用手接住，你说好玩不好玩？除了食、色，玩，难道不也是人的天性？

我读过卷帙繁多的人类学家的著作，并获益匪浅，如果没有这一切，我甚至无法写作这本书，当然也有遗憾：即便是很富有想象力的作者，也从未论及这样一个令人怦然心动的话题：原始人类玩不玩？玩什么？怎样玩的？又是如何因玩而促进了大脑和心智的发展，并有了若干发现的？

哪怕是完全凭着猜想来描述原始人类的玩的图景，也不是一件轻松的事情，因为所有“记录”都消失在几十万年、几百万年的时空之间了，而且肯定不会有“玩的化石”留在岩层中。但，我们不妨先想一想动物园里的动物，从猿、猴到大熊猫、长颈鹿等，如果你去过更广大的自然保护区，见过白天鹅、丹顶鹤，你肯定会得出这样的结论：动物很会玩、很爱玩，它们嬉戏、追逐、厮打、鸣叫，在鸟类中雄的喂饲雌的以示爱意、千辛万苦地筑窝以为爱巢，等等。在辽宁盘锦的百万亩大芦荡中，我几次探访过的鹤类则更善于翩翩起舞，其情其状其绝妙姿态真可谓风情万种！

今天，人不得不在动物身上去寻找人的天性，或者回忆我们自己不可复得的只有童真、稚趣、奔跑、玩耍、无忧无虑的童年和少年，当广及人类时，能不能说那起源之初的岁月，也是最愚顽、最爱玩的岁月？

面对着自然博物馆里陈列的我们始祖的头骨化石，望着那些大睁着的迷茫的眼眶，我总觉得历史始终注视着今天，我们是不是不肖子孙？那颅骨上的裂纹因何而来？他们有生有死，有欢乐有痛苦，那是祖先的一部分，在不知多少世代过去之后，我的血肉告诉我，我们是有血肉联系的，并且有着天性、基因的遗传，比如吃喝玩乐，比如斗勇好胜，比如成群结队，等等。

原始人类的玩耍、劳动、狩猎都是与原始社会的地理环境密切相关的。他们肯定有过被饥饿、猛兽、严寒逼迫的日子，也因惊雷闪电、地震滑坡而惊吓。但，几十万年前的地球上，至少清水与野生的果实是充足的，一般情况下，老祖宗们不会有肚饿之忧。后来他们想吃肉，第一次吃肉很可能是吃狮子、老虎吃剩下的零碎，或者吮吸带血的骨架，味道很好，这是茹毛饮血的开始。

大裂谷东边的故事中很可能有这样一个片段：

> 那是秋日，天高云淡，风也柔和，他们手持木棍在空中飞舞着，有声音，这是什么声音呢？那声音惊动了稀树草原上的鸟及野兔，他们很高兴，那就是高兴，不要问为什么高兴。高原空旷而辽远，他们乘兴走着，有河流，水清极了，用木棒撩水，说不定还真的打过水仗。另一个发现其实很平常，古人类学家却说是里程碑式的，他们看见河滩上有石块，用木棍一拨便滚动着撞到了另一块石头上，于是石头开始进入人类的视野。

据我的猜想，原始人类发现石头之初，也不过是把石头当作玩具，石块的各种形状和不同的颜色以及石块的重量，都吸引了他们的注意力。他们曾经把不同形状的石头堆放在一起，然后再分开排列。请读者注意“不同形状”这一词语，这是人类最初见识形状，当然是感性的。也就是说，所有的形状都是大自然的存在，人类从未发明过任何形状。他们互相投石接石以为游戏之初，甚至并不知道石块可以作为打击的武器。石块最初作为工具出现，也许是并非下意识地用来刮削一根树枝，它的锋利是在简单而又重要的实践中被发现的，并成了稍后开始的狩猎与屠宰的制胜法宝。

人类学家说，大约在250万年前，原始人开始用两块石头互相碰撞，以制造边缘锋利的工具，从而开始了人类史前时代的技术活动。不过，我们仍然有理由假设当初两块石头之间的互撞互击，还只是选择性制作的偶然开始，是无意间的碰撞，然后才是为获得工具而进行的选择性制作。及至我们的古人有意识地要把石块打制成某种工具，比如刮削器、砍削器、手斧、石刀时，便有了对石头原料的选择，使用最多的是燧石、黑曜石、角岩、石英岩等。这些石料质硬而脆，容易打制出锋利的断口。显然，这样的原材料并不是随手可得的，必须去寻觅，翻山越岭地探察采石，从而获得了最初的地球表面的一些知识。

他们曾经面对大山沉思默想过吗？

山因何高？水因何流？

无论是足、手、目光或者仍然简略的思维，这一切都是人类对地球的初始触摸，纯真无邪，至情至性。

> 人说这个漫长的时代是沿着枯骨与石头的踪迹向前时，还是有物为证的。笔者不得不采用“猜想”这一字眼，实在不是出于谨慎而是心怀崇敬，谁能留下脚印呢？谁能留下抚摸时的目光和手的温情呢？没有留下的年代便是空缺的年代吗？
>
> 那是大空缺，大到“无”，大到“不以有为有”。随着

时光往前推进，我们的地底下有层出不穷的证物在，但谁也不会怀疑：最初是想象——食、色、玩和劳动将要创造人类早期辉煌的文明史。

初始认知的幽微火光

如果提到原始，就应说原始的话，那就是诗一般的语言……当我深入此荒芜的岩缝时，我首先羡慕诗人。

——歌德

我们生活在历史中。

那荒芜的岩缝依然荒芜吗？

置身中国西安东郊渭水支流浐河之畔的半坡遗址，在那些半地穴式的房屋中沉思，6000年前的尘埃、气息和氛围扑面而来，人类从木器、旧石器时代走来的足音，仿佛还留有余响。大裂谷东边人类起源的故事，经过200多万年的跋涉，广布地球的同时，其中的一个章节留在半坡了。

人类认识地球的脚步，不知为什么骤然加快了。

3000～2000年前，中国和世界上别的一些文明古国几乎不约而同进入了封建社会，史称中古时期。冶炼业和炼丹术的发展，使人类社会产生了更多地寻找矿物、更多地了解地球的渴望。在中国，最迟到春秋（公元前770—公元前476年）战国（公元前475—公元前221年），金、银、铜、铁、锡、水银都先后被应用。到汉朝（公元前206—公元220年），还设有专职的盐官、铁官等，并有了作为医药的雄黄、磁石、滑石、琥珀等，用于装饰的各种玉石、宝石，均为采自深山野岭的天然矿物。

人类正不断地撩起地球神秘的面纱，目光渐次深入到地表之下，开始远望海陆更替了。

“最早关于矿物知识的文字记载可能要算我国的《山海经》了。”(《地球是怎样演变的》何国琦)多数研究者认为，这部杰出的古代地学著作是战国时期的作品，其中若干内容完成于西汉初年(公元8年)。《山海经》把其时华夏大地上的447座山分成26列，有条不紊地描述了它们的位置、高程、陡峭、形状、谷穴与面积大小，对河流的来龙去脉，河口、分水岭、河水涨落的季节变化也有记述。尤为难得的是，《山海经》记载的矿物、岩石多达80余种，矿物产地500多处，并将矿物、岩石分成金、玉、石、土四类，对它们不同的色泽、透明度、手感、磁性、声响等物理性质也有涉及。《山海经》还注意到了某些矿物的共生现象，如赤铜与砺石；铁、美玉与青垩；金玉与赭石等，令读者叹为观止。

《禹贡》是战国时期的作品，分《九州》《导山》《导水》《五服》四部分。就地学知识和地学思想的广度及系统化而言，较之《山海经》又跨前了一步。它根据山脉、河流、大海的自然分界，把古代中国分为九州，又把九州的土壤分为白壤、黑纹、涂泥、青黎等八类，是为九州八土说。《禹贡》记山已有了萌芽状态的山系概念，自北而南、由西向东的四大山系，大体勾画出了中国地势的轮廓。关于河流的记载也是自北而南、先干流后支流，叙述了九条河流的水源、流向、流经地、流量变化及河口内容，为中国水文地理的先声。

托名管子其实是他人所作的另一部地学著作《管子》，成书年代不晚于西汉。在《管子・地数篇》中，有关矿石分布的精辟见地，至今仍为地矿工作者津津乐道，“上有丹砂者，下有赤金；上有慈石者，下有铜金；上有陵石者，下有铅、锡、赤铜；上有赭者，下有铁。”无疑，这一切只能得之于经验，那时还没有理论，可惜我们已无从得知战国、西汉时期采石探矿者的详情了。《管子》对土壤的论述要比《禹贡》更详细，根据土色、质地、结构、孔隙、盐碱性、地形、水文、植被、环境条件分出上土、中土、下土三个等级，每级6

类共18类。

地球人都在观察、思考、触摸地球。

古希腊是不可思议的,因为古希腊有太多特立独行、冥思苦想的人。

古希腊的想象最初推动了古希腊的理性思维。

古希腊的理性思维最后埋葬了古希腊的想象。

公元前5世纪,毕达哥拉斯基于立体图形中他认为最美的是圆形而声称:地球是圆的。他没有证据,不屑于诉诸任何经验,但他第一个说地球是圆的。到公元前3世纪,亚里士多德的学生狄奥弗拉斯图别出心裁地写了一本名叫《论石头》的书。公元前250年左右,埃拉托色尼第一个提出了“地理学”这个名词和概念,并写了《地理学通论》3卷,对地球的形状、大小、海陆分布作了极为大胆地想象与阐述,把世界分成欧洲、亚洲、非洲及一个热带、两个温带和两个寒带,还大体划分了界线。埃拉托色尼的最惊人之举是实地测算地球的大小,他在埃及亚历山大港以南约800千米的锡恩小镇,找到一口干枯了的深井,埃拉托色尼发现——埃拉托色尼已在这枯井边上徘徊很久了——夏至那天中午的阳光是垂直射入这一口深井的。而在深井北边的亚历山大港,夏至的阳光却是斜射投出可以测量的影子的。太阳是一个遥远的光源,足可把它的光线看作完全平行的射线。因此,埃拉托色尼以几何运算法求出锡恩深井和亚历山大港的角度差约为圆周的1/50,以50乘800千米,他便得到了人类史上第一个地球圆周的近似值,再把当时用的古希腊长度单位换算成千米,算出的地球圆周约为40200千米(近代测算为40075千米),直径约为12900千米(近代测算为12741千米)。

对埃拉托色尼来说,这是一次简陋得惊人的测量,
在公元前250年,这又是一次精确度近乎完美的测算。

在意大利有一个人的名字是与维苏威火山紧密相连的,他就是公元前1世纪的古罗马地理学家、历史学家斯特拉波。这位公元前的大地上的行者,在游历了希腊、小亚细亚、埃及、埃塞俄比亚和意大利之后,写成《地理

学》17 卷。开头 2 卷，他论述了以天文及几何学为基础的数理地理学；以后的 15 卷，则以他的博学和知识分别对欧、亚、非三洲的自然特征、地理环境、城市、物产、民俗做了描述，试图以自然环境的作用和影响，解释林林总总的人文世界。

斯特拉波的真正不同凡响处，是他作为预言家的深邃与想象力，他说：地球上还有尚未发现的大陆。

他对意大利的维苏威山情有独钟，当他察看山顶岩层后断言，这是一座火山，眼下的平静是暂时的。此言一出，舆论哗然，常有人问维苏威山什么时候变成火山？斯特拉波告诉他，维苏威山本来就是火山。

"那么，今天晚上或者明天一早意大利人醒来时，它会喷火吗？"

"不是在我们生前，就是在我们死后。"

斯特拉波辞世后 50 年，维苏威山爆发，浓烟、烈焰、岩浆，壮观到吓人。肯定会有人想起斯特拉波，维苏威山还是维苏威山，但从此有了更确切的名字：维苏威火山。

先行者对地球观察的渐次深入，便产生了与众不同的思辨的语言，如古希腊人赫拉克利特说"一切皆如流""人不能两次走进同一条河流"等，后来有人说这便是哲学、诗和科学。

怀疑及追问正在编织人类的科学、地球史的漫长的序言。

沧海桑田的存在，应是我们古人想象并且追问的高大而波澜壮阔的目标之一。

沧海因何深？山峦因何高？

沧海从来都是这样深的吗？山峦从来都是这样高的吗？相传我国周人所作后经战国或秦汉儒家增补的《周易》书中，就有"地道变盈而流谦"的说法，而在公元前五六百年成书的《诗经》中，更有"高岸为谷，深谷为陵"之句。

从高谷平地的流变，进而认识到海陆也会互相转化，沧海桑田说便是我国古人用来表达这一思想的生动比喻，为中华民族所独有，且成了流传不息，至今仍广为引用的成语，它最早出现在晋代炼丹术士葛洪所著的《神仙传》中。

葛洪在书中写道："麻姑自言：'接待以来，已见东海三为桑田。向到蓬莱，水乃浅于往昔会时略半也。岂将复为陵陆乎？'方平笑曰：'圣人皆言海中行复扬尘也。'"麻姑所言是神仙会时所见的情景，东海三次变成桑田，上一次赴蓬莱之会时水已浅了一半，东海是不是又要成为平陆呢？方平的对答更加直截了当：圣人都说现在的海洋有一天会变得尘土飞扬的。

葛洪笔下的东海泛指我国东部海域。

晋代以前，我们的祖先便生息在东海之滨了，他们面对着长江三角洲不断向海洋伸展、近海出现的一个个沙洲以及岸线的变化，假托神话表达的沧海桑田之想，却并不是虚幻的臆测。

到了唐朝，进一步发挥葛洪思想的是书法家颜真卿（709—785年）。在今江西省抚州市南城县《麻姑山仙坛记》碑刻中，颜真卿先引用了葛洪《神仙传》中的这段故事，接着考证道，麻姑山"东北有石崇观，高山中犹有螺蚌壳，或以为桑田所变"。这一段叙述很有意思，颜真卿是用实例来衬托葛洪的神话，如果不是沧海变成桑田，海里的螺蚌壳怎么会出现在高山岩石中呢？有论者谓："颜真卿实在是科学解释化石成因的先驱"（《问苍茫大地——人类怎样认识了地球》林冬、王曙）。

颜真卿之后是白居易（772—846年），他在《海经注赋》中是这样写的：

白浪茫茫与海连，
平沙浩浩四无边。
朝来暮去淘不住，
遂令东海变桑田。

白居易显然是从海滨沙滩的实地观察中，发现海浪对陆地泥沙的不断冲击与搬运，终于沉积成陆，感而赋诗。他是"沧海桑田"这一词语的发明者吗？

北宋的沈括(1031—1095年)是一个格外卓越和奇特的人物,他是个官吏又好文墨,少年时代就随父亲走南闯北,游历了不少名山大川,先后到过四川、福建、河南、江苏、河北、浙江、陕北等地。他总是细心地察看地理形势,观察考察,再诉诸笔端写成美文。11世纪后半叶,沈括步入晚年后专心著述,把一生的见闻和研究心得写成巨著《梦溪笔谈》30卷,那是文人之作,后人也把它列入中国古代科学杰作。

宋神宗熙宁七年(1074年),沈括在浙江东部察访,游览了今乐清县境内的北雁荡山,12瀑,46洞,61岩,102峰,可谓气象万千。沈括在美不胜收的感慨之余,却很快捕捉到了雁荡之峰与别处山峰的不同之处。这些山峰"皆峭拔险怪,上耸千尺,穹崖巨谷,不类他山,皆包在诸谷中。自岭外望之,都无所见,至谷中,则森然千霄"。笔者曾寻访过雁荡诸峰,如沈括所言,从岭外看去什么也看不见,进得谷中,却已然在千奇百怪的峰峦脚下了。我曾请教过雁荡山的老道,老道说:"你去问沈括。"

《梦溪笔谈》认为,此种山形地势的形成,是多年前流水的冲击、剥蚀之故:"谷中大水冲激,沙土尽去,惟巨石岿然挺立耳"。大龙湫、小龙湫、初月谷、水帘等都是一些由流水经年累月地冲蚀而成的洞穴,于是奇观出现了:从山谷底部往上看,一处处峭壁似乎拔地而起;登上山顶俯视下界,各个峭壁又好像处在同一水平面上。

沈括又从雁荡山联想到他亲眼看见的西北高原的千沟万壑,"今成皋、陕西大涧中,立土动及百尺,迥然耸立,亦雁荡具体而微者,但此土彼石耳。"说雁荡山与黄土高原的地形虽有差别,其成因却都是流水冲蚀,只不过陕西是黄土,雁荡是岩石罢了。现代地质学家同样认为,这样的地形均属"流水侵蚀地形",沈括可谓是先知先行者了。

《梦溪笔谈》中还有一段文字也极为精彩,其时沈括任河北西路察访使,在太行山岩石峭壁中的偶然发现,带来了一番石破天惊的议论:

予奉使河北,遵太行而北,山崖之间,往往衔螺蚌壳及石子如鸟卵者，横亘石壁如带。此乃昔之海滨，今距东海已近千里。所谓大陆者，皆浊流所湮耳。尧殛鲧于羽山，旧说在东海中，今乃在平陆。凡大河、漳河、滹沱、涿水、桑干之类，悉是浊流。今关、陕以西，水行地中，不减百余尺，其泥岁东流，皆大陆之土，其理必然。

沈括根据太行山麓岩石中含有的螺壳化石，及通常海滨才有的磨圆度较好的卵石分布，判定如今离海千里之遥的太行山一带，过去是大海之滨。沈括进而用“尧殛鲧于羽山”的传说道，原先屹立在海中的羽山，如今已在陆地了。由大海成为陆地的物质来源及输送途径，证实现在的华北大平原是由黄河、漳河等含沙量很高的浊流，源源不断地把泥沙送进海洋，并沉积而成的。沈括令人信服地论述了海陆更替中华北平原的形成，使沧海桑田说有了巨大的实证及科学基础。

比沈括稍晚些时候的朱熹，也曾凝视、猜想过螺蚌壳：

常见高山有螺蚌壳，或生石中，此石即旧日之土，螺蚌即水中之物。下者却变而为高，柔者变而为刚。

朱熹的观察和想象所道出的不仅是一个地质课题，即沉积在海里的柔软淤泥，在海陆更替与地质作用中，会结成坚硬的岩石；而且这位理学大师已经在试图探讨本源了。他认为，大地开始时只是水，由于“水中滓脚”的不断沉积“便成地”，大地之初“极软，后来方凝得硬”。

朱熹关于大地形成之初的“极软”与后来的“方凝得硬”，及“下变为高，柔变而刚”，蕴含着广阔的时空及丰富的内容，可是就在接近起源的时候，朱熹却戛然而止了。

回想古人，我们不能不感慨万千。

倘若沿着葛洪、颜真卿、沈括、朱熹的思路走下去，继续追问：当海陆变迁之时海底下发生了什么？巨大的能量来自何方？等等，那么海底扩张说便会跃然而出。中国先贤对地质、化石的追问中断了,不知道是中断于追问不下去呢,还是不屑于再追问?中国封建时代关于地球的科学知识,大都是由文人发现并在诗文中传播的,更多的是想象而不是实证,是玩味而不是深究,是游历而不是勘探,是博学而不是钻研,是自然与人文的互为渗透、相映生辉。

即便从地质知识而言,中古时期曾经先进的东方,也只是若干方面的先进。深刻认识地球的历程,对中国人来说一样是格外艰辛的,部分原因是封建社会中,一切思想和认识都要得到皇帝的认可、"恩准",否则很可能便是"犯上作乱"。

比如天地的形状,"天圆地方"说,等等。

> 谁最早指天为天?指地为地?指江河为江河?指高山为高山?就连最早说天是圆的地是方的的人也着实了不起,这个人——中外考古人类学家均考证不出的这个人——才是科学与文明的第一个奠基人——是他开始了规范天地,并由此引发了千百年的论证和论争。

中国的典籍认为,3000多年前周朝开国之君周武王的弟弟周公(姓姬名旦),曾说过:"天圆如张盖,地方如棋局。"周公所言后来又被发展成"盖天说"——天高悬在大地上空,它向四周垂下,日月星辰附着在天上某个固定的位置,与天一起绕地转动,方形的大地是平直的,静止不动,有9洲、9稗海和1个大瀛海,地上有8根柱子支撑着天盖。

即便从今天的角度看,这"盖天说"的想象依然是大胆而美丽的,而且笔者几乎可以肯定,现代人尽管自认为能够睥睨千古却不再有如此想象了。

从"盖天说"前进而代之于"浑天说"的人物中,有一个叫落下闳。

怀着对落下闳的敬仰之情,我踏访了四川阆中古迹观星楼。楼高三层,每层四廓,在夕阳下拾级而上时,我眼前闪现的是2000多年前,中国的一个观星者仰望星空的朦胧的背影,不知道那时的黄昏以及随后的星光月色是否跟今夜一样？

落下闳，阆中人，中国古代民间天文学家。

据《史记》《汉书》记载，西汉元封元年（公元前110年），司马迁鉴于秦历过时历法混乱，建言汉武帝改历。汉武帝遂下诏求贤，阆中人落下闳来到长安与邓平等20多位天文学家编制新历。落下闳与邓平提出81分历法，被汉武帝采纳颁用，是为名震中外的《太初历》。落下闳在制定太初历的过程中还创造了浑天仪，在历算上他运用的近似连分数原理的计算方法，较西欧连分数理论的出现早1600多年。李约瑟在《中国科学技术史》中称落下闳为天文领域中的"灿烂的星座"。

《太初历》之后的"浑天说"是对"盖天说"的否定，落下闳认为"历之本性在于测验，而测验之器莫先于仪表"（《四川古代科技人物》）。对"测验"和"仪表"的认识，使落下闳走到了这个时代的前列，同时他对战国时期惠施的"南方无穷而有穷"的假说又是那样倾心，在这基础上便有了"浑天说"的雏形，并由张衡及别的后人做了明确的阐述：

> 浑天如鸡子，天体如弹丸，地如鸡子中黄，孤居于天内，天大而地小，天之包地，犹壳之包黄，天地各乘气而立，载水而浮……天转如车毂之运也，周旋无端，其形浑浑，故曰浑天。

"浑天说"对天地的描述已经是别有一番景象了，说"地如鸡子中黄"，是指地球是圆的，而且"天大地小""周旋无端"。"其形浑浑"，2000多年前，我们的古人能发现这一切，难道不是混沌中的幽微的闪光吗？

哥伦布与达·芬奇及其他

我们永远无法捕捉自然的一个角，也抓不住线的末端，我们永远不会知道第一块石头放在哪里？

——爱默生

在历史特写《人类的群星闪耀时》中，茨威格是这样写哥伦布的：

> 当哥伦布从被发现的美洲第一次归来，凯旋的队伍在维塞利亚和巴塞罗那穿过拥挤的街道时，他展示了无数的稀世珍宝，迄今未知的红种人，以至从未见过的奇禽异兽——呱呱乱叫的斑斓鹦鹉、笨拙的貘和不久在欧洲安家落户的引人瞩目的植物和谷类——玉米、烟草与椰子。所有这一切都使欢呼的人群感到新鲜和好奇，但是最使两位国王和谋士们动心的，却是装在几只小箱子和小篮子里的黄金。

此情此景，也是15世纪下半叶欧洲以“地理大发现”为发端的文艺复兴时代的侧影。

1451年，哥伦布出生在意大利，是热那亚城邦中一个纺织工匠的儿子，他从小好冒险爱读书，对他影响最大的两本书是《马可·波罗行纪》和托勒密的《地理学指南》。马可·波罗笔下中国与印度独特的人文景观以及富饶得似乎遍地都是黄金的诱惑，使哥伦布久有东渡之志，而托勒密又使他相信地球是圆的，大洋的对岸就是中国和印度。

青年哥伦布热衷于航海，并立志成为一名船长。他随热那亚的商船队到过爱琴海、地中海东部和大西洋沿岸一带。后来到了葡萄牙，向南远航到非洲西海岸的几内亚，向北到了不列颠群岛和冰岛。

1474年，哥伦布写信给当时意大利最著名的地理学家托斯坎内里求教，询问可能通往东方的最短航路。托斯坎内里在复信中附了一张示意图，说从大西洋一直向西航行便"能到达那出产各种香料和宝石最多的国家"，并以肯定的语言告诉哥伦布，从葡萄牙的里斯本到"灿烂之岛"日本的航程并不很远。

1484年，哥伦布请求葡萄牙国王约翰二世，资助他从大西洋去寻找印度和中国的远航之旅，其时葡萄牙正热衷于绕过非洲南端通达东方古国的设想，拒绝了哥伦布。两年后，哥伦布又向世界当时的另一航海大国西班牙国王请求帮助，直到1492年4月17日，西班牙女王伊萨贝拉和她的丈夫斐迪南采纳了哥伦布的建议，派他以西班牙王室的名义寻找、开通东方航路，并且授予他爵位，任命哥伦布为"在各海洋中发现或取得的一切岛屿和陆地的海军上将"。

1492年8月3日，哥伦布率领87名水手分乘3艘帆船，驶离巴罗斯港，先向西再向南，强劲的东北信风把哥伦布的帆船送到了茫无际涯的汪洋大海中。

船队起航后71天，即1492年10月12日，航海者终于登上了第一个新发现的岛屿，哥伦布以西班牙国王的名义占领了该岛，升起西班牙国旗，并命名该岛为"圣萨尔瓦多"，西班牙语为救世主的意思。它就是今天被称为西印度群岛最北部的巴哈马群岛中的一个小岛——华特林岛。哥伦布以为他已经来到了印度，便把当地土著居民称为印第安人。他的船继续在这一带海域穿行，后来还到了今天的古巴，哥伦布以为这是中国的一个省，但没有马可·波罗笔下的辉煌的宫殿，也没有黄金和香珠，所多的是丛林、新奇的植物以及用树枝、芦苇搭成的村落。接着从古巴向东，到了现在的海地。1493 年 3 月 16 日，哥伦布回到巴罗斯港。

此后，从 1493 年 9 月—1504 年 11 月，哥伦布三次率领船队横渡大西洋，陆续抵达了今天加勒比地区的多米尼加、瓜德罗普、维尔京、波多黎各、牙买加、特立尼达，以及中美洲的洪都拉斯、尼加拉瓜、哥斯达黎加、巴拿马和南美洲的东北角。不过，哥伦布始终没有走出他的东方亚洲之梦，他一直坚持认为，他到过的地方是印度附近亚洲东部大陆的边缘。

1506 年 5 月 20 日，航海者哥伦布辞世。

哥伦布的远航一次又一次震动着欧洲，欧洲正要走向世界舞台的前列，航海探险一时蔚然成风。

1496—1498 年，葡萄牙人达·伽马开辟通往印度的东方航线成功。

与此同时，英王亨利七世雇用意大利航海家卡伯特，“寻找发现直到目前为止，还没有被基督教国家所知道的那些岛屿、远邦异国或地区”。卡伯特从英国的布里斯托尔港出发，横渡大西洋，到了今天北美洲的布里顿角岛，1498 年又再一次远航到了北美洲东岸的今新英格兰一带。

1501 年，意大利佛罗伦萨航海家亚美利哥奉葡萄牙国王的命令，沿哥伦布走过的航线到了现在南美的巴西。亚美利哥在一封信中说，从欧洲出发直向西航行穿越大西洋到达的陆地，不是印度和中国，而是欧洲与亚洲之间一块人们过去尚未发现、一无所知的“新大陆”。当这封信于 1503 年在巴黎和佛罗伦萨等地发表后，欧洲为之震撼，它使人们的地理观念焕然一新，世界还要比哥伦布想象的大得多。

1519—1522 年，葡萄牙航海家麦哲伦的船队完成了人类历史上第一次环球航行，用实践证明了大地是个圆球。其间，1520 年 10 月 21 日，麦哲伦船队驶进今天称为麦哲伦海峡的水路。11 月 28 日，船队绕过岬角后展现在眼前的竟是一片水天色如此平静的大洋，于是便名之为太平洋，而且有了和“哥伦布发现美洲新大陆”及“麦哲伦发现太平洋”的有争议的盛誉。

哥伦布首航华特林岛之后，将哥伦布奉为新大陆发现者的时间是1750年，美国独立前夕。从此，克里斯托弗·哥伦布的大名成了世界各国小学生在历史课上必须熟记的名字。每年的这一天，西班牙和拉丁美洲国家都要举行活动，纪念这个具有历史意义的日子。

1992年10月24日，哥伦布首航500周年。

这一本来准备庆祝的世界范围内的活动，从20世纪80年代起遇到了挑战，另外一种声音出现了。

1984年6月，在圣多明各召开的拉丁美洲国家和葡萄牙、西班牙为哥伦布首航美洲500周年纪念而举行的筹备会议上，墨西哥代表提出：

> 哥伦布发现美洲新大陆的提法并不确切，在哥伦布到达美洲之前，美洲从南到北，早已有土著人繁衍生息，他们创造的文化在人类历史上自应有其地位和作用。哥伦布的远航意味着，相互隔绝的两个半球上的人民彼此相遇和接近的一个历史进程的开始。
>
> 因此墨西哥政府和学者认为，把1492年10月12日当作"美洲的发现"来庆祝，是"欧洲中心论"的错误的延续，事实上应是"两个世界相遇""两种文化汇合"。

1989年11月，联合国教科文组织执行委员会通过了墨西哥的提议，一致承认："1492年西班牙船队到达新大陆构成了两个大陆相遇，而不是发现。因此，哥伦布到达美洲500周年所举行的活动应为'纪念'活动，而不是'庆祝'活动"。

两个世界是怎样相遇的呢？

即便对于此种已经折中的提法，人们仍然难以接受，美洲的不少学者提出："实际上不是两种文化的汇合""两个世界的相遇"，而是"一种文化摧毁另一种文化""一个世界摧毁另一个世界"。委内瑞拉《国民报》曾有《印第安人大劫难》的专论，作者提供了一连串触目惊心的数字："16世纪初，欧洲征服者来到美洲前，分布在南、北、中美洲的土著居民约有8000万～1.2亿人，而当时欧洲各国的总人口也不过1.2亿人。经过几个世纪的殖民征服，印第安土著人口下降到200万～500万。人口锐减的主要原因，一是欧洲殖民者的屠杀，二是死于欧洲殖民者和非洲黑奴带去的传染病。今天为数不多的印第安人的幸存者，也都退居到自然条件恶劣的热带雨林或‘保留地’内”。

哥伦布到达之前的美洲土著居民的祖先，如笔者在前文史前地理大发现中写的那样，他们在这片土地上至少已经生活10000年了，也有人类学家和考古学家认为是25000年以上。当冰期结束，冰消雪融，白令陆桥成为白令海峡，这些已经抵达美洲的亚洲的游牧民，便因为海平面上升而被白令海峡的波涛隔断了两个大陆之间的联系，印第安人由此成为独立的美洲大陆上的土著居民。他们在到达美洲后，有一部分回首海峡不再远行，那是对亚洲故地的思恋吗？这些土著便成为美洲大陆最北部的人类祖先。还有的一路南下，把热带雨林和大草原作为自己的家园所在。就文明程度而言，著名人类学家路易斯·摩根曾指出，当欧洲人哥伦布发现这片大陆时，土著印第安人的文化在自身的发展历程中，还处于上升阶段，并充满着活力。在印第安人之间，因为部族和居住地的不同，也互有差别，如距今约3000年前在墨西哥一带居住的玛雅人，已经创立了在今人看来仍然是惊世骇俗的玛雅文明，后来还将这一文明扩展到了中美洲的其他地区。玛雅之谜一时难以说清，可是世所公认的玛雅人建造位于亚马孙热带雨林中的大金字塔，以及他们在数学、农业、天文学等方面取得重要成就时，欧洲还在蒙昧的阴影中挣扎。

也许，我们还应该为印第安人多说几句。

哥伦布到达美洲之前，美洲土著种植的农作物之多，超过了亚洲、欧洲，堪称世界之冠，玉米、马铃薯、西红柿、棉花、烟草等都是由美洲传到世界各地，成为今天人类不可或缺的美食或重要原料的。在安第斯地区的土著当时已有了很强的环境意识，他们早已懂得并建造了水库，还用管道引来高山上的清泉。西南部的印第安人则创造了灿烂的陶土文化，他们居住在今天美国的亚利桑那州、新墨西哥州、犹他州以及科罗拉多州一带的高原沙漠里。他们生活艰苦，却拥有独特的自然景观，从辽阔的地平线到大漠、大峡谷，以及阳光下土地斑驳多样的色彩。他们物质生活贫乏但艺术和原始宗教却相当发达，从某种程度上说，这些印第安人是格外重视精神生活的优秀者。他们有一种风俗，十几岁的少年常常独自在茫茫沙漠里行走数日，身边没有或者带着极少的生活必需品，在酷热和饥渴的作用下产生幻觉，从而得到在精神上与神灵的沟通。那些陶器的造型与图案，是否也源于幻觉？否则，那奇特的线条与图案又怎么能制作得出来呢？在加拿大温哥华郊外的一处已迁走的印第安人居住区，最令我惊讶的便是他们的图腾柱了。那是1991年的冬日，天上下着冷雨，朋友开车把我送到已经成为旅游胜地的这个地方时，一根根柱子耸立着，并雕有面目怪异的各种禽兽形象，散发出阵阵难以名状的威慑力，那是图腾柱。

欧洲的地理大发现，是美洲殖民化的开始，并导致土著印第安人的几乎被灭绝，这是不争的事实。海洋与陆地开始被分割，在瓜分世界的"发现权"的原则下，"征服"成了500年来的时尚和潮流，征服土著，征服弱小，征服自然，掠取土地和资源便是征服者的富强之道。

航海者哥伦布便曾经幸运地后来又不幸地成了"发现"与"征服"的偶像。

无疑，哥伦布仍然是位伟大的航海者。

他确实有着关于地理、海洋水文的杰出发现：

> 他第一个发现大西洋低纬度东北信风和较高纬度偏西风的风向变化；他首次认识到洋流的作用，目睹了后来被确认为北赤道暖流的洋流；他还发现了地磁偏角因地区不同而有的差异。

但，美洲不是1492年10月12日由哥伦布发现的，这一天的哥伦布并不特别伟大，正如在这之前、之后的哥伦布也从不渺小一样。

哥伦布出生后的第二年，1452 年 4 月 15 日，意大利佛罗伦萨城附近的一个名叫芬奇的小镇上，另一个貌不惊人的男婴呱呱坠地了，他的天赋与才华是逐步被人发现的，他就是 15 世纪欧洲文艺复兴时期的代表人物，伟人达·芬奇。

世人无不惊叹达·芬奇笔下的《最后的晚餐》《蒙娜丽莎》等作为稀世珍宝的绘画作品，只要蒙娜丽莎的谜一样的微笑是永恒的，达·芬奇便也是永恒的。不过，除了绘画、雕塑、建筑以外，达·芬奇在另外一个完全不同的自然科学的领域所显示出来的远见卓识，更让后人只能望其项背而困惑不解，达·芬奇最应该被世人称颂的作品是他的《笔记》。

> 我们可以想象阿尔卑斯山对达·芬奇的峰峦一般沉重的叩问、流水一般绵长的启迪所起的作用。在很多时候，达·芬奇不是阿尔卑斯山的素描者，而是别出心裁的解剖者。

1508 年，达·芬奇在《笔记》中对侵蚀、搬运、沉积作了诗般的描述，他在反复研究阿尔卑斯山脉中流水的侵蚀破坏作用后认为，砾石是河流巨大挖掘作用的产物，山是水作用于地表形成的。从山上冲刷下来的泥土被河流搬运到海中，会使海底升高，海水退却。此种见解在中国已经出现 400 多年了，在欧洲其时却是那样新鲜，是第一次。达·芬奇还认为，海陆的轮廓不是朝夕形成的，从现在的变化中可以追寻以前的变化，当中国的文人得风气之先精彩地发表沧海桑田说，而又点到为止之后约四个多世纪时，画家达·芬奇却一路追问下去了。

达·芬奇是地质学研究中，最初提出现实主义方法的人。

1517 年，达·芬奇匆匆来到意大利北部的一个运河工地，也许只是瞬间闪过的某种灵感：地球的秘密肯定藏在大地的怀抱中，记录在每块石头上。面对运河工程挖掘出来的层状岩石，达·芬奇如获至宝，因为他看见了那些海洋生物的贝壳，这些贝壳倘若还不能触发一个人的想象力，那他就一定是心如死灰了。达·芬奇甚至听见了贝壳们的无言的诉说，当人们谈论地球历史的时候，它们才是历史的角色和出场者，生命原来可以这样蜕变！达·芬奇说：

> 当贝壳还在海岸附近的海底时，来自河流的泥沙将贝壳覆盖并渗入贝壳的内部，在泥沙变成岩石的过程中，这些海洋生物的遗体也就成为贝壳化石了。

在达·芬奇之前，欧洲关于化石的形成的通常说法是，由于天上星星的影响而在山丘上形成的。达·芬奇问道："现在在哪个山丘上星星还在制造贝壳呢？难道星星还能制造恰好是被流水磨圆的砾石吗？与贝壳一同出现的树叶、海藻、螃蟹的化石的成因又该怎样解释呢？"

达·芬奇的结论颇似亿万斯年前地质运动的笔画简略的素描："化石是过去的生物遗体与海底堆积物一起石化了的东西，以后由于地壳运动而被带到了高处。"

达·芬奇在读地球岩层的石头记时，还读出了地质思想中最可激赏的一点：上下岩层中所含的化石种类是不一样的，当这一立论站住脚，接下来的推测或猜想便是顺理成章的了：上面岩层和下面岩层是在不同的地质年代里生成的，它们累积在一起，形象地体现着地球史的一个过程或片段，它们所含有的化石的差别也说明生物的种类，是因着时代的不同而生生灭灭的。

> 那是多少兴衰更替的故事啊，每一个贝壳化石都有一段惊心动魄的从生命到岩石的过程，当它们成为沉积岩层的一部分时，便也如同地球史的书页了。这是真正的"孤本"，而且肯定也是"残本"，因为复杂的搬运、变动，出现了褶皱、断裂，显得支离破碎。但唯有这样一部地球史的大书，才能准确而从不言说地告诉我们地球的历程，哪里是古陆？哪里是古海？

残缺是无可避免的。

残缺的才是美妙的。

沿着达·芬奇在意大利北部那一条运河边上的足迹，继续让目光和思想触摸地层岩石的科学家中，有一个叫斯坦森（另译斯坦诺）。这是一位长期居住在意大利的丹麦医生，1638年生于哥本哈根，1664年获得医学博士学位，除了医学、生理学方面的成就外，斯坦森对大自然情有独钟，常常和几个朋友一起到意大利的托斯卡纳地区实地考察。他研究了这个地区沉积岩层的形成、变化和性质，观察到山脉出现的如下几种可能性：火山活动、断层出现、地壳褶皱、高地侵蚀等。1669年，斯坦森的论文《天然固体中的坚硬物》问世。

斯坦森把岩石分成两类，一类是“初始岩石”；另一类是“初始岩石”经过日晒雨淋、流水冲刷等破坏作用变成泥沙，泥沙再经搬运、沉积、挤压而成的岩石。他是这样分析一个岩层的，他所说的今天看来不仅平常而且简单，在17世纪却是超越时代的地质思想，斯坦森说，首先每个岩层都有上下两个层面，这两个层面的初始状态应该是水平的，如果后来倾斜了，那就是说这个岩层形成之后又经受了地质变动；其次，每一个岩层本来都有范围相当广的延伸面，若是地形阻隔中断了，便可认定它在形成之后遭到了破坏。

斯坦森把意大利托斯卡纳地区的地质历史分为6个阶段：

这个地区被海水淹没，沉积生成不含化石的初始岩石；

海水退去后成为陆地，在这块古陆下面，由于水与地下火的作用形成若干空洞；

地下空洞崩坍，初始岩层倾斜；

海水再次入侵，这次沉积产生了含有化石的岩层；

海水再次退去，成为干燥的陆地，地表被河流侵蚀，地下再次出现一个个空洞；

地下空洞又一次崩坍,地表终于形成现在这样的地形地貌。

以后的理论证实,地下岩洞的崩坍并不是发生地壳变动的根本原因,但斯坦森开风气之先给地质、地理带来了显然不完善,却已经难能可贵的"地层层序律"。他对一个区域所做的地质历史的科学分析,在斯坦森时代尚属前无古人。

17世纪还有一个人,还有一本书。

这个人就是托马斯·伯内特神父,这本书就是他写的被斯蒂芬·杰·古尔德称为"17世纪最有名的地质学著作"的《地球神圣理论》。古尔德还说:"他在书中描绘的是一个从最初伊甸园的光耀中衰落的行星,而不是被太多贪婪的人掏空的世界。"

托马斯·伯内特试图对《圣经》中的所有事件,无论是过去的还是将来的事件,提出地质学的理论说明。确定诺亚洪水从哪里来,是他研究的首要问题。他不相信现代海洋能淹没地球上所有的山峰。他说过:"如果一个人可以被他的唾液淹没,我就相信世界的洪水可以淹没世界。"还有的论者认为,诺亚洪水可能只是地区性的事件,伯内特也不以为然,因为这有悖于《圣经》的权威。而对于那种认为这也许只是上帝奇迹般地创造出来的多余的水,伯内特坚决予以否定,认为与科学的理性相抵触。在神学和科学之间,这位常常被人指责的神父,又是怎样解释地球史的呢?古尔德是这样介绍伯内特的理论的:

> 我们的地球从最初空虚的混沌状态,凝结成为一个完美有序的地球。地球的物质根据密度排列,重的岩石和金属在中心形成球核,球核上面是液状物,液状物上面为漂浮物球层。漂浮层的主要构成物是空气,不过也包括陆地的颗粒。漂浮物届时在液态状上凝结成很圆的平缓地球。

托马斯·伯内特认为,"这种平滑的地球是世界最初的景观,像第一代人类，有年轻的俊美和蓬勃的天性，新鲜而旺盛。它的全身都没有皱纹、疤痕或裂口；没有岩石，没有山脉，没有凹陷的洞穴，没有裂开的沟堑，所有地方都是匀称的”。而且在这最初完美的地球上没有季节的变化，“因为地球的轴固定为竖直状，而伊甸园正好位于中纬度地区，享受长期的春天”。

正是地球自身的演化把这地上的天堂摧残得伤痕累累，面目皆非了。当不驯的人类受到惩罚，降雨减少，大地旱裂，大量的水分从地球深处涌出，连续的暴雨填满了裂缝，压力骤升，地表开裂，形成洪水与海啸以及山脉和盆地，同时还使地球的轴向倾斜成现在这样子。

根据托马斯神父的看法，作为“丑陋的小行星”上的人类。要等待《圣经》所预示的、从行星物理学中推断出来的末日，到那时地球上的火山同时爆发，并且发生普遍的大火，炭状颗粒将缓慢地落到地球上，再次形成平滑美丽的球面，基督的千禧年时代开始了……

古尔德认为，托马斯·伯内特神父在1681年所持有的地球的观点，是非常了不起的，“他在一个信仰的时代，坚持将牛顿的世界观放在首位。伯内特首先关心的是赋予地球历史以自然的、物理的过程，而不是奇迹的或上帝随意变动的过程。伯内特讲述的故事可能奇怪，但故事中的角色很普通，是干涸、蒸发、坠落和燃烧。他相信《圣经》中所述的地球史事件确有其事，然而这些事件必须与科学相符，以免显得上帝说的与做的不一样”。

身为神父，托马斯·伯内特寻寻觅觅、苦心经营的神圣地球的神圣理论，既为教会所不容，而无神论者更视他为仇敌，古尔德感慨道：

> 科学确实也出过圈。我们迫害过不同意见者，恪守过教条，并且试图将科学的权威扩展到科学无能为力的道德领域。因而，不把科学和理性约束在适当的范围内，便不能解决我们周围的问题。

明确地指出地球自有其悠久历史的，是法国人布丰。可以说布丰是生逢其时的，布丰时代，不仅波兰天文学家哥白尼的“日心说”已得到普遍认同，康德和拉普拉斯还先后提出了令人耳目一新的太阳系演化的星云起源假说。广漠的宇宙似乎特别温情地展开着，地史、地质学家就地球形成、演变作出更富有个性和魅力的猜想的时刻来到了。

布丰同达·芬奇、斯坦森一样，在不是自己本行的地理、地质领域，做出了非凡的贡献。布丰曾经是法国皇家植物园总管，他的最大的乐趣就是漫步在植物园里，思考自然博物史。思考是无止境的，又常常触类旁通，布丰便又追问植物如何能在地球上生根立足，这与其说是植物神奇不如说是地球神奇，与其说是万物伟大不如说地球伟大，那么神奇伟大的地球，又是怎样出现的呢？1749年，布丰发表了《地球的理论》，他想象说地球起源于太阳与彗星碰撞之后的碎块，初始呈熔融状态，以后逐渐冷却并在旋转运动中成为球形，布丰告诉世人：这就是地球。30年后，意犹未尽的布丰又发表了《自然世代》，归纳了地球的历史并分成7个时代：

地球和其他行星形成；
随之冷却固结，地球内部岩石与地表物质形成；
海洋出现，贝类动物随之问世；
海水退却，有了植物和鱼类，火山活动频繁；
大型兽类出现；
大陆塌陷，大陆块分离；
人类诞生。

布丰从初始地球的炽热熔融，推算到今天的状态，认为共经历了75000年。

布丰之后不久，大多数科学家便摒弃了布丰的初始地球熔融说，地球的历史也远不是75000年，然而布丰的经典性仍然不可动摇——他是第一个明确指出地球有自己的形成过程和非凡历史的人。

布丰另有传世之作《风格论》，读者可能更熟悉的“风格即人”便是布丰名言。而引得一代又一代人深思长考的，却是一言难尽的布丰的风格及地球的风格了。

水火相容

啊！智慧，你的法则在哪里？

——卢梭

现在被称为科学地球史的点点滴滴积累过程的奠基时期，是在15世纪下半叶至18世纪中叶的300年间，以后的100年则是在激烈争论中过去的，正是这样的争论——附带说一句——其余响一直延续到了20世纪末——使地球学科有了空前的繁荣，并走向成熟。

争论是各种追问的声音，这声音有时会碰撞、针锋相对；有时会交织、嘈杂混乱。但，对于自然的追问者而言，他渐渐趋近的却是大地的怀抱、本源的妙不可言。

比如，一些今天看似简单而又蕴含着地球若干秘密的问题：地球上层的矿物、岩石是怎样形成的？地球表面和深层的运动及变化又是什么力量引发的？等等，诸如此类的知识在19世纪初叶，仍然是相当"先锋"的，并且争论得各不相让。这样的令今天翻查典籍、追思自然的人仍然心向往之的争论，集中在"水""火"两个字上，可谓水不惧火，火不让水。水与火尽管往往不相容，却不仅伴随着人类的生活而且也伴随着人类的思想，作为自然物的水与火，远在人类出现之前便已经或者流动或者燃烧着了，也因此，它们总是可以把人们的思想牵往远古，淌出一片湿漉漉，亮出一缕黑暗中的光芒。

公元前600年至公元前700年的古希腊，便发出了两种声音，至今还在爱琴海的涛声中碰撞：

> 泰勒斯说：万物源于水；赫拉克利特说：万物源于火。
>
> 这个世界上以后的直到今天的一切有文化的争论，都是先前的继续，只是随着时间的推移，其方式有所改变而已。
>
> 后来的人发明了机器，技术的轰鸣几乎掩盖一切，渐渐地，我们只会吵架不会争论了。

18世纪下半叶，水成派的最著名的代表人物是德国萨克森州弗赖堡矿业学院教授维尔纳，维尔纳对采矿和矿物岩石的兴趣及见地独到，注定了要卷入一场关于地球岩石的世纪之争，而这一场争论的开始是在他执教的课堂上。维尔纳第一次在全世界所有高等学府中独此一家地开出一门包罗万象的地质学课程，名为“地球学”，一时间欧洲学子趋之若鹜，维尔纳和他的“地球学”因而名声大振。

维尔纳在讲坛上娓娓道来的是水：

水的流动与冲击；

水的搬运和侵蚀；

水在地球上出现的历程；

水的无所不往、无处不在；

水是改造地球表面的决定因素……

维尔纳津津有味地谈水论水的时候，能使听者有酒的芬芳醉人之感。

维尔纳描绘的是这样一幅图景：地球之初，遍布全球的原始海洋，以化学方式沉淀结晶所形成的岩石为“初始岩石”，如花岗岩等。然后又生出第二批岩石，维尔纳称之为“过渡岩石”，这一层岩石虽然也是在水里沉积而成，但里面含有“初始岩石”的碎块。“过渡岩石”之上便是“层状岩石”，这是露出海面受到风化、侵蚀作用以后而破碎的上两类岩石的碎块、砂、卵石，再经流水搬运而成。再往上是“冲积层”，通常含有生物遗体，是尚没有形成岩石的砂、黏土等物质，为最新堆积物。

这样的岩石分类，使岩石——那是一个怎样庞大、纷繁而坚实的群体——有了清晰和具体的形象。正是维尔纳，使看起来死气沉沉的岩石，有了激活历史生命的相对时代意义。也就是说最下面的“初始岩石”时代最远，然后由下而上依次变新。岩石的层次也就是岁月的层次、历史的层次，没有一个爱好自然的人每每念及这一切，而不心旌摇动的。

引起争论的只是：维尔纳把一切岩石都说成是“水成”的，就连花岗岩和玄武岩都不例外，同时漠视了火山、地震等“火成”作用对地球及其上的岩石发展与演变的重大影响。

维尔纳及“水成派”的人不能不面对火山这一烈焰熊熊的事实，其解释却让人失望，他们说这是地下的煤与硫黄燃烧的结果。

一种明显牵强附会的解释，已经意味着“水成派”在学说与观点上的漏洞，是难以弥补的了。

后来是一种叫玄武岩的黑色岩石，又导致了维尔纳水成说体系的再一次重创。

在弗赖堡的小山上，那些玄武岩如欧洲人爱吃的三明治中的香肠肉片一样，夹在沉积岩之间。根据维尔纳的分类，玄武岩也是水成岩，水何以形成这样的夹在沉积岩之间的玄武岩？而另一位法国人德斯马雷特发现的玄武岩中，到处可见大大小小的气泡，很像法国乳酪，面对这一切，你只能推想是熔岩未固结时有气泡溢出，才形成了此种特殊构造。沿着玄武岩再作追寻，这个幸运的法国人居然发现了一座死火山，法国中部有众多的这样的火山。因而他得出结论，并很能让人相信：玄武岩是一种火山岩，德斯马雷特的追随者们便被称为“火成派”。

后来举起“火成派”大旗的，是英国地质学家赫顿。1726年，赫顿出生于爱丁堡，23岁获莱顿大学医学博士学位。1754年，他到其父亲的一处领地从事农业劳动，由此开始倾心于土壤及土壤下面的岩石。1768年赫顿回到爱丁堡，他走遍了苏格兰、英格兰和威尔士的各个角落，寻访各种岩石。1790年，他发表了被“火成派”视为圭臬的著作——《花岗岩的考察》。

赫顿把地球看成一部按照化学、力学原理不断运动着的机器，认为地球表面的升降、海陆变迁均是由地球内部的“火”引起的。较之维尔纳，他更让人心服口服地指出，花岗岩、玄武岩这些典型的火成岩，不可能是在水里经化学作用而形成的，它只能是地下岩浆沿地球上层的裂隙，在向上侵蚀过程中冷却凝结而成的。1785年，赫顿在野外考察时，看到了一种令他心醉神迷的图景：

> 花岗岩以脉状岩枝的形式，妙不可言地穿插在周围的岩石中，活现着曾经火热的蔓延和历史的烧灼。
>
> 现在一切都安静了。
>
> 谁能说这是水而不是火呢？

地质专家告诉我们，岩石是由一种或几种矿物质组成的集合体，地球上形形色色的岩石按成因大体可分为三类，即火成岩——岩浆岩；水成岩——沉积岩；变质岩。如此看来，无论“水成派”，还是“火成派”，都曾揭示了某些难能可贵的地质现象，都是人类认识地球的先行者。即便是其中的谬误，也是人类的必经之路，认识地球谈何容易！而科学，却又往往是在错误中发现自己，规范自己的。

“火成派”很多有根有据的观点，当时并没有被社会接受，也许是太多燃烧、浓烈、革命的味道吧？那种徒托虚名的大多数，在科学的历程中再一次因为非科学的原因，而成了历史嘲弄的对象。1807年，伦敦地质学会成立，13名会员竟全是“水成派”的。1808年，该学会又发展了4名会员，仅1人支持赫顿的观点。这个学会的创始人、首任理事长格林纳，在一次关于河流切割深谷的科学争论中，曾经狂怒地声言“没有一条河流能再使其河道加深一尺。时间再长，也不能使自然创造奇迹”。这位老人在泰晤士河畔生活长达半个世纪之久，从未见过河道因为侵蚀作用而加深的现象。他不懂得人类的生命在地质历史的长河中不过是短暂的一瞬。毫无疑问，地质时间是能使自然创造奇迹的。

19世纪初叶，英国走在世界少有的几个工业大国的前列，并有了专门的地质测量和国家地质机构。不过回头看当时的伦敦地质学会，似乎仍然是缺少灵魂的，地质成为采矿，认识地球是为了更充分地掠夺资源的倾向，已经初露端倪了。

> 煤烟将要笼罩英伦三岛，泰晤士河变黑的日子已经不远了。

水火之争，一波三折。

"水成派"凭借维尔纳的权威与声望，队伍不断壮大，一时尽得上风。不善言辞的赫顿1797年郁郁而终时，其观点和理论也没有得到应有的重视。可是，最后给"水成派"致命一击的，恰恰又是维尔纳的两个得意门生——洪堡与布赫。

1803年，洪堡登上厄瓜多尔首都附近的皮晋查火山，俯身观察火山口边缘的一刹那，他的心里骤然震动，他知道他只能与恩师维尔纳拱手道别，各行其路了。所有的第一手资料都告诉洪堡：火山作用在成岩过程中的重要性是毋庸置疑的。洪堡走出门户之见，"火成派"的声威为之壮大。

无独有偶。布赫在考察法国奥弗涅火山地区时，首先看到隐伏在煤层下的和覆盖在地层上的不同时代的玄武岩，后来又目睹火山喷发出的熔岩，他痛苦地明白昨日"水成派"的信念，也随之烧毁了。布赫的足迹遍布欧洲，他76岁高龄时仍在滂沱大雨的阿尔卑斯山徒步考察，雨中的阿尔卑斯山隐约朦胧，山道是湿漉漉的，布赫的背影是湿漉漉的，他是去寻找久远年代的火的痕迹吗？

很难说"水""火"之争孰胜孰败，地球上有火成岩也有水成岩还有第三种岩石。在经典的科学理念中，一切都是相对的，谬误是相对的，正确也是相对的，谬误导引正确出现，正确有可能成为新的谬误。

> 这是因为大真理只存在于大自然之中，人生有限，思也有涯，人在企图认知先人出现几十亿年的地球时的艰难，任何时候都不能低估。知识就像在风里飞旋着的碎纸片，一代又一代人的接续与拼凑，无非是两种可能，在某些方面我们离真理近了一小步；在另外一些方面，也许人类开始的理念便是歪斜的，我们正在失去比知识更宝贵的想象力。
>
> 人类（除了婴儿与孩童之外），已经不再天真、不再好玩了。
>
> 但，地球仍然无言地包容。从“水”“火”之争到水火相容。

“水”“火”之争临近尾声，18、19两个世纪之交，欧洲又爆发了一场灾变论与均变论的同样激烈的争论。

欧洲喜欢争论。

争论的焦点是：在地球演化的过程中，海陆变迁、岩层产状发生倾斜、生物界面貌改观等变化的地质作用，是突然灾难性发生的，还是缓慢而有规律地进行的？前者即为灾变论也称激变论，后者便是均变论又称渐变论。

均变论的早期领袖便是“火成派”的赫顿。

1795年，赫顿发表了他的《地球的理论、证据和说明》的重要著作，系统阐明了均变论的观点。

赫顿把地表看作是由于自然力作用，而引起不断变化的地方，并从地表周围事物和相互关系中，寻找更丰富的解释。比如：江河的流水击碎岩石并把砾石、泥沙冲走，夹带入海，埋到海底。赫顿推测，这些松散的物质被埋在地表以下很深的地方，经过相当时期，在高温高压下变成岩石。地下深处的岩石又有可能被推挤而出，形成陆地和山脉。然后，新的冲蚀过程重又开始，如是往复，循环不息。

赫顿认为，自然界存在着“夷平——沉积——隆起——夷平”的循环，“从地球的现在构造中可以看到旧世界的废墟”“同样的力量，现在还在用化学分解和机械破坏的方法，毁坏着最硬的岩石”。结论是：地球的自然变化是极其缓慢的，我们现在看到的有效事件的发生过程，过去也一定发生过，过去的地球与现在的地球性质相似。

> 赫顿说：如果今天自由下落的石块，明天会向上飞升，那么自然哲学也就终结了。我们的原理将会崩溃，就再也不能根据观察来研究自然法则。

均变论的另一个代表人物是法国植物学家拉马克。他从生物演化需要一定时间这一前提出发，推论出我们的地球已经存在了很长时间，从而明确地提出了地质时间的重要性，他表述这一深刻思想的时间是1802年。

> 拉马克说：在我们居住的星球上，万物都在发生不断地和无法避免地变化。这些变化遵从自然界的基本法则，而且由于变化的性质和个体在其中所处的地位不同，而多少受到变化速率的影响，然而，这些变化都是在某一个时期完成的。而对自然界来说，时间不算什么，时间成了自然的一种法力无边的手段：既可以完成微不足道的琐事，也可以完成最伟大的功绩。

拉马克写下这段文字的时候，时值18世纪末叶，距今也就是200多年。时间是什么？时间在哪里？人类所说的时间与大自然的时间又有什么关系？总而言之，当时西方的时间概念正经历着深刻的变化，人们在凝视一块化石时，不得不感叹时间的深度和历史的悠久，而向着时间深处沉思默想，却又总是看不见开始，也看不见终点。

你发现了时间的深度，你只能看见岁月的迷茫。但无论如何，时间已经不再短暂，历史已经不再浅薄。

曾经在 100 年的时间里，西方宗教社会认定地球的历史是从纪元前 4004 年 10 月 26 日上午 9 时开始的，而诺亚洪水则发生于纪元前 2349 年 11 月 18 日。拉马克的同代人中相信地球历史只有 6000 年的是大多数，因而如拉马克那样去想象、描述时间，并称之为"自然的一种法力无边的手段"，实在是太不可思议了。

时间的拉马克才是不朽的拉马克。

灾变论的代表人物是居维叶。

爱好搜集化石的居维叶在 26 岁时就完成了乳齿象骨的研究，各种骨骼的证据表明，乳齿象不是现代象的祖先，而是曾经庞大地出现过、后来消失连后代也没有留下的一种古象。"生物灭绝"这个念头在居维叶的思维中闪电一般划过。

他试图说服别人。

言者凿凿，听者愕愕。

居维叶需要更多的证据。

1769 年，居维叶在巴黎出生，1770 年，荷兰马斯特里奇村圣彼得山上的采石场中，出土了一具大型爬虫骨骼，光是一块下颚骨化石便长达 13 米多，每一只牙齿均犹如一柄短剑。这些骸骨夹在两个地层之间，有人说是一条奇大无比的古鲸，有人判断为一种早已灭绝的巨蜥。

荷兰发现洪荒年代巨兽化石的消息，在欧洲广为传播，反响最为强烈的便是英伦三岛和巴黎。巴黎是这样一个城市：它能容纳各种人各种消息乃至各种精灵古怪的思想，巴黎雍容大度而又充满活力。这个消息的盛传不衰，仿佛也是在期待一个人，这个人在当时的巴黎已经是声名显赫的古化石集藏家、解剖学家，他就是居维叶。更奇怪的是拿破仑一世，他征战、挞伐，不可一世，但也帮助居维叶从事化石采集。当拿破仑得知居维叶倾心于荷兰的古化石时，便当即命令他的将军带兵去“解放”荷兰，务必把巨兽骨骸完好无损地抢回巴黎，给居维叶送去。居维叶闻讯大惊时，法国大兵已越过荷兰边界直扑马斯特里奇村了。

但，化石已经不翼而飞。

在600瓶法兰西葡萄美酒的重赏之下，洪荒巨兽的化石终于为拿破仑的将军所得，并安全送达居维叶处。这就是居维叶需要的有关生物物种大灭绝的证据，这种被取名为沧龙的海相爬虫类，曾经爬得八面威风，后来为什么销声匿迹？

1822年，英国南部的化石采集家孟特尔夫人，首次发现恐龙化石，恐龙的命名者是牛津大学教授欧文。

居维叶通过对巴黎盆地地层的考察，发现其走向与倾斜度等均很不一致，存在着剥蚀面的上下两个地层里，经常含有种类不相同的化石。下面的年代愈久的地层，所含化石便愈简单，跟现代动物的差别也大，此种现象说明了什么呢？

地质上把上下两个地层之间存在着的剥蚀面，称为不整合面，它表明在上面的地层沉积之前，下面的地层发生过褶皱、抬升、剥蚀等地质变化。居维叶认为，不整合面上下地层中所含化石的不同，说明这些地层形成期间曾发生激烈的变动，发生过大规模的灾难或“革命”，乃至生物灭绝。对这些灾难性的激变，居维叶苦苦思索的原因有：地层破坏至倒转，海洋干涸后成为陆地且隆起山脉，洪水泛滥，火山爆发，等等。仅以洪水而论，浊流汹涌之下，山川原野一切景物为之改观，无数生物遭灭顶之灾。每发生一次灾变，便改变一次地球景物，一个洲的生物灭绝了，另一个洲的生物会移居而来，一个有新的景物的世界重新开始。如此往复，人们才会看到在同一地方的多个不整合地层里，含有的多种各不相同的化石。

1812年，居维叶在他的《四足类骨骼化石研究》第1卷中，写了长达116页的绪言，1834年这篇绪言又以《论地球表面的革命》为题单独出版，被译成多种文字，影响至巨。在这里，居维叶系统地说明了自己的观点：

> 已经灭绝的古代物种与现有物种一样,它们的性状是永久的。地球上的生命进程曾多次被可怕的事件打断。后来时代的地质事实,可以在某些方面驱除以前时代的疑难,但没有一种现在还在起作用的因素,足以产生古代地质作用的结果。

居维叶是个虔诚的宗教信徒,又是一个极为认真的科学家,对他来说,困难的不是向均变论提出挑战,要知道他是那样自信而又才华横溢。居维叶最难跨越的障碍是:怎样使古老生命的灭绝现象与《圣经》的主旨不相违背?居维叶研究了从埃及古墓中发现的植物标本和动物木乃伊,这些木乃伊与现代活体生物并无区别,在传统的时间观念中,埃及被认为是创世纪以后不久建立起来的一个国家,居维叶告诉人们:所以没有理由认为上帝创造的生命有过大的变化。而荷兰洪荒巨兽的骨骸、英国和巴黎盆地采到的化石,是生活于创世纪之前的生物,与上帝无干,并且遭到了灾变的毁灭。居维叶想象这些灾变的可怕及结果时,用的是这样的语言:"破坏了自然作用的连续性和过程,没有一种当代的自然力量足以完成这一旷世勋业。"

人类历史上不乏灾变的实证。

公元79年8月,发生在意大利的毁灭了庞培与赫库兰奴的火山爆发;1556年1月24日,中国陕西大地震死亡83万人;在三四百万年前的印度西部,2亿多年前的中国西南部,地层下曾经大规模喷发出玄武岩浆,远比庞培惨烈。况且几乎所有的地质学家都承认,在地球漫长的历史中多次出现的冰期、洪水及随之而来的物种灭绝,不是灾变又是什么呢?

18世纪末,居维叶远赴西伯利亚,在昏睡的冻土层中发现了已经灭绝的古猛犸象遗骸。骨骼保存完好,少有搬运摩擦的痕迹,尸身上还附着牡蛎及别的海洋生物的遗体,这一切都表明:猛犸象并不是自然死亡,而是因为它所处的低洼地势,在历史的某时期被海水淹埋没顶的。

居维叶的贡献是不容怀疑的,他发现并且证实了生物灭绝这一至今仍保持着震撼力的现象，把它和多次灾变相联系，为生物演化指出了一条新思路。但是，居维叶的灾变论否定缓慢的渐进作用，这使人觉得地球的演化除了一次又一次的轰然灾变之外，并无自然规律可循。特别是他提出地球最后一次灾变距今“不会比五六千年前久远多少”“各洲只是在6000多年前才抬升出水”，则显然有误了。

使均变论达至顶峰极致的是莱尔（另译莱伊尔）。

1830年莱尔出版了《地质学原理》，他大胆宣称时间是无限的。由于摆脱了时间的根本限制，他倡导一种“均变论”哲学，“均变论”使地质学成为一门科学。

莱尔更能使人们想到地球上习以为常、普普通通、周而复始地发生的风、雨、气流、潮汐、冰川火山、地震等平常事件和作用。但正是这些千百万年漫长时间累积起来的结果，使地球表面发生了一系列变化，莱尔的一句话被后来的地质、地史学家奉为至理名言：

现在是了解过去的钥匙。

《地质学原理》是集大成者，莱尔总结了到他那个时代为止的丰富的地质资料，把矿石、岩层、地层、古生物等研究成果，纳入地质学科领域，并认为地质学是一门历史的科学，也是研究地壳运动发展的科学。

当均变论渐渐占得上风后，莱尔在不少人看来是均变论对灾变论的决定性的胜利者，加上他对达尔文进化论的影响，莱尔真是如日中天了。

不过，莱尔的缺失也是显而易见的。

尽管恩格斯在《自然辩证法》中如此激情地评论莱尔说，“是莱尔第一次把理性带进地质学中，因为他以地球缓慢地变化这样一种渐进作用，代替了由于造物主一时兴起所引发的突然革命”。恩格斯同时也指出莱尔理论的缺失在于，他认为在地球上作用的各种力是不变的，无论在类型或强度上都是相同的；他还认为地球不仅在空间上而且在时间上也处于平衡状态，以不变的速度进行着没有一定方向的循环运动。莱尔的此种循环论的荒谬，也一直为有识之士所无法接受。

古尔德在评价莱尔时说："但是，现代地质学实际上是两个科学学派的混合——莱尔最初严格的均变论和居维叶、阿加西的科学灾变论。"（《自达尔文以来》）古尔德不仅作出了上述判断，他还进而认为："事实上灾变论者的思想比莱尔的思想更富经验性。地质记录下的确实像灾变：岩石断裂、扭曲、整个动物群的灭绝。为了绕过这些实际现象，莱尔重想象而轻证据，他认为地质记录极不完备，我们必须加上我们看不到但可以合理推理的东西。灾变论者是他们时代的坚定的经验论者，而不是盲目的神学辩护者。"

古尔德何许人也？

《自达尔文以来》的译者田洛先生在《译者序》中介绍说："斯蒂芬·杰·古尔德是当今世界著名的进化论者、古生物学家、科学史学家和科学散文家，现在哈佛大学教授古生物学。"当一百多年来，不断有人把灾变论者与神学辩护论者纠缠在一起时，作为进化论者的古尔德颇有仗义执言的味道了：

> 灾变论者坚持的是实实在在的观点，他们由生命史看到了方向性，并且相信这点。回想起来，他们当时是正确的。

地球包容着水火，也使水火相容。

地球经历了寻常的渐变和不寻常的灾变，总而言之是无穷的变化，在变化中灭绝，在变化中新生。

读完这一章，亲爱的朋友，你已经看见了，人类离认识地球的所谓科学地球史的结语，还十分遥远，已经成为经典的、奉若神明的，也许在不久的将来便被视为教条而不得不扬弃。不过这并无大碍，人类以如此之短的历史去认识并解读如此之久的地球的历程，怎么能没有缺失乃至荒谬呢？要紧的是，人们应该认识到，科学的殿堂里，从来就没有过神仙：除非他是造物主——我们假定有造物主而且记忆力健好——他才有可能回首往昔娓娓道来,这还依然不能保证46亿年间的若干细节已经丢失,或者因为隐埋得太深而一时无从查找。

地球状态

风可能是有某些外部原因的空气流动，但当它呼啸而过时，对孤寂、充满渴望的心灵而言，难道不是带着千丝万缕深沉而忧郁的声响从所爱之地飘来，在整个自然的强烈的旋律性的叹息中去解除无声的痛楚吗？年轻的爱人不也是在春天草地的朴素嫩绿中，特别感知其怀着充满魅力的真情及孕育花朵的心灵吗？一颗渴望金黄色甜酒的灵魂之丰满，难道曾比隐藏于大叶片下闪光的葡萄更珍贵、更令人激动吗？

——诺瓦利斯

地球的诸般状态中，最令人炫目的也许是它的永不停息的旋转和运行，以及由此而出现的错综复杂的空中轨道。它的旋转方式和路线，它在运动中保持的与太阳、月亮、别的天体的一定距离上的依存关系之精微缜密，是既定的呢，还是可选择的？谁为之调适？谁为之校正？

还有：地球为什么要如此这般地旋转？

地球为谁而转？

最显而易见的是地球绕地轴的自转，它使地表各地区由向阳而背阳，形成昼夜循环，晨昏交替，有了自古以来的人们鸡鸣即起，洒扫庭除，以及夜晚星空下的万籁俱寂，睡眠时生出的梦。

地球一年一度绕太阳的公转，转出的是春夏秋冬的相继出现，所谓花开花落，春华秋实，热风吹雨，冰雪严寒便尽在其中了。不过，我们要注意到地球上冬夏之间的温度变化，不是因为距离太阳的远近，而是地轴的倾斜度导致了冷冷暖暖的季节变化。也就是说对地球温度变化起决定性作用的，是太阳照射地面的角度，而不是两者之间的距离。不论在南半球还是北半球，太阳以接近直角的角度照射地面的季节是夏季，反之照射角度最小的季节是冬季。

千万不要忘记角度的重要。

远比地轴倾斜更加不明显的，是地球绕太阳公转的轨迹并非就是地心运行的轨道。地球和月球这一对由万有引力联成一体的天体系统，在绕太阳而转的轨道上恰似一头大一头小的“哑铃”。因而围绕太阳运转的椭圆形轨道，是这不对称的“哑铃”中心的运行轨道，这就使得地球不断为之牵连而蛇行向前，轨迹如“之”字形曲线。

除了在公转轨道上做“之”字形运行外，导致地球不稳定的主要因素是月球的引力。潮汐涨落的重心移动会使地球出现轻微的失衡，此外，当月球由南向北越过赤道时，月球对地球赤道隆起部分的引力，使地轴略有旋易摆动，此种运动被称为进动。

地轴顶端两极还在进行着速度极慢十足悠闲的“岁差运动”，需 25800 年才能转完一个周期。

由于太阳及月亮的引力对地球的共同作用使进动的轨道并不是平滑的，地轴会产生好像微微点头的小幅度颠摇——也被称为章动。

除上述各项运动外，作为太阳系的成员，地球还随着太阳围绕银河系中心做高速盘旋推进，速度为每秒 240 千米。

对地球来说，运动便是生命。

更加不可思议的是，上述种种或明或隐、或速率极快或速率极慢的运动，是同时发生的，是一个又一个叠加组成的错综复杂到匪夷所思的复合轨道运动。其速率又是如此之大：赤道上各点在以每小时1690千米的速率自转，地球以每分钟1770千米的速率绕太阳公转，而太阳又以每秒240千米的速率带着地球在银河系中疾驰……

倘若我们身处太空中的一个观察点，不仅可以目睹地球状态中的诸多风采，还能够对月球做一番审视，实际上也只有细细地体验月球，才有可能体验地球的历程。

地球的神奇之中应有月球的一半。

笔者将要在本书的最后一章专门叙述月球，现在让我们把目光从月球的环形山间，回到地球上来。

有关地球构造的种种推测，是在1798年消失的，这一年英国物理学家亨利·卡文迪许居然测出了地球的质量。根据牛顿的万有引力定律，卡文迪许制作了一个1米长的哑铃，用一根线把它吊起来，先测量它的一对球体与更大的两个球体之间的吸引力，然后计算出引力常数，进而卡文迪许算出地球的质量为66万亿亿吨。科学家说，考虑到他所计算的是一道如此巨大的难题，这个结果无论在过去还是今天，都是相当出色的。

地球不是空心的，地球是沉重的。

地球的平均密度是5.52克每立方厘米，而地球上层岩石的平均密度，却只是地球密度的一半多一点儿。显然，从地壳向下、向地球深处，那里的物质密度一定要大得多，否则地球就不会有足够的质量。那是一些什么样的物质呢？有人推测是金属，密度大于8克每立方厘米，是地核。

地壳与地核之间，是地幔。

这是19世纪末关于地球结构的粗略线条，企图把地球的一切，纳入人所设定的有序状态的努力，并非都是成功的。笔者曾请教过地学专家，在地球表面水平方向上的水陆分布存在什么规律？或者有无规律可言？专家说："现在还说不清楚。"可是说清楚的含义又是什么呢？是不是要回答，在地球表面，山因何只是这样高，水因何只是这样深？海为什么在一侧而不是另一侧？河为什么只有这么多条而不是更多或更少？

大地即自然。

大自然的大规律是既不可言说的，也不能替代的。

人类以为发现得越多，那么，可以体验并激活灵智的神圣的一切便越少。

在地球的竖直方向上，其圈层结构却是坦坦荡荡的。

地球表面以上是大气圈，稍后，笔者要对大气和云跟踪描述。

地球表面70.8%的面积为海水覆盖，剩下不到30%的大陆地区中，江河湖泊与冰川的地表水断续分布，地表以下的土壤和岩层间则是连续不断的地下水，地表水、地下水互为连续。除此之外，还有大气水，包括空中的水蒸气、云和达到地表以前的降水；而生物水则存在于动植物体内。

这是无处不在的水圈。

岩石圈是人类活动、植物生长、动物栖息均离不开的地球固体表层，包括了整个地壳和地幔的顶部。这一圈层，因为海洋与陆地的形态所构成、雕塑的地表的差别、规模的复杂而千姿百态，显示着地理环境的包容性与生命力，高大与细微，辽阔和参差，起伏及平缓互相镶嵌又各成单元。

山脉是大地的"骨架"，是高度、力量和雄浑的显示。

世界上比较高大的山脉集中在两个地带，一是横贯亚欧大陆中南部，由喜马拉雅山往西经过高加索山到阿尔卑斯山；另一条是纵贯南北美洲大陆西部，由落基山和安第斯山脉组成的科迪勒拉山系。

与山脉密切呼应的是高原，我国的青藏高原是"世界屋脊"，非洲被称为高原大陆，南美洲有世界最大的面积为500万平方千米的巴西高原，并拥有号称"世界之肺"的最广大而珍贵的热带雨林。

岩石圈中最稀缺的是土壤。

土壤是指地球表面具有一定肥力且能生长植物的疏松层，处于大气圈底部，岩石圈、水圈和生物圈之间的过渡地带，就像一层薄膜覆盖在地壳表面。作为农业之根本，地球上70多亿人口的衣食之源的土壤，其土层平均厚度只有18厘米。

谁能告诉我：这稀薄的土壤从古到今，养育了多少生灵万物？为什么种子落到土壤中就能开花结果？

生物圈是地球上所有生物生存之所，它的范围从大气圈底部到岩石圈的上部，厚度约为20千米，大量生物集中在地面上下100～200米的区域内。

生物圈是一个独特的圈层系统，它渗透于其他圈层中，在这圈层中，因为空气、水和土壤之间的连续不断地彼此交替、互为作用，从而提供了各种营养物质，维持着现代约1000万种生物、70多亿人口的生命活动。这些包括人类在内不及地壳质量0.1%的生物体，为地球增添了无穷的生机，也给环境增加了巨大的压力。

我们不用太多想象便能知道生物圈的繁荣以及触目惊心的变化：

下雨了，落雪了，春草绿了，杜鹃红了，瓜熟蒂落了。
大雁去了又归来了。
森林却是眼见着日益稀少了，林中的虎啸猿鸣沉寂了。
天上会落下酸雨，江河水变黑发臭了，海洋已经成为世界最大的流动垃圾场……

神奇的生物圈是由神奇的生态链维系的，这看不见的生命之链，却关乎每根草每只甲虫及至每个人，亦即所有生物物种的生死存亡。可是，当生态链上所有的生命不再平等，不再荣辱与共，人类为所欲为之后，其失衡与脆弱已经显而易见。

或许有必要提醒读者，即使在今天，关于地球内部结构的每个观念都在推测之列，不过此种推测已有了扎实甚至精密的基础，地质学的这一飞跃,却不能不归之于地震以及人们对它的长期观察。

大地震是自然界最可怕的灾难,破坏力超过数以几亿吨计的黄色炸药的爆炸力。几十秒钟之内,地震带来的大火、爆炸、塌陷,能使一个城市、一片地区顷刻成为废墟,财产与生命一起化为乌有,而且会波及震中附近的更广大地区。

严重破坏地球地貌的地震每年为20次左右,轻微的震颤每年则多达500万次,即每分钟出现10次,近年来更有科学家认为是每年1500万次,那就是每分钟30次了。

地震如同刮风下雨。

强大的地震是如此可怕,同时对地球内部的探索者而言,又是如此诱人:在地球里面肯定发生了什么,但那里面又是不可望更不可即的,令所有挖掘者望而却步,因为你掘不下去。

> 地震灾难的另一面,是震动了人类的想象力。地震是地球在太空中颠簸运行时,必定要发出的“嘎吱”之声。
>
> 地震也是对人类的终极提醒:我们在地球上的立足点是如此脆弱!

公元132年,我国科学家张衡发明了地动仪。

这是一台青铜铸成的仪器,外形若酒樽,圆径8尺,周围铸有8条龙,按东、西、南、北、东北、西北、东南和西南方向排列。每条龙的嘴里含有铜珠,龙头下蹲着一只铜铸的蟾蜍,仰头张嘴,若有所待。仪器内部装有机关,中央竖立根圆柱状震摆,上粗下细,地面只要稍有震动,震摆当即朝地震方向倾倒,龙嘴开启,铜珠便“当”的一声落进蟾蜍口中,地震了。

对地震的观测和记录,中国不仅有数千年事关地震的历朝历代的记载,近1000年的记录尤为详尽,这种不厌其多、其烦的记载也从侧面说明,中国历来是地震频发的国度。

多数破坏性大地震均发生于地球上的三个地震带,即环太平洋地震带、地中海—喜马拉雅山地震带以及穿过世界各大洋的洋底山脉地震带。

1760年,英国地质学家约翰·米歇耳提出了“地震波”的初步的构想,他认为地震在地底下岩石间引起的震动,会以“波”的形式向四面八方传播,如能截获、检测这些“波”,也许就能得到地球深处的各种埋没着的信息。

18世纪欧洲地震最可怕的记录,便是被称为“震荡并且几乎毁掉欧洲”的1755年里斯本大地震。

全欧洲都记得这一天:11月1日万圣节。里斯本市的中心区毁坏殆尽,数千人丧生,欧洲390万平方千米上的每一个人都感觉到了它的震动,所有的河流湖泊顿时掀起滔天巨浪,山峦似的海涛在几小时后便横渡大西洋,冲上了西印度群岛。

这一天,欧洲所有的教堂里管风琴声悠扬,几百万信徒祷告、唱诗时,忽然间来自里斯本的地震波,把教堂大厅的吊灯扯得张皇失措地摇摆着,惊恐的欧洲到处都是这样的呼喊:

上帝啊,这就是世界末日吗?

正是米歇耳,搜集了他能找到的里斯本地震的一切资料,并计算出地震波的传播速度在每分钟32千米以上,他预言地震起源于地层深处的地壳运动。

曾经有人把美国旧金山1906年的大地震释放的能量,做了这样的估算:它们可以轻而易举地把100多亿吨岩石托到1800米的高空。但,这还不是最大的地震,1911年阿拉木图地震,是旧金山地震能量的26倍。迄今为止,记录在案的最大的地震,是1960年智利8.5级大地震。

1960年5月21日至6月22日,智利南北长1400千米的沿海狭长地带,连珠炮一样的地震至少发生了225次,其中超过8级的3次,超过7级的10次,地面上到处都是裂缝,绵延几千米的沙丘汹涌着冒水喷沙,13万平方千米的土地陷落2米,大地震引起的海啸几起几落持续12个小时。从首都圣地亚哥到芒特港,沿海所有港口、船舶以及堆积如山的矿石、货物,在近乎垂直的9米高的巨浪的冲击下，悉数卷进海里。紧接着，瑞尼赫湖区发生3次大滑坡，几千立方米的泥石滚进湖里。地震后47小时，普惠火山爆发，火山灰喷到9000米的高空，而大地震引发的海浪竟以每小时650千米的速度，横越太平洋，袭击夏威夷群岛，并且波及15000千米以外的日本，冲毁上千所住宅，10万人无家可归。

1855年，里斯本大地震后整整100年，意大利物理学家帕尔米研制成功第一台地震仪。进入21世纪的第一年，英国科学家奥尔德姆发现地震波并不是单一的，传播最慢的是地面波。在另外两种深入地球本体传播快速的震波中，纵波的速度更快，穿透能力也强；横波具有横向运动的特点，它先使地质学家困惑，继而又激情满怀：横波可以顺利地从固体物质中穿过，但遇到液体或气体便很快消失。

地球深处的轮廓，因着地震波的曲线可以作一番勾勒了。

1906年，奥尔德姆冥思苦想着：为什么当地震发生，纵波与横波向四面八方传播时，或者纵波迟到了，或者横波会消失？

> 奥尔德姆推测认为：地球内部是有层次的，它的中心部分为地核。地核能使纵波减速，同时挡住了横波的去路，这就说明它是液态的。正是这个液态的核心，使与震源相对的地面测不到横波。而纵波进入和离开地核时均会发生折射，因此使传播速度减慢，并且出现了几乎什么也检测不到的“阴影区”。

1914年，德国出生的美国地质学家古登堡测出了这个“阴影区”的位置，应在自震源起103°～143°之间，经过对“阴影区”和地震波的时间—距离曲线的反复研究，算出了地核的大小：液态地核与地幔的界面在离地面2900千米的深处，后人称之为“古登堡面”。“古登堡面”告诉人们，你可以想象地球是个大球，大球里还有一个小球，这小球便是地核，它的半径约3500千米。

在“古登堡面”出现之前，同样为奥尔德姆所启发，莫霍洛维奇发现了另一个靠近地表的不连续界面，它把地幔与地壳分开，也可看作是两者之间的边界，世称“莫霍面”。

地球的内部结构因为地震波的显示，似乎略为清晰了。

但一切都还是推测，尽管是更加有据可依的科学推测，现代科学技术还远远没有进入地球的核心部分。

1897年，德国地球物理学家维谢尔首先提出了地核的铁核假说，即地核是由铁，可能还有一些镍及微量的钴组成。这意味着铁是1750亿立方千米地核的主要组成部分，在估计的地核压力与温度下，铁的密度至少是每立方米9420千克。铁又是地球上最丰富的重元素，可满足地核的重量要求。而且，此处的铁还可能是熔融状态的液态铁——液态的地球外核包藏着一个固态的内核。

这就是今日之地球的一般状态，它结构依旧、运行依旧、风姿依旧，但它已经呈现出疲惫、衰败，很可能不再保有耐心。人类可能永远无法穿透到地核，我们不妨重温一下地球从内到外的圈层结构：地核是由一层炽热密实的固态内地核和一层熔融态外地核组成，外有一层听起来柔软其实还算坚硬的岩石地幔，最外则是薄薄的冷却了的地壳。

自从地球在太空的混沌冥暗中呈现雏形以来，便有各种强大的力量在对它发生作用，看似平静的太空始终骚动着强力与不安，而地球的动荡不宁的命运似乎是从初始就注定了的。

地球啊，请告诉我，你有没有不堪重负的时候？

你到底还能承载多少？运行多久？

> 也许所有的秘密都在地球深处的那团团烈火中，核在，火种是不会绝的。那是深不可测、热不可近的核心，不过人类立足的地面，却始终在它把握之下。

天象记事

大自然不是精神，但是它有精神，表现于自然的丰富形态中。

——魏茨泽克

天有多高？

天是什么？

天在哪里？

我们通常所说的天，就是我们看得见和看不见的大气，只要你意识到人因此而能自由地呼吸，赞美之情便油然而生。这是地球母亲美丽的外衣，也是地球的保护层，它还是地球生命最初的发源地、所有地球生物不可或缺的生命要素。

> 你看天空便看见了，什么叫呵护？你看云彩便看见了，什么叫温柔？

如同儿时，扯着母亲的衣襟一样，亲爱的读者，让我们一起借助目光和想象，轻轻地翻动天上的云霓霞彩。

大气如此广大，地球表面的一切均在它的笼罩之下；大气如此深厚，没有任何所谓擎天而立的山脉能够穿透它。这是地球上唯一可让海洋屈居第二的庞大无比的大气之海。当人们为今日世界的淡水、粮食、能源忧心忡忡的时候,可曾想过如果没有大气、没有大气中的氧气,人类及所有的生物几乎就会立即死亡?就大气的重要性而言,也许还远远不止于此。倘若没有二氧化碳,植物便不能制造碳水化合物,而碳水化合物正是使一切动物得以生存的植物链的基本环节。再以大气中的雨水来说,正是它的冲蚀以及岩石风化,才会有植物生长必需的土壤。高空臭氧层的默默无闻的保护一旦失去,地球人的生存又如何维持呢?以上例子,不过是大气无私奉献的小小一斑,遗憾的是:世界无例外地呼吸着大气的人,又有几人是心怀感激的?

我们知道了,大气是一种由空气和水组成的混合物,虽说看不见、摸不着,但它却是实实在在的客观物质。整个大气层的质量约为 5.3×10^{15}吨,虽说仅是地球重量的1%,但也是一个惊人的数字了。如果在一架巨大的天平上,一端搁置大气层,另一端则需堆放5座喜马拉雅山,才能取得一时平衡。大气质量中的99.9%以上集中在50千米以下的范围,大气层越向上空气越稀薄,古人说“高处不胜寒”,我们也不妨说“高处不胜薄”。

无论怎样寒冷怎样稀薄,天上、高处却一直在吸引着人们,从心向往之,到身也能至,腾云驾雾,乘风飘去。

1783年11月21日,法国的孟特格菲兄弟发明并放飞了人类第一个热气球,他们在一个大坑中烧火,把加热的空气灌进气球中。热气球载着两名极有可能粉身碎骨的冒险者飞上了天空,巴黎万人空巷一睹风采。这一个热气球只上升了900多米,但已经是很了不起的记录了,而且它证实了人可以上天。1804年,法国科学家盖吕萨克和毕奥乘坐的气球,升至7300米的高空,对于待在敞开的吊篮里的人来说,已经到了高度极限的临界点。他们测量了高空气温、地磁变化,还带回了稀薄空气的样品。1862年,英国气象学家格里塞升到了8250米的高空,在稀薄的大气与−50℃的低温中,格里塞昏迷了,是他年轻的助手用嘴咬开气门,格里塞才得以保命。13年后,“天顶号”气球从法国出发向高空飞升,三位带着氧气瓶的探险家创造了升空8600米的记录。可是当气球回到法兰西大地,苏醒过来的只有济山吉一人，科罗契和西维把生命永远留在高高的大气层中了。1892年，无人乘坐的带有仪器的气球，在更高的大气层中获得了不少信息。但是，对于人不能更高地亲临其境的遗憾，促使科学家在20世纪30年代设计成功了密封舱。1931年，皮卡德兄弟的带有密封舱的气球升至17.5千米高空；1938年，名为“探险者二号”的气球升到21千米高空；到1960年，载人气球已能飞升到34.5千米的九霄云外了。

这些简略的记录告诉我们，人类走向空中并探索大气层的飞天之路，是从离地900米开始迈出关键性的一步的。但这不是第一步，人们跳高、爬树、登山，1000年前中国人造的小火箭，巴比伦的登天塔等，无不源于对太空的向往，相比之下后来的探测大气层，目标更明确且具体了，但有关天上、天堂的神秘之况味，却逊色了。

后来，人们开始给大气分层了。

从地面向上10千米左右的范围，是大气层的最底层，称为对流层。在这一层里，大气温度随高度上升而不断下降，大气活动异常激烈，或升或降或者翻滚，可谓气象万千，瞬息万变。由此形成了多样的复杂的天气变化，风、云、雨、雪、霜、露、雷、雹在对流层中从无止息地酝酿、拥挤、碰撞，所谓有声有色真是尽在其中了。

对流层顶向上55千米的区域内为平流层，这里温度不断下降的趋势受到遏阻，空气成分几乎不变，水汽与尘埃少而又少，这里是真正的晴空万里。在25千米处，是护卫地球不可缺少也不可多得的臭氧层。

平流层之上是中间层，这一名词是美国地球物理学家查普曼于1950年提出的。这一层的空气更加稀薄，温度变化与对流层相似，偶尔还可以见到一缕缕银白色的“夜光云”，在80千米的高处，温度约为-90℃。

穿过中间层便是热层——在80 ~ 500千米，大气温度不断升高，在200千米处已高达200℃。气体分子被一分为二成原子，使多处高空处于电离状态,有时能看到瑰丽多姿的极光。

过了热层,500千米以上的大气层便是外层或又称逃逸层了。这里是地球大气的顶层,也是大气层与星际空间的过渡地带。在这一区域内,地球引力已经很小,再加上空气特别稀薄,气体分子互相碰撞的概率甚微,于是便高速地飞来飞去,活蹦乱跳着逃逸而去,游荡在星际空间。

亲爱的读者,我们或许已经体验到了,大气是外在的,又是深入且深沉的,它滋养生命保护地球,同时自己也在变幻莫测地创造;大气的浩瀚是宇宙的浩瀚,而大气的美丽是生命的美丽。大气层严密地包裹着地球,这是看不见的包裹,也是不事声张的保护,而从某种意义上说被誉为光明之源的太阳倒是无情的,由它发射的各种致命辐射线及自太空轰击而下的宇宙射线,如果不是大气层义无反顾地阻挡和吸收,哪会有地球生命与地球景色?它还让流星到达地面之前烧毁,只留下一束耀眼的光;它隔开了太空的严寒,积蓄着太阳的热量;它调制着大气中氧气与二氧化碳及别的气体的适当比例,达成最佳配伍;使人类及别的呼吸空气的生物能呼吸自如,使植物能进行光合作用,使雨水适时降临;它还制造风,制造各种天气,就在它发出雷鸣电闪、狂风暴雨时,大气层便成了一个瑰丽迷幻、变化无常的环带。

大气微粒飘举飘落,载浮载沉,时去时来,忽聚忽散,这些极广大宇宙中的极细小的漂流者,后来便成了尘埃或雪花、云朵、雾霭乃至风暴的一部分。

波涛起伏、运动不息的大海,我们看得见,而在更大的范围里同样如此运动着的大气,却是隐蔽的。

空气的水平流动产生风。

风就是空气的水平流动。

因为看不见空气所以也看不见风。

风让炊烟四散,风把树枝摇动,风催动着山上的林涛海里的波浪,但,风从来不说,我就是风。

我国早在3000多年前就开始有风的记载,而在这之前风已经刮了亿万斯年了。并不出格的推想是：作为自然界的一种现象，风一直困扰着同时也激活着先民的灵智：风是何物？风从哪里来？风因何狂怒因何轻柔？等等，等等。

我国殷商时期的传说认为，风是上天所派遣的使臣，因而称为“帝使风”，代表着神的意旨，传达各种神的信息。在国外，人们说风是由北风神“勃罗斯”支配。不过到我国唐朝李淳风把风分为8级时，人们对风的认识似乎是前进大步了，而这样的分级也可能是世界上最早的风力等级。到今天，风力分成13级，提出此种分级法的是英国海军将领蒲福，因此，现在的风力等级表又称为“蒲福风力等级表”。

有了风，才会出现风力、风帆、风信旗及避风港。不过，在我国古代测定风向所用的方法和手段，却简单和富有诗意。把一根茅草或鸟的羽毛吊在高杆顶端，茅草或羽毛所指便是风向所指了。到汉代，风向的测定物开始走向豪华，并更富艺术性，是绸绫做成的旗子，名为“测风旗”，也用特制的很轻的鸟形物，称作“相风鸟”。

这个世界上不能没有风，但断然不是所有的风都是丽日和风。

狂乱的大气会产生一股急速自旋的旋涡，这股旋涡从表面看是不规则的自半空直落地面的一条长云，其形罕见，其状高雅。有经验的农人或渔夫却不这么看，而是见之色变。这是由速度可达每小时数百千米的风形成的风柱，风也有柱时，大难便临头了，龙卷风就要到了。龙卷风发生以后的情况，人们无从得知，它一路刮将过去统统皆成废墟。除此之外，望风而逃的人们来不及留下任何记录。

对于海上靠风帆航行的航海者来说，风是太重要了。

16世纪初，欧洲一些国家曾在麦哲伦之后，组织船队把马匹运往美洲大陆。当船队沿着北纬30°附近的大西洋航行时，常会遇到无风的日子，在那里，大海寂静得跟睡着了一样而且连梦也没有。帆找不到风，船便停泊在水上，有时一停就是十天半个月，马匹因吃不到青草、淡水而纷纷死亡，只好扔到大洋里。这种情况，在南纬30°海面也曾发生过。水手们因而取了一个古怪的名字:“马纬度”。过往船只一到“马纬度”便心惊肉跳,无风的海洋也是可怕的啊!

后来的科学家说,这是大气环流所造成的“副热带无风带”。

中国处在著名的东亚季风区。当夏季来临,炎热的亚洲大陆吸引了赤道洋面凉爽潮湿的空气,这股季风向北推进,带来季风雨。冬季,寒冷干燥的风从中亚大陆吹向赤道,亚洲的大部分地区遂变得阴沉、寒冷。我国黄河以南和整个长江流域,均位于副热带高压控制的纬度内,世界上的主要大沙漠如撒哈拉沙漠、阿拉伯沙漠、印度西北沙漠等,都展现在这一干旱少雨的纬度内。天佑吾邦,因为东亚季风使得酷热的夏季得到缓和,入春以后又可以期待连绵降雨,在干旱控制区的华南、华中以至华北,成了季风气候区。

有关风的勾画不得不写到冷锋与暖锋。

两种温度不同的气团的接触面,称为锋。冷锋表示替代暖空气的冷空气的到来,而暖锋则是暖空气正在替代冷空气的运动表现。

一个锋面的接近及通过,是气象活动中引人入胜的时刻,它连带着一连串现象的发生与发展,形成一个生机勃勃的过程。暖锋的预兆是空中有卷云升起,卷云是正在逼近的冷空气之上的暖空气前缘的冷凝水汽。卷云之后便是水滴组成的高层云,仿佛一片郁闷的色调偏暗的灰色幕帏。再后便是黑色雨云的笼罩,雨点开始降落。这个过程的结束是暖空气完全取代冷空气,上下湿度持平,不再有雨点,甚至有虹,甚至是“东边日出西边雨”。大气好像是近于稳定了,但另一个锋面又将到来。

相比起来,当冷锋驾到时,各种连续发生的现象来得更快也更动人。因为冷空气的沉重不可能凌驾于暖空气之上,便钻入暖空气下面移动,暖空气的不安定由此开始,它所饱含的水分由冷气团推拥而上,凝结成浓密雨云。只要你留心观察,冷锋的轮廓是如此清晰,似一根戒尺横越空中,从地平线一直曳往天的尽头处。当它移动时,偏南风骤然变成偏北风,温度急剧下降,倾盆大雨破天而下,并挟有强劲不安的阵风,还很可能出现狂烈的雷暴，为这一场倾盆大雨又涂上几笔浓重的色彩。这时候，天空与地上均为浓密粗壮的雨帘阻隔空中鸟飞绝，地上无人烟，到处是雷霆万钧之力、九天倾泻之势。大约经过一个钟点，浓浓的雨云开始没入东方，渐渐不可复见，西天角先露出一块蓝色，继之便是碧空如洗了。

麻雀会从屋檐下飞出来。

鸽哨在蓝天白云间鸣响……

对于海洋和生活在海边的人群来说，从夏天开始到夏末秋初，都是提心吊胆的日子。在这样的季节里，海上最可能孕育出热带气旋，在掠入信风带后便成为台风或飓风，然后掀起巨浪、冲毁堤防、扫过陆地，引起严重的灾害。这种热带风暴发生的次数不算太多，有资料说大约一年中发生50次，但因为它的能量极大，所以便和地震一起划入最具破坏力的自然现象之一。

台风或飓风在孕育之初，仅是热带海洋上空的一个低气压，水分充足的暖空气向这一低压急速汇集，左冲右突，在不断冷凝成云和雨之后，释放出大量热能。飓风每一秒钟从海洋及聚合空气中卷走的水可能多达23万吨，这一数量的水汽在一天中冷凝所释放的能量，相当于130亿吨级核弹爆炸的能量。当受热的空气飞速上升时，飓风的时速可以达到320千米。平静的是飓风的中心，这个中心直径为几千米，称为风眼。风眼大睁着，因为风眼周围已经被浓密乌黑的云层包围，滂沱大雨正在倾泻中了。

风眼越过人们头顶的上空时，整个喧嚣骚动便更加强烈，末日的呼啸扫荡似乎没完没了时，却突然停止，大风变成小风，雨停了，薄薄的云的缝隙间，一线蓝天与人们惊恐甫定的目光劫后重逢了。

> 但这不是一场飓风的结束，而只是短暂的稍息，不知道是在做出精密的调整，还是因为听奉冥冥中发出的指令，当飓风又恢复猛烈的状态一段时间后，离去的那刻也到来了，这时的风向恰与飓风开始时相反。

龙卷风、飓风的威力是如此可怕，1974年4月3至4日，美国芝加哥地区被狂风袭击，死380人，伤6000人，13500幢住宅被毁。由于此等大风的中心气压低，便把地面上的物体吸到空中，拉扯一程后再从天而降。1956年9月24日，我国上海的龙卷风把一个重50多吨的大油罐刮向空中，扔到120米以外。我国东汉建武三十一年，即公元55年，河南开封下了一场罕见的令世人瞠目结舌的"谷子之雨"；1940年，苏联高尔基州的一个村子落下了几千枚银戈比；1949年新西兰沿海活鱼从天而降，此外还有"龙虾雨""青蛙雨""红雨"等。风的专家说，即便是龙卷风、台风，也不能一概视之为害，大自然中发生的每件事情，从来都不是孤立的，总是由一连串别的事情催生，同时还催生着另外一连串别的事情。大气这一热能平衡系统，正是利用台风、飓风之类激烈手段，以及阳光蒸发的温和方式，在一年之中从海洋及陆地把417000立方千米的水，提升到空气之中，然后凝结成雨降落到地面与江湖河海。

这是至关紧要的浩大的提升。

也是一样至关紧要的神奇的降落。

无论雨、雪、冰，任何降水都必须先有云的形成。

如同天气的变幻无穷，云也变幻无穷，它的千姿百态就是高空大气的千姿百态。

卷云的细软流烟会给人飘飘欲仙的感觉，它是漫不经心的空际流浪者。

积云是堆积的云。

层云是层垒的云。

雨云的状态狂放、低沉而压抑，它具有坚实的底部然后向上伸展，它总是在酝酿雷暴及大风雨，有时还出现下垂的拖曳物，人称雨幡。

水分饱和的空气也不能自动生出云来，除非空气中已存有无数细小的凝结核，此种凝结核可以是烟尘、微粒、火山灰等。有人统计过，1883年克拉卡托火山爆发时，给世界提供了足够下1000年雨的凝结核。

凝结核其实是空中尘埃，也是核心之一种。

大气层中的水汽分子与凝结核相拥相抱，组成了云滴。云滴不是雨滴,不足以下降成雨。

使云滴成为降水过程的,是云滴在湍流空气中的并合,在它的直径至少为 2 毫米时,便可称为雨滴了。

有一些雨滴永远也到达不了地面。

笔者在腾格里沙漠采访时,不止一次地看见高远的空中乌云抖动,古浪八步沙农民护林站的老乡告诉我,天上正下着大雨,但半路上又都蒸发了,沙漠和人见雨而不得,依然干渴着。

关于大气,不能不提我们在儿时都问过的一个问题:天为什么是蓝的?标准的答案应该说,这是太阳光中的蓝光在大气中散射所造成。由不同波长的光组合而成的太阳光,波长愈短,散射愈强;波长愈长,散射愈弱。紫光、蓝光和青光波长为短;红光、橙光和黄光波长为长。因而太阳光经过大气时,首先被散射而出的是美妙的紫、蓝、青色,但这三色之中紫光似乎“心有旁骛”,在大气的高层便被吸收,人们的眼里便满目青蓝了。

可是,为什么有时天上蓝极,有时不然呢?

这就要提到往往为人所不齿的缥缈尘埃了，它们是九天景致的一部分。当空气中的尘埃、小水滴相对较少时,天就要蓝得深一些,反之就不是纯净的蓝色了;倘若尘埃杂质因为大工业城市污染的严重而密布空中,那就会让天空变色,因而,现在已很难见到蓝天。

当早晨或傍晚,阳光在大气中所经的路程较长,波长短的那些光大部分已被散射掉,剩下的红、橙、黄光就成了太阳的主色调,其中红光含量达85%以上。与此同时,太阳附近的天空、云彩,尤其是尘埃微粒,因为红光的照射而显现着缤纷热烈,这也就是朝霞和晚霞。

> 人啊,因为晚上你要感激清晨,因为早上的风你要牵挂夜半的梦。

从不间断地运动着的多层次大气,在承接阳光的同时,也尽情地与阳光嬉戏,这样的时刻,你甚至会感觉到天空中洋溢着天真、顽皮的氛围,温馨可爱。

所有从天空射到地球上来的光线,都因大气的波动而变得不太清晰,甚至朦胧、扭曲,就连太阳的颜色也会变化。中午是炫目的白色,傍晚的地平线是渲染得最出色的、壮丽无比的嫩红色或蓝紫色。有时你碰巧看见山脚下的落日,会在底部闪烁红光,或在顶部有一道蓝色光闪,这是天上的彩色闪耀。当天色渐渐暗淡时,那些红光与蓝光仿佛是天上的街市,突然点亮了千万支火把,然后在差不多的瞬间归于熄灭,但那火的余光余热都还在。

无论山区、平川、海边、大漠,落日都是辉煌得摄人心魄的,如果你再知道一点大气的知识,以及它在波动中对光的解剖,那就更加饶有兴味。问题是:现代人还有几多关心朝晖落日?

地球大气低层出现的最注目的自然现象,便是多彩的虹与迷蒙的雾。虹往往发生在阵雨之后,那是仍然浮游空中的略带透明的雨滴,奉献给地球的美妙饰带。雨滴被阳光透射之后,便棱镜一般把阳光的可见色谱逐一分离成其所含的七色光。空际的雨滴愈大,彩虹便愈加鲜艳。

雾也是浓密水汽的产物,有时飘飘忽忽,有时紧贴地面,像流动的蒸汽笼罩大地,这笼罩又是那样轻、那样静、那样富有湿漉漉的生命感觉。如是山区,沿着山坡弥漫开去的晨雾,是好天气的征兆;如是浓雾发生在人烟稠密的城市上空,再加上城区的烟尘及微粒污染,便会出现有害生命的烟雾。

当低贴地面的空气冷却,并把所含水汽凝结成0.1毫米直径的微滴时,雾发生了,在午夜之后,特别是无风的秋夜。

> 我们不敢设想,倘若地球上空没有了雷鸣电闪,人们的心灵是否会孤寂许多?尽管,闪电与雷击均会引发灾难,可是那种无法形容的声色的壮观与宽阔、穿透夜幕乃至撕裂沉沉黑暗的金蛇游走,总是使人在敬畏中想到:此时此刻会发生什么?

闪电起自大气的电爆发，它可以在云层之间进而在天地之间跳跃，只要存在足够大的异性电荷吸力。闪电的形态之美是一瞬之间的千姿百态，几条或几十条电光在千分之几秒内先后发生、游走、交叉、重叠，又各自成为妙不可言的闪闪发光的线条。在闪电发生之后，有诗人追问说：它逝去了吗？不，它如锥画沙般镌刻在夜空中了。然后便是雷鸣，响彻云天、振聋发聩的时刻。

在中国，广泛意义上的天象词可以追溯很远。

殷商出土的商代甲骨卜辞中，有 3 次日食记录，5 次月食记录，2 次关于新星的记载。

成书于春秋早期的《周易》中，有“日中见斗”“日中见沬”的说法。世界公认的最早关于太阳黑子的观察实录，见于我国《汉书・五行志》所记西汉河平元年（公元前 28 年）“三月己未，日出黄，有黑气大如钱，居日中央”。同书对公元 188 年出现的太阳黑子记载道：“中平……五年正月，日色赤黄，中有黑气如飞鹊，数月乃消。”

《诗经》有诗云：“十月之交，朔日辛卯，日有食……彼月而食，则维其常，此日而食，于何不臧。”有研究者认为，这里记述的是当时周都镐京——今陕西省西安市长安区丰镐村附近——发生于公元前 735 年 11 月 30 日的一次日偏食，及同年 6 月 20 日的一次月食。

时至汉代，对日食的记录更加详尽，从太阳位置、起止时辰、见食时间到日食初亏所起的方位等，生动明确。《汉书・五行志》记发生在西汉征和四年八月，即公元前 89 年 9 月 20 日的日食为：“不尽如钩，在亢二度，晡时食，从西北，日下晡时复。”用白话文说，这次日食太阳只剩下一弯如钩，午后 3 时至 5 时发生，初亏起于西北方向，这时太阳位于 28 宿的亢宿二度处。

有资料说，从公元前 770 年至公元前 476 年的春秋时代，中国古籍记载的日食就有 37 次，从春秋时代到清乾隆年间，则为 1000 次左右，这是世界历史上少有的数目众多的日食记录。关于日食和月食，中国民间还有天狗吞日与天狗吞月的传说，每每见食之际，乡村四野便会敲锣打鼓以吓跑天狗，唯恐日月之被吞没，而呐喊、锣鼓齐鸣之后，日月终得保全，皆大欢喜。

中国历朝历代的皇帝都十分注意天兆和各种天象、异象，认为这与帝王基业、国泰民安密切相关，因而日食、月食之外，对彗星的出现不仅感到怪诞而且惊恐，便专门观测做记录。古人称彗星为星孛、蓬星、长星等。

《春秋》记道："鲁文公十四年（即公元前613年），秋七月，有星孛入于北斗。"这是举世公认的关于哈雷彗星的最早记录。此后，从秦始皇七年到清宣统二年的2000多年间，哈雷彗星出现29次，我国均有记载，包括时间、位置、行径及彗尾的长度及指向等。

欧洲最早记载哈雷彗星是公元66年。

巴比伦的哈雷记事始于公元前164年。

长沙马王堆三号汉墓出土的帛书中，有公元前168年绘制的29幅彗星图，彗尾由1条到4条，形态各异；彗头为圆形、三角形、两个同心圆；不同的彗星有不同的名称，如赤灌、白灌、帚彗、竹彗、枘星、翟星等。这些彗星图是公元前476年至公元前221年战国时代，楚人的天象记录。

《新唐书·天文志》还录有彗星分裂的生动记述："乾宁三年十月，有客星三，一大二小，在虚、危间，下合乍离，相随东行，状如斗，经三日而二小星没，其大量后没虚，危。"

我国古籍中对流星雨的实录也是惊心动魄的。

《左传》："鲁庄公七年（公元前687年）夏四月辛卯夜，恒星不见，夜中星陨如雨。"这是关于天琴座流星雨的世界最早描述。《新唐书·天文志》述及了公元714年一次英仙座规模宏大的流星雨："开元二年五日乙卯晦，有星西北流，或如瓮，或如斗，贯北极，小者不可胜数，天星尽摇，至曙乃止。"

宋仁宗至和元年五月己丑（1054年7月4日），我国天文学家在天关星附近发现一颗客星，直到1056年4月6日隐没，《宋史》《宋会要辑稿》均有翔实记载，其亮度变化之大、闪现时间之长均属罕见。现在经中外天文学家纪实，18世纪发现，19世纪命名，至今还在膨胀中的蟹状星云，就是这颗天空客星爆发后留下的光的踪痕或遗迹。

多么迷人的天象纪事。

可是，我又要告诉读者，本章所写的一切也不过就是太空中的几粒微尘而已，以人类所知比宇宙之大，诚如牛顿晚年所说的：

> 我不知道世人怎么看我，但我看我自己只不过是个在海边玩耍的小孩子，一会儿拾起一个比普通的更光滑的石子，一会儿又捡到一个比普通的更美丽的贝壳，真理的汪洋大海就在我面前，而我却一无所知。

无论如何，我们已经知道地球是一颗行星，地球置身于它独特的宇宙环境，正是这样的宇宙环境中，今天可以观测到的遥远星系的退行以及当初大爆炸发生时残留的微波背景辐射，勾画出了宇宙起源的猜想的蓝图。

有了这样的蓝图，地球的孕育与诞生才是可能的。

太阳札记

当蛋壳里的小鸡作声，你使壳里有空气，以便保持它的生命。你规定了它破壳而出的时间，它从壳里出来，为了说话。钻出壳后，它便能走。

你的作品何其多，你啊，独一无二的太阳神。

——埃希纳登

大爆炸的概念是1927年由天主教神父、物理学家勒梅特首先提出来的。他认为河外星系远离我们而去说明：宇宙还在膨胀，而膨胀总是从一个特殊的端点开始，因此勒梅特进一步提出宇宙起源于一个“原始原子”，同时也带来了奇点——物理学上质量、密度、时空曲率都无穷大的“点”的问题。

20世纪40年代末，出生于俄国的美国物理学家伽莫夫发展了勒梅特的思想，认为宇宙起始于一个极端高温、高密度的“原始火球”，伽莫夫也称这个原始火球为混沌。在这一火球中，物质以基本粒子形态存在。温伯格在《最初三分钟》里，是这样描写大约180亿年前的大爆炸的：“最初为爆炸。但不是我们知道的那样，从某个中心迸发后向周围不断扩展，而是在四处同时爆裂，一开始就充满整个空间，当时物质的每个颗粒都随同其他颗粒一起飞溅……最早的时刻,大约 1/100 秒过后,我们确有一定把握说此时此刻宇宙的温度约达10^{11}℃……最初 3 分钟终了时,宇宙主要由光、中微子和反中微子组成。此外还有少量的 73%的氢和 27%的氦组成的核材料,以及数量同样微不足道的电子……过了许久——数 10 万年后,它冷却到了电子能与氢和氦的原子核相结合的程度。当时形成的气体在重力作用下聚成了团,并且愈来愈浓,终于形成今日宇宙中的银河系和星辰。"

温伯格还风趣地对通常缺少耐心的人们说:

> 耐心等待,总有一天这份混合饮料会变成我们今日的宇宙。

伽莫夫的这一理论对当时的大多数科学家来说,是太大胆了,尤其在欧美一些赫赫有名的高等学府里,流传着伽莫夫说霹雳一声突造创生宇宙的笑话,"伽莫夫的理论妙极了,一次爆炸可以造出所有元素。"伽莫夫的批评者问伽莫夫:"混沌从何而来? 又因何而爆炸? "

伽莫夫并非无词以对,他让圣奥古斯汀出面奚落了一通他的对手们,据伽莫夫说,圣奥古斯汀在著作中曾经答复别人的责问——上帝在创造天堂与人间之前干什么时——圣奥古斯汀是这样回答的、伽莫夫也顺便借用了:"上帝那时在创造地狱,以准备接收问此种问题的人。"

不过,细细地思考大爆炸,我们便会格外惊讶:创生宇宙的大爆炸因何能炸得如此精密、圆满、周到? 那是自然演化可以做到的吗?

1977 年,英国天文学家、射电天文学创始人洛弗尔在《人类和宇宙的现代观》的讲演中,提供了若干有趣的数据,证实了大爆炸的无与伦比的奇妙。洛弗尔说倘若宇宙大爆炸开始第一秒时,它的膨胀速度"放慢亿分之一的扩展率,此值虽小,经数百万年后,宇宙也会自我崩溃"。显然,这就没有了地球形成的时间,更别谈万物生灵如何出现了。

也许这只是巧合?

可是,有权威人士指出:为使这样的巧合得以成为事实,其高难度等于一个人能精确地猜中太阳是由多少粒原子构成的。

洛弗尔还认为:假如大爆炸的理论条件稍有改变,宇宙只能产生氦气,而实际上宇宙产生了100多种元素。

我们的宇宙是不是为了创造生命而建立的呢?

洛弗尔强调说:"我们的出发点是人类在地球上生存的知识。""宇宙之所以如此,是否为了人的生存呢?是思维的逻辑错了,还是我们数学和物理的基本公理不对?"

透彻着神机妙算的大爆炸的原始绝响,为太阳系的出现或者催生,已经准备就绪了。

据说,太阳已经沸腾50亿年了。

宇宙由大爆炸创生之后,太阳的出现是一连串奇迹之中一个辉煌的亮点,在漫长的岁月里从没有瞬间停止过发光发热,太阳从未想到过自己怎样延年益寿。有科学家说它是以浪费的方式燃烧自己的,自生自燃自灭,得其自然,听其自然,终其自然。

美国亚利桑那大学柯伊伯教授是太阳创生各阶段的权威研究者,不过他谦逊而谨慎地避开了结论性的评价,他的一段话曾经广为流传:

> 这好比一道墙围着空地,其中的空气曾被搅动过,
> 经过一些耽搁,搅动的时间和性质都没有线索可寻了,
> 这个系统中发生事情的所有记录都丢失了。

也就是说,这是一份需要填空,而且谁也不可能得到满分的星光闪烁的卷子。

根据柯伊伯的理论,在银河系至少形成50亿年之后,在一个范围近似今日太阳系那么大的、由气体及尘粒组成的星际云的内部,发生了一系列演变。那凝缩成太阳的气体同现在银河系中间飘荡的气体很相似,它是黑暗而充满各种旋涡与涡流的,它的实质差不多全是氢又不纯粹是氢,物理学家称为原始氢。一个看似偶然的涡流,把足够的尘粒云聚集在一个区域

里。“这尘粒云在很长一段时间内可能是没有固定形状的，但在某一阶段，它的内部引力使它聚成一种旋转着的扁平圆盘。在经过了大约8000万年的过程中，这个圆盘形尘粒云分裂成一个日益收缩的稠密中心体，以及一系列包围该中心体的同心外环体。这个中心体几乎拥有原始尘粒云质量的99%，它就是太阳原体，当时它既庞大而又冰冷，因而还不是炽热的发光体。”（《地球》阿塞·拜瑟尔）

有关太阳及太阳系的创生的这些科学家的推想，并不十分难以理解，我们不妨在读这些文字时，想象一番黑暗与涡流及冰冷，涡流内部的黑成一团挤成一团，但这黑暗却包含着创生与光的秘密。

太阳诞生于黑暗，也诞生于冰冷。

那些外环体只拥有原气体、尘粒云质量的1%，它们就是形成星原体的星云物质，也可称之为原行星。

原太阳里面，原子在推撞挤压，热的聚合比热的散发更快，原太阳的核心温度逐步上升，当超过100万℃时，太阳表面慢慢变得又红又热，然后变成橙黄色而且更热，再以后变成黄色。

现在，太阳开始发光了。

太阳初放的光芒相当暗淡。

太阳并不是一开始就如此热烈辉煌的。

太阳最初的红射线落在那些原行星上，驱赶那里的物质烟云，原行星正是在这烟云中生成，并得到滋养与培育的。“很快地，原行星就不再像滚珠轴承那样互相环绕滚转，而像围着鲜花打转的蜜蜂那样各自纷飞。”

太阳的表面是粗糙的，满是疤痕。

天空中的每颗其他的星却是纤细的、看不见表面的银白色亮点，又小又光滑。如果地球的大气层完全透明，如果地球周围的太空是纯粹的真空，那么用帕洛玛508厘米直径的望远镜看最大的邻近的星，其轮廓形象也不过是直径比0.01毫米大不了多少的闪光的圆点。这景象实在太小，又因为太多的太小而太美，这样的太小太美又因地球微微发亮的大气层，而朦胧模糊以至完全被遮挡，成为一首可以亿万斯年诵读、默想而又看不见文字的宇宙流之歌。

书上说：太阳诞生于云，直到冷却消亡。

太阳也会消亡吗？是的，一切都脱不开从生到死的大自然给定的根本真理。

来自黑暗，回到黑暗。

源于冰冷，复归冰冷。

对于地球和人类来说，没有比宇宙间有个太阳并且刚好照耀着我们更为重要的了。所有地球上的生物全依赖太阳中心的火海才得以生存。太阳这个大球体的直径是1390000千米，包含了139.6亿亿立方千米极高热气体，质量比10^{27}吨的1.8倍还多。对太阳直接的叩问，在穿透稀薄的外层日冕和浅浅的内层色球及表面光球之后，就不能再深入了。只有这两大部分的能才以可见光和不可见辐射的形式，经过1.5亿千米的迢迢长途到达地球。

太阳核心是太阳能量的中心和出发点。

坚持使太阳核心不致崩溃并固体化的是纯粹的能。

核心是炽热的，不绝的极大量的能，使太阳内部温度升高到2000万℃，因而使包裹太阳的大量气体和所有角落都能获得热能。这种能是物质转化产生的，这个过程其实惊心动魄，近似一颗氢弹爆炸时的反应，只不过其中的核聚变，由环绕太阳核心的无数亿立方千米气体缓和，人类被保护着，看不见、听不见、有所不知罢了。

我们每天看见的金色阳光远不是太阳的全部色彩。

1997年3月9日上午9时7分40秒至9分30秒，我国黑龙江漠河境内发生罕见的日全食天象。当太阳光球被月球完全遮住的瞬间，在“黑太阳”——月掩日轮周围有一层美丽的玫瑰色闪光——这就是太阳色球。它位于光球之上，厚约2000千米，色球物质远较光球稀薄，其可见光辐射仅及光球的万分之一,因而它的美色只能在难得一遇的日全食时才瞬间闪现。

使太阳不仅极为热烈,而且极为美丽的是色球。

色球好像是燃烧的大草原,那玫瑰色的舌状气体如烈焰升腾,有的还形成巨大的环状,即日珥,大的日珥可升起达几十万千米后又落回日面,此种壮观实在是无法想象的。日轮边缘被称为“日面针状物”的那些看似细小明亮的火苗,宽约1000千米,高达数千千米,出现,消失,再出现,再消失,存在时间一般为10分钟。

> 出现时便快要消失了,消失时便就要出现了。出现不是出现是消失,消失不是消失是出现。

日全食时太阳被月球全部覆盖的短暂时间里,日轮周围浮现出银白色的光区,此为日冕。日冕气体动能极大,且具有高温,可以克服太阳的引力向太空膨胀,形成一种稳定的不断发射的粒子流,人称“太阳风”。

“太阳风”,何等炽热的风!

太阳黑子仿佛是块大磁铁,寿命很短,往往出现后几个小时或几个月便告消失。当然它还会再出现,并且总是成双成对,一个为正极,一个为负极地紧随其后。在一个周期内,一系列太阳黑子缓缓而又坚定地朝太阳赤道移动,然后匿迹。在另一个周期开始后,新的黑子群又在高纬地带形成,极性会倒转过来,即负极在先,正极在后。太阳黑子是一种深色的孔穴,宽800 ~ 80000千米。黑子之所以看起来是黑的,只因它的温度低于太阳表面的温度。

太阳黑子至今还是神秘的。

人发现了太阳黑子,但也歪曲了太阳黑子。“太阳也有黑点”“太阳也有阴影”在人的世界被广泛地引用,这对于太阳与黑子都不公平,因为黑子是太阳的一部分,黑子之于太阳既非光荣也不是耻辱,这切均是自然发生物,容不得半点不自然的解释。倒是有科学家正在把太阳黑子的缺少,与地球上发生的某些事件作了比照,“1645年至1715年,太阳黑子骤然消失,正好是地球上冰期最寒冷的日子，欧洲被冻得麻木瘫痪了，把移民美国的清教徒冻僵了，把斯堪的纳维亚人在格陵兰的殖民地消除了。”(《宇宙》大卫·伯尔格米尼）

太阳不是安静地燃烧自己的。

太阳上可见的各种物质均处于不安定状态中，这一切组成了太阳表面不安定的征兆。

当太阳活动趋于猛烈，太阳黑子也只是太阳表面多种类型活动的一端，而且并不是最引人注目的。你看日珥，在静静地连续几天拱越几千千米后可能突然发生爆炸，把原子猛然推进太空，其速度甚至高过逃逸速度达每秒623千米；而磁放电则造成龙卷风、日珥和燃烧的氢喷出的火舌，跃升到太阳表面上方160000千米或更高的空中；太阳的一切大爆发之中，最巨大最明亮的是耀斑，且会形成极光的闪烁带。

太阳是什么？太阳就是光和热。

太阳是什么？太阳就是大爆发。

> 太阳在爆发中燃烧自己，太阳是毫不顾惜地燃烧自己，我们无法对太阳说你要珍重自己。太阳的爆发与燃烧似乎是完全无拘无束、放任自由的，它光辉是光辉了，它艳丽是艳丽了，它光辉艳丽已经几十亿年了，靠着分秒不断地消耗、喷发自己的能。
>
> 太阳为什么如此慷慨地燃烧自己？

宇宙的基本单位是星系，即星的一种极大集群，难以计数的星系在太空中疾飞，彼此之间拉开距离，它们的形式往往是扁平的圆盘状构成物。在一个单独的星系中，人们肉眼看不见的星的生生死死，即星的诞生、星的壮年以及星在剧烈的核爆炸之中死亡的图景，往往使人们一想起便有肝肠寸断之感。星星也会死吗？太阳也会死吗？答案是肯定的：有生就必有死。不过假如仅仅面对太空深处拍摄的一个星系的照片，比如黑眼星系，凄楚之情可能会有所缓解。这是拥有10亿颗星在其中回旋的星系，它的老年星靠近它的中心，年轻的星在它边缘上。看上去它真像一只眼睛，它很美，美极了，闪烁在宇宙黑色的苍茫背景中。有星星死去，它太老了，它当然要死，但这一只眼睛不会闭上，也不会掉泪，一颗老星闪没了，一颗幼星闪进来。

埃德温·哈勃发现，宇宙是由无数不断向外疾冲的星系组成的，人类借以栖身的太阳系所属的银河系，不过是宇宙的一员，银河系外四面八方不知多远不知多深的太空中，还有着无数别的星系，那是被天文学家称之为椭圆星系、旋涡星系、棒旋星系和不规则星系的诸多河外星系。

这是其他的宇宙岛。

有些天文学家认为一团气体云的大小、密度及旋转速度可能决定它成为何种星系：如果又大又密，就会耗尽其气体星料，很快凝聚成星，而在早期便成为椭圆星系。另一方面，一堆质量轻、稀薄而松散的星云，则会从容缓慢地发展，保留本身气体和尘埃中的一部分作为日后凝聚之用。还有一些寿命最长而最不规则的星系，大部分尚未燃烧新生的星零零散散，周围有黑暗、稀薄、流动的气体环绕着。

边缘朝外被称为M104的旋涡星系也称阔边帽星系，看来很像土星的翻版，实际上是一个卷绕得很紧的、具有核心的尘埃带的星系，离地球足足有4000万光年之遥。

仙女座星系在200多光年之外，很像是本星系群另一端的银河系的遥遥相对的雄浑对手。它卷绕紧密而有尘埃条带的旋臂发出妩媚的蓝光，核心周围覆盖着年老红晕星和星团。星系上下左右的星星点点会使人想起一句永远古老也永远清新的诗：

天上星，数不清。

1996年以《宇宙的诞生——哈勃太空望远镜揭开了宇宙的秘密》为题的图片报道，有几幅照片令人震惊、着迷：

巨鹰星云。这是巨大而又挺拔嶙峋的星云，不知道它是怎样堆积的、怎样出现的，可以肯定它不是梦幻，而是物质；它不是虚空，却洋溢奥妙。这个名叫巨鹰星云的所在据测算离地球要比太阳远 4 亿倍。这里到处是丝缕卷曲的星际氢气，弥漫着，时而若有所思，时而跃跃欲试，并形成气柱，每个气柱的厚度等于太阳系的厚度。

寻找黑洞。哈勃望远镜拍摄的这张照片，显示出一个由冷气和尘埃组成的巨型圆盘，给一个设想距地球 4500 万光年的黑洞提供着能量。检索太空星云档案得知，此圆盘为室女星团 12 个最亮的星系之一——4261 星系的中心地带发现的，其宽度有 300 光年。

圆盘的中心是一个还算清晰的亮点。

那么，黑洞呢？

霍金说过，黑洞并非全是黑的。

据闻：黑洞就在那个亮点之中。

恒星之死。宇宙星空是恒星的天下，而太阳不过是恒星之海中的一颗中等大的恒星。图片上三个气体光环围绕的那一个黯淡的亮点，便是离地球 16.9 万光年的一个恒星的死亡图景。这三个光环中两个大的是红色的，笔者试图想象这两个光环，这才知道自己的想象力十分可怜，只能说这是为恒星之死编织的花圈。

天文学家告诉我们，这是 1987 年爆炸的一颗超新星，在最后炫目地闪耀之后，现在它死了。

没有哀乐，不用埋葬，它就是星坟。

现在我们回到太阳系。

“太阳系从头到尾的一切，它的彗星、小行星和行星的运转中心，它的能量来源，它变化的操纵与处理，它主要运动、最亮的光最重的质量的产生者，以及生命的维持者……无一不是太阳。”(《宇宙》大卫·伯尔格米尼)地球附近的宇宙一角的主宰，无疑是非太阳莫属了。

我们现在可以这样说：因为太阳和星云，地球将要出现了。

婴儿地球

道之为物，惟恍惟惚，恍兮惚兮，其中有象，恍兮惚兮，其中有物。

——老子

太阳系形成的勾勒，其实就是太阳星云分化为原始太阳和星云盘，当一个日益收缩、紧密的原太阳出现时，星云盘便成了包围原太阳的外环体。在这一还显得零乱的外环体的星云物质中，地球已经萌芽其间了。

最早指出这个图景的是德国哲学家康德和法国天文学家拉普拉斯。1755 年，康德在《自然通史和天体论》中，提出了他的著名假说：太阳系起源的星云假说。银河是一个扁球状星团，同时还存在着类似银河的"星团天体"；海洋潮汐会减慢地球旋转的速度。康德认为太阳系所在的庞大的恒星集团不是孤立在宇宙中的，而只是光的岛屿——宇宙岛——之一。

康德是一个名副其实的天体想象大师，他再一次为 18 世纪灿烂的人类空间探求，增添了堪称宇宙流的一笔。

1796 年，法国人拉普拉斯在《宇宙系统论》中，提出了与康德类似的起源假说。他认为形成太阳系的物质，是团炽热的缓慢旋转的气体星云，因冷却而收缩，因收缩而加快了转动速度。惯性离心力增大，形状也发生了变化，形成一个脱离星云本体不被吸引着的气体环。星云本体进一步冷却收缩，分离过程反复重演，直到与行星数目相等的气体环形成为止。星云本体成为太阳,气体环凝聚成地球、月球等太阳系诸天体。

拉普拉斯的起源假说简单明了,很快为世人所接受。因为当时各种条件的限制,拉普拉斯并不知道康德已有星云起源假说在前,他们又都认为太阳系是由同一星云演化而来的,因而后人把他们的理论合二为一称为“康德—拉普拉斯星云说”。

混沌中的创生已经透出曙光,在大宇宙之中,黑暗是无,微光正显示着有,景象渐渐明亮时,天上的“产床”或者大摇篮里,幸运与苦难便同时开始了。因为太阳射线的驱赶,最内的行星已经失去了它外层气体中极大部分烟云,保留下来的是较重的铁和炭石,成为固态物质,而把各种液体和气体包裹在自身内部。相比之下,地球的凝结情形是最为出色的,保持了较大的形体和重量,原地球形成以后最重要的事件首先是地核的形成,然后是地幔、地壳的初步密度分异。

地球在形成之前,它的星云是何等自由自在,因而地球是苦难的。

地球在火与冰的演化过程中,后来竟成为一个如此美妙的天体,并且始终有月球作为卫星跟随,地球是幸运的。

这就是婴儿地球吗?

我们对婴儿地球所知的是如此之少,这也难怪,无论牛顿、康德、爱因斯坦、霍金等,都难以计算出是地球的多少亿代之后的子孙了,我们说婴儿地球,其实也就是企图描述自有太阳系以来地球之上所有的母亲的母亲,谈何容易?

关于婴儿地球是炽热的,还是冰冷的?至今科学家们还在争论不休。它的表面——这很容易使人们联想起新生儿的柔嫩稚弱——究竟是光滑细腻的?或者从一开始便是凹凸不平的?谁也说不清楚,谁也没有见过。

我们只能说,在某一无法形容的古老时期——大约50亿年前——尽管已经有宇宙了,但宇宙中还根本没有地球;我们还可以说,随着银河系、太阳系的形成,地球创生,初始条件既定之后,只需假以时日,地球便成了今天这样的地球了：

据地质、地球学家说，地球的童年是漫长的，从距今46亿年的形成时期起，大约延续到距今30亿年，一共15亿～16亿年。

> 毫无疑问，地球不是瞬息之作，对地球而言，一个漫长的童年期最生动不过地表明：任何创造都需要时间，任何伟大的创造都需要与其伟大相适应的、更为漫长的时间。促成一切变化的内因、外因，无不是由时间统率并贯穿始终的。

也许，从人类和其他生命的角度来看，婴儿地球迟迟不肯走进少年和青年时期，正是为地球之生命的出现做着精密、细微的铺陈。难以诉说这一工程的浩大，因为不是人力所能，是自然力、是神的造化。

比如大气。

在未有地球之前，无所谓大气。

那时的宇宙要比现在还要空旷许多，只有尘埃与气体组成的星云，看上去是绝对悠闲地飘来飘去。当太阳系演化开始，婴儿地球行将诞生的过程中，有少量的气态物质环绕，人称地球的大气奠基者——第一代大气——原始大气。有关原始大气的组成迄无定论，有人认为是以氢、氦、氖、氨、甲烷及水汽等组成。但是，原始大气对婴儿地球的看护时间是如此之短，大约几千万年后太阳活动开始剧烈，太阳风很快就把这一层也许是又薄又轻的大气刮跑了。这就是说，早期的地球曾经一度没有大气，只能以炽热而荒凉来形容它。

那是残酷的岁月，而且一定很饥渴。

谁说我们的地球不是在苦难中成长的呢？

转动、转动，无休止地转动，一切都还迷茫的时候，地球开始冷却，薄薄的地壳形成，频繁的火山喷发与造山运动，把大量的地球内部所含的气体释放出地表，笼罩在地球上空，看起来地球婴儿又有了新的“外衣”了，这是第二代大气——次生大气。

> 千万不要说我们的婴儿地球——原地球——是一个死寂的星球，一切都在酝酿中，一切都在发生中，一切都在神机妙算地运行中。

次生大气形成，但没有氧气，这是疏忽吗？不，恰恰是没有氧气的次生大气促成了地球生命得以诞生：因为没有氧气便不会有臭氧层，来自太阳和宇宙的各种辐射可直达地面，为生命的出现提供了能量；同时也因着没有游离氧，地表上的有机化合物不致很快被分解。在太阳强烈的紫外线作用下——这一切地球都默默承受了——加上雷击闪电、原始大雨、陨石撞击和各种射线的交汇作用，经过亿万年的化合分解，地球上有了生命的最基础物质：氨基酸、糖、嘧啶……

原来包裹地球童年时代的次生大气，是孕育生命的先行者，是地球生命战略的一部分。在这之后，绿色植物出现，光合作用开始，大气成分再一次出现了革命性的变化。氧气出现了，氮气释放了，几十亿年的历程，现代大气才成为今天这个样子：如果按照体积计算，地球大气中的氮为78%，氧为21%，氩占0.93%，二氧化碳只占3.3／10000。

> 这是最适合地球生命的大气配伍，这样的不多不少的比例，这样的使生灵万物得以维持生命、繁衍生息的"处方"，最早是谁给出的？

曾经有论者认为，地球在古生代始有生物，但是现在已经发现，远在30多亿年前，婴儿地球所孕育的生命物质就已经诞生了。

据此，又有人认为，在久远的地球的婴儿和童年时期，地球上便有了初始的水圈和气圈，甚至可以这样说，地球走上独立发展道路后的第一步，便是原始地壳的改善和水圈、大气圈的初步形成。

希望旋转着。

生命蛰伏着。

那么，婴儿地球到底是什么样子的呢？

科学家们开始研究月球，不少证据及推想构成了这样一种观点：今天的月球大体上就是32亿年前的地球的面貌，因而有科学家已经把创生到15亿年间的地球，称为“地球的似月阶段”。

月球和地球是什么关系？对此曾经有过三种设想。

第一类设想是由著名生物学家查理·达尔文的儿子乔治·达尔文最先提出，并令世人大吃一惊的。他认为月球是在地球历史的早期分裂出去，旋转着的地球突然甩出去一大块所形成，而太平洋洋盆就是地球上留下的“疤痕”。

第二类设想也叫俘获说，谓月球在太阳系中形成后，被行经的地球引力所俘获，然后“一见钟情”成了地球的卫星。

第三类设想认为，当太阳系演变开始，地球和月球在大体相同的时间里，相近的空间位置上，由同样的初始物质组成。

月质学及登月勘探、月球岩石的检测结果是，月球的内部结构与地球圈层结构极为相似；月壳的岩石密度较小，月核的岩石密度较大。月球演变的粗线条概况如下：

初始月壳在距今44亿年前后形成；组成原始月球的星云物质似在被近乎整体熔融之后，按照密度重新排列的结果；重物质下沉集中为月核，较轻的物质上浮成了初始月壳。

初始月壳的年龄确定为44亿年前后，意义非同寻常。

我们已经知道地球、月球和太阳系诸行星都是在距今46亿年左右的时间形成的。过了2亿年即有了初始月壳，那么顺理成章地推断便是：组成月球的物质按照轻重分化成月核、月幔、月壳的过程发生在月球形成后不久，相对来说这个过程比较短暂。

月球早期演变的历史，几乎全都留在月壳上了。

距今40亿年至36亿年，月球上可以说风风火火，几无宁日。大量的陨石纷纷轰击月球,使月表岩石遭到变质和变形,塑造着环形山月表特征,陨石大量而持续的轰击,还激发了月球内部的火山作用。

距今33亿年前后,月球上再一次发生大规模火山爆发,月海玄武岩浆横溢,充填着环形低地。

距今32亿年之后,月球演变处在一种极其缓慢的基本停顿状态,内部活动减弱使岩浆作用趋向停止,月球上没有褶皱山系、裂谷、挤压而成的断裂。每年月震所释放的能量,还不如地球上一次比较大的地震所拥有的能量。

地球表面无时不在进行的风化、剥蚀、搬运这样一些外营力作用,是离不开大气圈和水圈的。因为月球引力只有地球引力的1/6,所以在月球演变过程中,那些有可能形成大气圈和水圈的轻元素都跑掉了,月球现在没有大气圈和水圈,也许它从未有过真正意义上的大气圈和水圈。如此景况之下,月球的外营力作用,除了早期的陨石轰炸,便只有反复的热胀冷缩中月表岩石的物理风化,以及月岩颗粒的短距离搬运。

月球早期演变的结果是,月貌和月壳的构造、物质组成得以保持。月球似乎注定要成为地球的婴儿、童年时代的证明,我们每天晚上都能看见的月相,是一种提示:婴儿地球曾经就是这样的。

当月球的演变基本停顿,地球却在继续演变之中。

内营力与外营力使地球早期的地貌、地壳破坏无遗,以后出现的海洋、陆上植物又使地表得以在波涛及绿色下层层覆盖。到哪里去找最早的陨石与火山?到哪里去问初始的环形地貌?

> 有时候,荒凉铺陈着,在无人之处;有时候,历史隐蔽着,在有人之地。

是月球告诉我们,在距今40亿年至36亿年前后,地球也同样经历了来自九霄云中的大量陨石撞击,以及普遍的火山爆发。现在还很难说从天而降的轰击与熊熊火山的喷发,是先后发生的还是交叉重叠的,可想而知的便是早期地球所经历的火与石的煎熬及打击的童年，是何等艰难，那遍体伤痕可谓惨不忍睹。也有科学家认为，这是地球的必经之路，如果不是这样的烤灼、磨炼，地球的生命历程便不会如此坚实、富有、遥远；因为地球还要付出太多太多、地球还要供养太多太多；那时候距离人类的出现还很远很远。

距今33亿年前后，当月球再一次为火山作用所改造时，地球的大致情况也似乎差不多，总的趋势是地球物质按上轻下重的顺序，进一步完成密度分异作用，同时地壳厚度增加，变得老练、趋向成熟。这种陨石轰击、火山爆发的场面，如果实在要用比喻的话，笔者曾想到了儿时见过的乡村铁匠作坊，在孩子的眼里那火焰之红艳、炽烈，扑面而来的热浪，难以忘怀；而与此同时铁砧上的击打声在一个领头人的指挥之下，错落有致、清脆悦耳，火花四溅；然后是一把精美的镰刀的诞生。

如是观之，我们很难说火山爆发仅仅是火山爆发，陨石落地仅仅是陨石落地。是地心深处的火山自己想爆发呢，还是地球需要火山的爆发？是九天陨石自己想寻访地球呢，还是地球需要陨石的击打？更可以想入非非的是：有没有一个冥冥中的掌握火候、拧紧“发条”的作坊之主、那大智大慧大慈大悲者？

他是谁？他是恍惚，他是道路，他是玄妙……

我们已经看见，即便在地球的婴幼时期，地球也不是无所作为的。近10多年间，科学家在年龄为35亿年的早期沉积物和陨石中，发现了有机分子的遗迹，和实验室里获得的蛋白质滴状物相似，推测是地球极早期的有机物，人们也称之为非细胞生命。

生机已经在蛰伏中了。

我们甚至可以这样说，地球从一开始便蕴含着生机勃发，在后来的人类看来都是灾难性的却又轰轰烈烈的早期演变中，假如允许我这个非地质学家的外行猜度，地球必须完成的是这样两个使命：

创造自己的经历，
坚持自己的方向。

因此，地球虽然是普通的，却又注定是个非凡的天体。

太阳系的成员包括我们称为太阳的1个恒星、9个行星、50多个卫星、大约50000个小行星、数以百万计的陨星以及约1000亿个彗星，外加无数的尘埃、气体分子和电离原子。

行星的英文名词源自希腊文，意为流浪者，这是指行星总是漂泊于恒星之间而不知归宿何处？

太阳系形成之初，众星便各有其位，各行其道。

最接近太阳的内行星是水星。水星无水，只有炽热。它的椭圆轨道端与太阳的距离略小于4500万千米，另一端为6900万千米。因为没有大气层的保护，太阳风与太阳光使水星朝向太阳一面的温度高达427℃，而背着太阳一面的温度则降至−171℃。水星离太阳如此之近，其质量却只有地球的1/20，表面的引力只有地球的3/8。这意味着如果从水星发射火箭，不用消耗太多燃料就可以飞向外太空，因为要达到的逃逸速度不是每秒11.3千米，这里逃离水星所需的速度，只是每秒4.2千米。它还意味着，水星的原始气体分子已全部消散在宇宙空间，而那些原始气体分子本来是可以形成大气层的，但太阳风却把它们都刮跑了。

1973年11月3日，美国“水手10号”宇宙飞船发射成功，飞行140多天后于1974年3月29日到达水星区域，探测器离水星表面最近时只有300千米，水星的部分真相终于暴露：水星表面密布环形山，有大有小，千姿百态，可与以环形山著称的月球比美。不过月球环形山一般都在高地，水星环形山则集中在平原区。水星的直径为4800千米，是地球的38%，水星表面有一个特大的地形构造，即位于赤道附近的卡路里盆地，直径约1400千米，周围是高2千米的环形山脉。水星研究者认为，这个大盆地，有可能是一次极为猛烈的陨石撞击后形成的，但缘何集中在水星的这一部位，而且显然是连续的三番四次的撞击，却无人可以解释。

同大多数推测相反，水星上有磁场，而且是两个极的耦磁场。

金星是一颗明亮而美丽的星。它离太阳的距离为第二，距地球最近。

1761年，当时世界曾为罕见的金星凌日现象震惊，所谓凌日就是看似金星从日面穿越而过的瑰丽壮观。俄国诗人罗蒙诺索夫是众多的地球上守望此时刻的观星者之一，根据金星圆满的边缘状态，罗蒙诺索夫准确判断并发现了金星大气。

人们又怎么知道金星上的风暴闪电？

金星60多千米的高空中，风速为每秒100米，地球上12级台风的风速也只是每秒32米。1978年9月，苏联发射的"金星12号"探测器到达预定地点后，发送了一个着陆器并朝金星下降，在很短的距离内，记录下的闪电竟达1000次，其中有一次为长达15分钟的长时间闪电。

金星的大气层连绵而浓密，它似乎不喜欢被窥视，直到20世纪60年代初期科学家才弄清楚金星的一天有多长——它自转一周需时为8个地球月。金星的自转方向与除天王星外的所有行星正好相反。如站在金星的北极看金星的自转，正好是顺时针方向，在金星上仰望天宇太阳是西升东落的。

金星的大气成分主要是二氧化碳，达97%，低层为99%。浓密的金星云层主要集中在100千米以下的大气中。而在金星地面上空大约40千米范围内，那浓浓淡淡的云是由浓硫酸雾组成的，这样的云层肯定并不可爱，它使金星几乎成为"硫酸之星"，而金星又是如此地耐腐蚀，所为何来？不仅如此，金星还始终处在"温室效应"的笼罩之下。二氧化碳对光线来说是透明的，对热辐射而言是不透明的，金星表面的热辐射无法散逸到太空。为云雾所阻隔、困住，如同温室的玻璃困住热能差不多，这种"温室效应"使金星表面的温度，一般都在465 ~ 485℃。

金星能不荒芜？

金星明亮而美丽，金星灼热而凄凉。

金星是地球人的警醒之星。

地球已经开始被“温室效应”困扰了，随着无节制的人类活动的日益增多，向着空中排放的二氧化碳不仅改变了大气的天然比例，而且已经使温度持续上升。一旦迄今为止还被锁固在地球岩石中的更大量的二氧化碳释放出来，地球除了成为另一颗金星外，别无选择。

由太阳往外数，紧接地球之后的行星是火星，它离太阳22900万千米。

火星是太阳系中色彩独特的一个星球，它发红，红到鲜艳的程度，会使人想起火焰、红玫瑰。在观星者的眼里，它是困惑的代名词，中国的古人称之为“荧惑”。发明望远镜以后的最早的年代里，人们终于看清了这红色荧惑原来是大片红色沙漠，进一步地观察还发现，在火星赤道地区沙漠上有既长又直且纵横交错的一些线条。某些天文学家因此迫不及待地宣称，他们发现了火星上的人工运河，用以灌溉这个正明显变得干燥的行星。火星从此变得更加扑朔迷离，直到1976年，“海盗号”太空船两次降落火星，均没有获得运河的资料，但是确实发现了火星上曾有流水的证据。“海盗号”拍摄到的许多业已干涸的水道，是10多亿年前火星洪水冲蚀出来的。

现在，火星上已不再有流水。

每天，当太阳热能到达火星时，火星表面的冰晶粒便直接化为水汽，到夜晚又变成冰晶粒。在火星表面的干旱的土地上，覆盖着橙红色的岩石、绵长的沙丘、高峻的山脉，以及能让美国科罗拉多峡谷相形见绌的巨大、深刻的峡谷。火星是壮观的啊，它的奥林匹克火山的高度，是地球之巅珠穆朗玛峰的3倍。关于火星的猜想，看来还不会沉寂下去，这是因为火星在先前确实有过烟波荡澜的水，火星大气的组成除了主要是二氧化碳外，还有氧和氮。

1996年8月19日，美国《新闻周刊》发表了题为《来吧，火星》的专题文章。

文章说，一个科学家小组向全世界宣布，他们对来自火星的一块重1.9千克的陨石研究两年后，发现了火星生命的证据，这些证据是：

> 一些复杂的分子，看起来像地球上细菌产生的那种菌体，以及看起来像化石细菌那样的细管。任何一种单独的发现都可能被驳倒，但这几项发现加在一起，就足以使美国航天局在8月14日，举行了一次震惊世界的记者招待会。

这是一块来之不易的陨石，在南极阿兰山冰原上，它已经沉睡不知多少年了，其旅程的起点是火星，初始时间是40亿年前，当时这块陨石应是火星地壳的一部分。美国《新闻周刊》的文章还说，大约36亿年前，在岩石的小裂缝中形成碳酸盐微粒，像水管里的水垢一样愈积愈多，火星的气候逐渐变化，液态水开始消失。也许在1500万年前，一颗小行星或彗星撞击火星，并撞下一块火星地壳，它沿着围绕太阳的轨道运行，13000年前落到南极，又被一年一度的美国寻访者拾获，带到华盛顿，编号为84001号。陨石只要让人类编上号，它就不再是自由自在的了。

德国《明镜》周刊记者就陨石来自火星这一新发现，采访了长期从事生命起源研究的诺贝尔化学奖得主曼弗雷德·艾根。他认为人类不可能在宇宙找到知音，他说：

> 我们所在的地球的进化过程，是何等的艰难和难以想象，就证明了这一点。因此，人类在宇宙中是不可能发现更高级的生命，或者说是不可能找到智慧的，至少在可以达到的距离内是找不到的。但是，我们在科学方面有一条原则，那就是：什么时候都不应该不发表看法。

火星，你听见地球上的争论了吗？

从火星向外看去，或者在火星出发背着太阳向外飞驰54700万千米，浩瀚的天空越发显得虚空又虚空。当然会有小行星，如落荒者，不知所措地转悠着。又小又崎岖不平的小行星是由岩石和金属组成的，加起来还不到月球质量的5%。第一个小行星是意大利天文学家吉塞浦·皮亚齐于1801年1月1日晚上发现的,他把它命名为谷神星,它的直径约为1000千米。谷神星之后,又相继于1802年发现了直径608千米的智神星,1804年找到了直径246千米的婚神星,1807年看见了直径537千米的灶神星。

小行星被不断地发现,而且主要集中在火星与木星轨道之间的一片广阔空间内,不知道是怎样来的,而且数量愈来愈多,天文学家估计的数字从3万到50万相去甚远。而比那些小行星更小的小小行星,如漂砾、卵石,则当以10亿计了。

所有这些小行星中共有2000个曾被仔细观察过。

小如漂砾的小行星每年约有1500个与地球撞击,并最终结束漂泊的历程。大如飞山的小行星撞上地球的机会,大概每一万年发生一次,地质、地貌专家告诉笔者,如果不是大气的障蔽,以及地球上绿色植被的"贴身警卫"、复原作用,我们借居的这个动荡不宁的行星早已伤痕累累、不胜荒芜了。

火星与小行星之后出现的是木星。

木星是如此巨大,它的赤道直径超过14万千米,是地球的11倍多,它的体积为地球的1300倍以上;它的质量是地球的318倍还多一点,是其余八大行星①质量总和的2.5倍。从任何方面来看木星都是八面威风的,它有已经确认的16颗卫星,其中"木卫三"是卫星世界中的最大者,直径超过5200千米。木星总是急匆匆的,它自转一周只需9小时50分左右,在赤道地区达到每小时45000多千米。高速自转引起的大气湍流极其猛烈,有色气体条纹在整个木星大气层中,勾勒出无数神秘的可见线条。一个直径大于地球直径的巨大红斑,已经在木星东道以南徘徊了至少300年,它时而变淡成柔和的粉红色,时而变浓成橙红色。这一红斑使从伽利略开始的手持望远镜的观星者一律瞠目结舌至1973年,直到美国"先驱者10号"宇宙

① 2006年,国际天文联合会正式定义行星概念,将冥王星排除出行星序列,重新划为矮行星。

飞船拍摄到了红斑内部云层后才明白,那是大气的一个巨大的气旋骚动。

木星多风暴,木星有大磁场。

木星以其无比庞大的雄伟,对周围的物体能施展强劲的引力。以至于有一群被称为"特洛伊群"的小行星,心甘情愿地为木星所控制,精确地沿木星绕太阳的轨道运行,9个为木星开道,5个为木星断后。

土星是人类早期的观星者用肉眼看到的五大行星中的最后个,伽利略用望远镜搜索土星之后说,这个奇怪的星长有一对"耳朵",实际上这是土星光环。这些光环在土星表面上空伸展137000千米远。无论大小还是质量,土星在太阳系均仅次于木星位居第二,可是它的密度却不可思议地只有水的7/10,如果能找到足以容下它的海洋,土星将会漂浮在蓝色波涛之上。

从土星再往外14.5亿千米远才到达下一个行星——天王星——这个距离是土星到太阳的两倍。天王星是由威廉·赫歇耳偶然发现的,最初他以为这是彗星,几个月之后才计算出它围绕太阳的运行轨道。到1978年,还发现天王星至少有8个光环。

天王星的赤道与其轨道平面的倾角为98°,地球只有23.5°,也就是说它不像地球那样倾斜着绕太阳运动,而是舒适地"躺"在自己轨道上自转和公转的。

海王星距离太阳更加遥远了,远到45亿千米。

海王星的发现是牛顿天体力学直接推导的结果,在发现天王星以后的60年内,由于天王星运行轨道太过不规则,天文学家推测还有另一颗对天王星有摄动作用的行星。19世纪40年代,英国数学家亚当斯和法国数学家勒维耶,分别计算出了这一深藏不露的行星的位置。1846年,一位德国天文学家按照勒维耶绘出的数据,把望远镜对准数字指示的方位,只半个小时这颗后来被命名为海王星的行星便出现了。

它是个淡绿色的天体,围绕太阳公转一周需166个地球年。从1846年人类第一次捕捉到它的星光算起,至今还没有走完绕太阳一圈的旅程。

发现总是与发现连接着。

海王星之后，天文学家的想象没有停顿，1930年，克莱顿·汤顿发现了冥王星。这是一颗真正远离太阳的、太阳系中迄今为止科学家认定的最后的行星。它的亮度只有海王星的1/700左右，运行轨道十分古怪，其端与太阳的距离为76亿千米，另一端则是45亿千米。不少天文学家据此认为，冥王星曾是海王星的卫星，后来在太阳系形成初期脱离。按照这种假设推想，当太阳开始发光时，它把海王星大气层的大量气体驱散，质量与引力为之锐减，使冥王星趁机飘离独立，由卫星而成为行星。

在太阳系中，冥王星的一年时间最长，它绕日一周需时不少于248.4地球年。冥王星也是所有行星中最为冰冷的一个，气温在−229～−146℃。

冥王星还是太阳系中唯一一颗至今没有被人造探测器造访过的行星，它离太阳如此之远，它是彻底被太阳忽略了，所获得的光和热还不及地球所得的千分之一，它孤独而瘦小，其直径只有2300千米。

冥王星轨道外便是太阳系寒冷而寂寥的边缘了。

太阳系的边缘几乎没有阳光。

漫游于太阳系那冰冷边缘的天体，是超过1000亿的彗星，相比起来，它们的自由已经到了不知所措的地步，这个松散的各自纷飞的太空流浪者群体，除了同属太阳系之外，就是对这边缘的莫名其妙的流连了。作为天体，运行是它们的生命，无论如何，这些彗星也孜孜不倦地绕日飞行，还围绕太阳系作晕圈式运行，并且向着近太阳系恒星的后院伸展16万亿多千米。

它们固执地保持着和太阳的距离。

也有极偶然的机会，极少数的彗星会闯入太阳周围的高热中心区，使人们一睹其风采，并让天文学家有机会研究它们：彗星不过是冻结气体与粗砂岩的堆积物，直径可能只有几千米，密度比水小。当它接近太阳运行时，太阳辐射使它的外层汽化而形成彗发，同时又把这汽化物质的一部分逼向外层空间形成高贵、典雅的彗尾。这时候，彗星的体积可能大于太阳所占的空间，而实质上这一彗星轻如蝉翼，其质量还不到太阳的1/1000万亿。当它更接近太阳时，太阳的粒子流便进一步将其瓦解，使彗尾伸到更远处。1843年的一颗大彗星拖着一条8亿多千米的彗尾，人类算是大开眼界了。

最早认定彗星是太阳系成员的，是埃德蒙·哈雷，他认为大多数彗星可能还是太阳系最早的成员，自远古时候起就在自己的轨道上运行，偶尔也有从寒冷混沌的太阳系边缘飞回中心地区的，极有可能是被某某恒星或某某行星所吸引而被“踢”出轨道的。此种情况下，这一颗误入歧途的彗星大体上有三种选择：被扭曲进一条新的轨道，如哈雷彗星，每76年穿返太阳系一次；做一次绕日之行，然后回到原先的领域中；被拉进太阳系深处，最后分崩离析。

> 美丽不会恒久，辉煌导致崩溃，对彗星来说，过分接近太阳是既美妙又危险的。
>
> 太空中到处是距离的神机。

略述太阳系的大大小小的其他成员之后，我们再来观察并体会地球。

当太阳系形成，众星各就各位、各行其路、各有轻重、各有风姿，就在这同属“婴儿”年代之际，轨道与距离已经给出了，婴儿地球实际上就是非同一般的了——因为它有着与众不同的距离。

只有地球，距离太阳不近也不远，因此温度适宜，水能保持液体状态，而且地球上有如此之多的水，湿漉漉的时候，总是可以孕育生命和灵感的时候。

就连地球的大小、质量，也都是一切正好如此，这关系到非同小可的对氮和氧的保留。在地球大气层里，78%是氮，21%是氧，大气中的含氧量如果低于15%，人类及一切生灵都会窒息而死；若高于25%，地球上所有可燃物质便自动燃烧，地球成为火球。刚好介于15%及25%两者之间的21%，啊，人类该怎样赞美你——为着自由的呼吸。

美国电脑专家哈特曾经做过一次著名的理论上的统计：为使地球上的水保持在液体状态即0～100℃，地球可以向太阳移近或离远多少？也就是说地球轨道允许出现多少偏差？

哈特的结论是：若地球轨道向太阳移近5%，地球表面很快就会出现温室现象，地球将成为另一个金星。反之，如果地球轨道移远6%，地表便会出现严寒的冰川时代，类似火星。

有科学家这样说：如果进化论是正确的，生命是经过了30多亿年由无生命物质演化而来的，以上哈特的计算显示，那个"维持生命轨道"的距离差异范围将更为狭窄，最多不能超过6%。

轨道的尽可能近似圆形，看来是达到圆满的要素之一。

相对火星、水星、冥王星等，地球轨道就要圆得像样多了，它离太阳最近与最远的部分只相差500万千米，相当于总距离的3.4%，这个微小的差距使地球能获得太阳的适量照射。

与地球邻近的火星，环绕太阳运行时的距离变化可达5000万千米，相当于总距离的19%，这样的轨道差异带给火星的是光和热的巨大的能量变化。假如把火星与地球的位置调换一下，在地球轨道上的火星能不能转出生命来且不说，在火星轨道上的地球的景况肯定是这样的，所有的海洋都会结冰，另一方面每年都有一些时候几乎跟金星与太阳的距离一样，那真是不堪设想了。

按照理论推算，宇宙之中类似太阳系行星系统的数以亿万计，倘若部分行星上有适合生命出现的条件，则理应有多种不同的文明存在。但事实上恒星很不容易附有行星，太空中大部分恒星是双星系统，两颗燃烧的恒星，一大一小牵引在一起，其他则是三星或四星组合，单恒星如太阳则少而又少。太阳系是否是独一无二的单星系统呢？科学家鉴于太空的深远神奇，回答都是谨慎的，事实上人所不了解的也远远多于今天已知的。埃克尔斯认为，大约只有万分之一的恒星具备拥有行星系统的可能性，而迄今为止的观星、望远、太空船的深入探测都告诉人们：

> 只有一个真正的名副其实的行星系统存在，那就是我们的太阳系。期待着天宇深处的豁然开朗，又一个甚至更多的太阳系涌现之前，人类万不可忘记以感激之情向着苍天祷告：太阳、地球和月亮，我们的星星宝典，我们的生存空间啊！

大约十五六亿年的漫长的地球童年时期中，地球学家认为可以推断的另外一些情况是这样的：

距今47亿年前，原地球或者说婴儿地球其质量已经跟现在的地球相似了。不过，那时的地球也许还只是微星的某种集合体，它需要更加紧密，它在努力形成以地核为标志的内部演变。

婴儿地球在引力收缩和内部放射性元素衰变产生热的作用下，不断受到加热。当婴儿地球的内部温度足以达到使铁、镍元素熔融的时候，便向地心集中，形成地核。就地球内部的演变而言，这是婴儿地球最重要的时刻，从此它要走上相对独立发展的道路了。

少年地球

我们回忆的边缘也移动着，我们的回忆是个伟大回忆的部分，那是大自然的回忆。

——叶芝

地球的童年时期是如此漫长，因而当笔者试图叙述少年倜傥的地球时，不能不投笔慨叹：16 亿年就这样过去了！

当笔者思及地球的意义时——那是生命意义的集大成者——敬畏之情便油然而生。这时候，科学与知识、地底下的化石到实验室里的试管，乃至人为的地质年代的划分等，都不再是呆板、冰冷的了。神圣与激情使这一切均显得千姿百态，因为我们真正认识到地球是一个巨大而又无微不至的生命，人类和生灵万物只是在这巨大生命之中，才有了各自的生命。

地球的意义是从始至终。

地球的历程是包孕万物。

从婴儿地球到少年地球，这里丝毫没有断然的界线，而是延续与积累，是不断地完善，渐显生机荡漾。

我们不妨设想，当地球初始形成，有了地核，开始独立地在既定的轨道上运行，尽管其时地球是否处于熔融状态一直有争论，但它很热、很渴，需要水的滋养应无疑义。

那时还没有海洋。

海洋之于地球是如此的重要，它最终占有了地球面积的70.8%，它承担了生命最初的诞生和孕育，它完成了使阳光从一般的伟大到特别伟大的光合作用的程序，它使地球有了独特的姿态、风情及妙相庄严。

时下的地质学家通常认为，把地质年代浓缩在一年12个月之间，地球大事记的最简明的提纲很有可能是这样的："地球最初在1月间形成，地壳最晚于2月间凝结，那么远古的海洋，往早里说，似在3月产生。依据同一标准，我们可以说最初的生物在4月出现，最早的化石在5月形成。以后的半年中，进化出早期海藻、软体动物、甲壳动物、初生脊椎动物、昆虫、鱼类、两栖动物等。恐龙大约在12月中旬主宰一切，人的时代要到一年最后一周的最后一天才告开始，而真正脱离动物上升为人，还是第365天夜晚10点才发生的事情"(《海洋》伦纳德·恩格尔)。

谁能告诉我们，远古的原始海洋是什么样的呢？

原始海洋的出现需要从热到冷的一个过程，只有当地表温度为水的沸点以下时才能形成。这个过程谁也说不清是几亿年还是几千万年，但，地球一如往常沉稳厚道、不急不躁，只有它才知道这一天肯定会不迟不早地到来。因为在地球凝结之初，就有水，这些水被封进岩石中了，这是极大智慧的安排，这是极其美丽的蛰伏，后来这些水被释放，水汽上升为大块集云，把地球裹得平密而厚实，部分地遮挡了阳光，地球稍稍得以从酷热中略有降温。这是了不得的开始，是和一个骄阳下的旅人，终于能找到一棵小树的树荫差不多的情况。因而即便那时大块集云形成的雨，一经落地便成为蒸汽，实际上正是这样的不知下了多少年的看不见的雨，孜孜不倦地在为地表岩石减热、散热，使地球能得以冷却。

这一天终于来了，地壳从岩石凝结的温度——538 ~ 1093℃，降低到了水的沸点100℃。雨点落到地上不再"嘶嘶"地冒烟，而是流动、集结，一开始的流动也太难、流程也太短；一开始的集结总也集结不到一起，因为尽管地球已经冷却，而地表仍然是光秃秃、燥热、干涸的。那些雨水总是在将要流动时、正在集结时便渗入地下了。

> 你可以想象那种吮吸，或者渗透，从极干旱过渡到多少有点湿润的那种感觉，无论象征还是预兆，地球上开始有水了。

接着便下雨了。

真正的滂沱大雨。

据地质学家说，那时下的雨和现在的倾盆大雨差不多，并无太多特别之处。大自然有的是时间，不停地下，不停地下，地球继续冷却，地球变成湿漉漉的了，江河湖海开始初具规模。这是地球生命历程中时间最长的一次降雨，显然地球远远不是为了解一时一己之渴，它需要足够大的海洋、足够多的水，它需要涛声汹涌、波光流转，它需要为着生命的广大和美丽而做充分的储备。

美国地质勘探局的威廉·鲁比认为，构成早期海洋的浅谷地所蓄的水，大约只有目前海洋存水量的5%～10%。然而，在千千万万年过去之后，水汽依然从火山、岩石的孔隙中飘然而上，把水分带到大气层，然后成为雨，注入最早的海洋。地球上的一切看起来都带有地球的性格：

> 它不是瞬息之作，它注意各种细节的各个方面，但它又不是刻意为之而听其自然，所谓的方向性往往又和随机与偶然相交织。

早期海洋的海水含盐量很低，它几乎就是淡水，不过这种情况随着气候的变化而改观着。海里盐分的来源，一方面因为侵蚀使岩石破裂、大山磨损而把锁闭其中的化学物质释放，先溶于水再冲进大海；另一方面则来自海底下的岩石。通过对动物——包括鱼类的体细胞盐分的测试所得出的结论——比海水盐分低得知，海水的含盐量是在不断地慢慢增加中的。

原先的海水是一盆清汤，也几乎是淡汤，后来变成了有盐味的浓汤。

海水含盐量增加的同时，海水的成分也在发生变化。在35亿年前，地球上的海水是强酸性的，它是由地内排出的酸性气体转入海洋的结果，那时海水中缺少游离氧。酸性的海水对盐的破坏作用，其结果是得到中和，也就是说海水的酸性不那么强了。

海洋成分的变化，也从一个方面说明地球在源远流长的演化中，又过去了几千万年甚至几亿年。

地质学家通常把距今30亿~5.7亿年的这一段时间喻为地球的少年及青年时期，也叫前古生代、前寒武纪。我们有理由推测，在距今30亿年之前，即婴儿地球时代，一旦最古老的海洋形成，地球上的水循环便已经开始了，而到少年地球时，这样的循环虽然还不足以改变陆地上荒秃的地貌，但在这往复无穷的循环之中，一切都在孕育、发生，水已经恰如其分地显示它的万物之源的清纯及高贵了。

水循环，是指地球表面的水在太阳辐射作用下，蒸发上升，遇冷凝结，再以降水的形式落到地表，丰盈江河，滋润万物。然后在重力作用下不断运动，又重新经蒸发、凝结形成降水和径流的往复循环。

这样循环的玄妙之意，远在现代科学给出解释之前，已经由我国古代大诗人屈原和唐代学者柳宗元，用诗的语言作出形象而深刻的表述了。

战国时代的楚国大诗人屈原曾作《天问》，满篇都是对宇宙、自然及历史的固有观点的怀疑及质问，怀疑作为起点本身就是回答，屈原的怀疑如鲁迅所言，“自遂古之初，直至百物之琐末，放言无惮，为前人所不敢言”。

怀疑者屈原已经在勇敢、智慧地触摸洪荒之初了。

《天问》问世，中国历史上对《天问》作出回答的，唯唐朝柳宗元的《天对》。柳宗元明确提出“元气”是天地本源，又认为宇宙无边际、无中心、无角落，不是太阳在升起、落下，而是人跟太阳的方位一起变化。

《天问》与《天对》中有一段文字是关于水循环的，问也奇特，答也神妙：

《天问》：“九州安错？川谷何？东流不溢，孰知其

> 故？”
>
> 《天对》：“……东穷归虚，又环西盈，脉穴土区，而浊浊清清。坟垆燥疏，渗温而升。充融有余，泄漏复行……”

这一问一答中，水循环的惟妙惟肖，已经尽遣诗人笔端之下了。

少年地球时的水循环态势，没有数据可查，而今天的地球水循环显然要壮观宏伟得多，不过需要指出的是循环机制却是一样的，再说即便以古海洋是目前海洋存水量的5%～10%计算，少年地球的姿态也可见一斑了。那么今天地球水循环是怎样的状态呢？

据计算，大气中总含水量约为12900立方千米，而全球年降水总量为577000立方千米，大气中的水汽平均每年可以跟降水转化44次（577000/12900），也就是说大气中的水汽，平均每8天多轮换1次。全球江河水总量约2120立方千米，江河年径流量为47000立方千米，全球的河水每年与降水转化22次，即江河水平均每16天多轮换1次。全球海洋总水量约为13.38亿立方千米（一说为13.75亿立方千米）。全球年降水量除去内流区域外是568000立方千米，海洋水与降水每年可以转化0.004次，即平均约2500年转化1次。同理，冰川平均8600年转化1次，湖泊的交换周期为10年，地下水平均为5000年，其中土壤根系带水的转化期是平均一年，植物体中的水分交换周期只是两至三天。

从以上这些数字中撷取5%或10%，然后我们说少年地球已经生机初露，当不为过吧？

> 地球转动了，雨水聚集了，海洋流动了，水分循环了。循环的水把核糖、氨基酸、核苷酸、卟啉等生命物质悄悄地护送到古海洋中储备着。
>
> 那是未来的储备。
>
> 那是生命的储备。

但，这一时期的地球还在漫长的隐生元——隐藏的生命时期，离生命的显现还有一段时日。不过那个时候的古老的岩石，虽然只占现今地球表面岩石的15%，却饱经沧桑地留下来了，作为地球最古老的基石，无言地证明着历史的一种遥远而艰难的存在。这些岩石一般只出现在古山脉受到侵蚀暴露出岩芯的地方，或是高原上裂开的峡谷深处，有时也表现为广阔裸露的古老基石，人称“地台”。在北美洲，加拿大地台延展到整个哈得孙海湾；在南美洲，亚马孙地台有大量岩屑露出地面；埃塞俄比亚地台从南非伸展至阿拉伯半岛；澳大利亚地台则从珀斯绵延至达尔文港；斯堪的纳维亚半岛的大部分地区，覆盖有一个较小的地台；在寒冷的西伯利亚，也有一个冻结着的地台。

正是这些很可能早已面目全非的古老岩石，构成了稳定地球大陆的基底，支撑起无数的岿岿大山及后来形成的层层沉积岩石。我国蜚声中外的泰山、嵩山、衡山、五台山等名山，其核心，都是由这样的古老变质岩系构成的。

大自然从不遗弃古老。看泰山的褶皱就想到它是古老的，古老得无法想象，但，当我抚摸某一条褶皱时，冥冥中有声音说：那就是少年地球的侧影。

地球上少量的菌类、藻类已经很不显眼地出现了，也许还有简单的腕足动物，但这一切都只是发生在海洋之中。那些菌类与藻类是如此的细小，而那些腕足动物很可能完全不曾长出外壳、骨头之类的硬质体，否则化石中怎么会很难很难找到它们的影子呢？看来，我们还得有耐心，耐心地等待。而少年地球却是少年老成的，对它来说，这一时期在海洋不断扩充、水分循环绵延不息之后，将要完成的另一丰功伟绩便是移动岩石，稳定陆核，扩充大陆。

地球上发现的小块稳定陆地，形成于距今28亿年前，地点在非洲南部，由此推测这一稳定陆地的核心，即陆核的出现要比28亿年更早一些，约在距今30亿年前后。

一张权威的北美洲大陆不同年龄的古老岩石分布图，揭示了陆地的扩张机制：年龄大于25亿年的岩石占据了该大陆的中心部位，它们由年龄较小的岩石环绕、簇拥，越向外层，岩石便显得越年轻，这样一圈一圈扩大开去，成为多层次的增生的岩石圈，北美大陆也随之扩大。对地球其余大陆的探测表明，不同年龄的岩石分布虽然不像北美洲那样有规则，但总可以找到年龄较小的岩石环绕、分布在陆核之间。

距今17亿年前后，地球稳定大陆的壮举已差不多大功告成，并接近了现在的规模。只是新形成的大陆岩石圈还显得稍稍稚嫩，达到真正稳定尚需时日，有地质学家称这一时期的岩石圈为原地台。所谓地台就是地壳上比较稳定的地区，也可以看作是陆核的扩大或新生，它与地壳上躁动不安总是跃跃欲试的地槽相对存在。

距今17亿年这个时间段，对少年地球来说，不知是精心策划的呢，还是随意为之的呢？总之，它是很不一般了，因为在这之前，稳定大陆增长的速率一直比较缓慢，那时是不是在殚精竭虑地构思海洋，催动水文循环？后来，它突然加快了稳定大陆的节奏，面积大为增加，给人以突然的印象。而从距今17亿年之后迄今，稳定大陆的面积虽然继续有所增加，但规模已经很小了。也就是说，少年地球的年代，大陆的状况已经基本如此了。笔者所说的基本如此，还包括了17亿年之后到距今14亿年的克拉通化时期，克拉通即是古老稳定地台的意思。

从原地台到地台的转化，标志着稳定大陆的过程结束，无论地质内营力还是外营力，都已经不能动摇其地位，地台与地槽一者求稳一者好动，稳不为动所动，动不为稳所稳，势均力敌，消长共存，从此地球上层物质运动的形式也将大为改观了。

少年地球在稳固大陆的同时，它披戴的大气外衣也在变化之中。

有科学家认为，古老地球的海洋生物出现之前，曾经在浩瀚的海水中有过一个很不引人注目的非细胞生命社会。在此一阶段中，被称为生命物质的是简单有机分子和其他非细胞生命物质，如各种形式的氨基酸、脂肪酸等，距今大约31亿年，这些非细胞生命开始非生物光合作用，大气中开始有氧气出现。

这一切似乎是随机的过渡，选择的试探。

但，那是很少很少的氧气，缺氧的年代尚未过去。

距今约25亿年，地球才进入含氧气圈时期，臭氧层随之出现。到距今8亿～7亿年，为富氧时期，这一时期的大气含氧量跟现在已经不相上下了。

由此得知：在距今25亿年前后，海洋中藻类植物出现，真正的光合作用程序开始，这是地球上又一里程碑式的革命性飞跃！

> 谁也说不清这里程碑树立在大海的何方。倘若波涛可以折叠，倘若洋中山脉的断裂可以连接，或许我们就能隐约见到了。

这一光合作用程序的开始给地球海洋带来的变化的深刻度，实在难以估计。地球上只有简单有机分子的阶段——这是何等漫长的数以10亿年计的阶段之后——古海洋中的非细胞生命开始成为原核细胞形态。有真正的细胞膜，没有真正的细胞核，分不出核膜与核仁。此种生命形态的代表是一些菌类和低等的藻类，非洲南部发现的一种叠层石证明：远在31亿年前，能够进行光合作用的原始藻类已经出现。这种叠层石还不能说就是藻类化石，而是藻类活动和沉积作用相结合的产物，它的一个特点是层层相叠，明暗相间，由比较细密的碳酸钙、碳酸镁或硅质岩石组成。不少科学家认为，组成叠层石的细微层理并不是藻类生物本身石化而成，很可能是当时生活在浅海中的藻类吸附水中的碳酸等物质而形成的。有机质丰富的叠层为暗色，其时藻类生长也快；亮色叠层中有机质较少，说明藻类生长较慢。快快慢慢，时快时慢，是藻类生长的季节变化，还是不同阶段的生长状态，大约很难穷其究竟了。从原核细胞到真核细胞，是早期生物界最重要的一次变革。最初的真核细胞仍以菌类、藻类为主，不过已经有了核膜包围的细胞核，个体较大，构造趋向复杂，繁殖的方式也不限于简单的分裂了。

关于真核细胞出现的时间，科学界难有共识。但科学家公认一种从澳大利亚10亿年岩石里找到的微体古植物化石，是确凿无疑的真核细胞。

距今20亿年到距今8亿年间的叠层石，在世界许多地方有发现，那时海洋以菌类和藻类为主体的生物界，已经有了相当规模。这样一个相当规模的生物演化，所经历的时间至少是30亿年！可谓，路途遥遥，进化维艰。而我们的少年地球就在这一个过程中，进入了渴望大有作为的青年时代。

人们很可能会抱怨，地球生物在30多亿年的时间中的演化是如此缓慢。可以为此辩解的理由不外是，前古生代的早期，大气中还没有形成臭氧层，或者稳定的浅海环境还不多等。其实，我们无须抱怨，对地球来说，一个漫长的童年、再加上一个更加漫长的少年和青年时期，那是别具匠心的设造。

远古年代的地球，即婴儿地球、少年地球，一定是考虑到了以后出现的人类的好奇心，因此并没有让几十亿年间的微小的生物全部轻而易举地归于尘土，而是留下了若干古生物的痕迹，这就是各种各样的化石。当然这些虽然时有发现的化石，与即将到来的地球显生年代的化石相比，那只能算是七零八落的散兵游勇，那是地球无须证明什么的年代，却也是格外使人为之牵肠挂肚的年代。

也是退隐了的以荒芜面目出现的巨大的真实！

那时的气候特别温和，但陆地上却茫茫无物。

有科学家说，可能有极少量的地衣，和说不出名字的原始植物。

地球当初，所有的陆地是合成片的，地质学家把这原始大洲称为潘加亚大陆。大陆四周有大量礁石，有的部分被淹没在暖海里，海岸积聚着厚厚的沉积物，看起来明明是造物主事先备好的材料，有待千百万年大地变动的机遇，在挤压中成为高大的山脉，或者等着漂移。

大自然的一切高大，都是因为被挤压而不可阻挡地抬升。陆地上没有任何动物。

那时离海洋中植物与动物的登陆，还有亿万斯年。就连地球的自转速度也要比现在快得多，即昼夜为21个小时，一年有424天。不是说地球有的是时间吗？是的，没有错，但与此同时地球却也从来不会荒废时间，在既定的轨道上，少年地球或者说已是青春年华的地球，从来不曾懈怠过。

已经过去的遥远而漫长。

将要走过的是漫长而遥远。

这个将要进入古生代的地球，在经历了又一次严寒之后，高峻不平的地貌已经略示和煦的柔情，海洋的水温也在渐渐回升中。

应该说其时的海洋之中虽然正在酝酿着“生物大爆炸”，但就整体而言，海洋还没有最后稳定，岸线变动频繁，显现了很多地方，淹没了不少大陆，以后显现的要淹没，淹没的要显现，一切仿佛都预兆着：地球将有惊人之举！

这是温暖的年代，温暖的海洋被称为暖海，大气层也温暖而平静，就连雨水也是温暖的。

温暖的地球上有的是多雨的季节，雷也温暖，闪电也温暖吗？

闪电雷鸣暴雨，是水循环中温和状态之外的另一种形式，即风风火火，声色俱厉，振聋发聩，天地之间回荡着的是某种催促，闪电通道上拥挤着的是几千米、几十千米长度间的滚雷炸响。那是启迪呢，还是警醒？陆地听见了吗？海洋听见了吗？还有那些真菌、藻类、真核细胞们，谁能无动于衷？

即便是落到土壤中的一滴雨水，对这一抔荒土而言，其冲击力都是势不可挡的，更何况这雨滴还持续了一段时间呢？同样闪电惊雷之后倾往海洋中的大雨，将会怎样地刺激那些原始海藻，人们难以估量。还是赫顿说得好:“我们既找不到起始的标志,又看不到终端的影子。”

谁能告诉我们,当地球从少年、青年时代,进入生命繁盛的古生代之际,闪电、雷鸣、暴雨是相送呢,还是迎接?海洋的更加剧烈的动荡,由那些古老的冲击浪作出了一样古老的宣示:地球,将要在继续的动荡不宁中,开始新的旅程。

海洋里涌动着波涛。

陆地上弥漫着水汽。

一切都在成为历史,唯独循环始终如斯。

地球表层物质在水循环中得到迁移,能量得以转换;水循环是联系地球上各种水体的纽带,并使之成为动态系统,而水文状态及数量的变化,又产生了若迷若幻若魔若鬼的各种水文、天气现象。水循环的结果,使海洋向陆地不断供应淡水,湿润土地,哺育生命;水循环的规模,自从有原始海洋之日起,便是遍及全球的了,它有时浩大,有时细小,有时铺天盖地,有时无影无踪,却贯穿于大气、海洋、岩石、土壤、河流。

显而易见,地球正是在一个十分漫长、历经磨难的婴儿时期和青少年时期的苦难与煎熬中,不仅有了生命历程,而且还有了性格历程。你看地球其时的大荒凉便看见地球的意义了,那是何等魄力的坦荡,那是何等情怀的守望!我们还用问地球吗——你是为谁而经磨历劫?你在为谁循环、稳固,做着如此琐碎的事无巨细的准备?

当海洋中生命的金字塔一层层地行将叠砌,那时古海洋的波涛并没有任何特别的暗示;当古大陆又一次经历天寒地冻并进而靠拢、连接时,温暖的期盼似乎更加遥不可及:可是又有谁能知晓彼时彼地的伟大酝酿和构思呢?

古生代:海洋万岁

你和你所居住的世界,只不过是无边海洋的无边沙岸上的一粒沙子。

我就是那无边的海洋,大千世界只不过是我的沙岸上的沙粒。

——纪伯伦

古生代,是地球革命的年代,也是功勋卓著的年代。

古生代时期,从距今5.7亿~2.3亿年,共持续3.4亿年,读者想必清楚,这样的多少有点尴尬的年代划分是完全人为的,我们完全不知道地球是否认同。但这些地质年代的确立,又实实在在是人类长期艰难探寻的结果,我们除了照本宣科地沿用之外,别无选择。

古生代包括寒武、奥陶、志留、泥盆、石炭、二叠6个纪。

这些纪名是从何而来的呢?

英国威尔士地区古生代地层研究是世界上最早的,1833年,英国地质学家薛知微,用威尔士的一个古代地名“寒武”命名了这套地层。稍晚些时候,薛知微的合作者莫企逊,因为意见相左而提出用“志留”来为之命名,“志留”是曾经在威尔士行猎居住过的一个古代民族。以后的化石研究证明,寒武纪的上部相当于志留纪的下部,这样一部分地层便有了两个研究者的各执一词的不同命名。直到1876年，另一个英国地质学家拉普华斯提出:保留寒武、志留的纪名,但把这两纪重叠部分地层另用新名“奥陶”,“奥陶”也是威尔士的一个古代民族。

“泥盆”与“石炭”两个纪名也都是从英国地层研究中建立的,“泥盆”得名丁英国西南部一个郡的名称,时在1837年。“石炭”是因为这一地层广含煤层而得名,它命名的时间稍晚,为1882年。

二叠纪的标准剖面地点在俄国乌拉尔山西坡的彼尔姆州,它由莫企逊在那里进行地质考察时确立，时为1841年。二叠纪地层明显分成上下两层,因而得名,在国际上又称这一纪为“彼尔姆系”。

古生代行将到来的距今8亿～6亿年间,地球岩石圈又经历了一系列变动,陆上地势高危,面积增大,一时天寒地冻。从寒武纪开始,地势逐渐趋向平缓,一些低洼地又屡屡被海水淹没,气候也随之温和。

大地阳光灿烂。

浅海空前广阔。

> 浅海的妙处在于浅而又是海,浅海的象征是由浅入深的过渡,当我们说生命诞生于海洋的时候,更为精当的提法应该是生命诞生于浅海。

我们已经知道,古老藻类这样的简单生命的朦胧起点,可以远溯到30多亿年前,然后由单细胞逐渐发展成为多细胞植物,与此同时从沐浴于远古地表的海水中,后来的浅海、沼泽地中,也产生了不断增多的动物种类。

《森林》的作者彼得·法布说:“现在设想把地球上植物发生、发展过程浓缩到一天24小时之内,以最早的微生物发生于午夜作为起点。那么,要到晚上8时左右(也就是一天过去5/6以后),海洋中的生物才繁殖旺盛。晚上9时以前,植物登上陆地;晚上9时50分以前,石炭纪森林达到全盛时代。到晚上11时以后,近代开花植物才发达起来,直到午夜完结前仅剩下1/10秒的时候,人类有记载的历史才告开始。”

古植物学家认为，大约4.2亿年前，浅海中的一些先锋植物开始急于摆脱温暖的海洋环境，而乘风破浪开始登陆，这种至今想起仍然教人心惊肉跳的场面，被称为“自杀性的登陆”。那时陆上还是一派洪荒，一切都是裸露着的，岩石嶙峋、山峦起伏，那些海藻们登陆是登陆了，却实在难以立足，除了极少数以外，大都悲壮惨烈地牺牲了。

现在已经很难确切地知道最早登陆并能够立足的极少数是哪些植物，很有可能它们是在水陆边缘处继续过着半水半陆、时水时陆的生活，但较之于完全的浅海环境，显然已经不一样了，在一个过渡地带，它们作为过渡性植物，苦苦地过渡着，但这是明确的预兆：

> 地球的陆地将不再会长时间地荒芜单调，地底下岩石间将会生出根来，有叶子要在阳光下晃动，一种色彩、一种与海洋的蓝色相映生辉的色彩，要庇荫大地。
>
> 那是绿色。

科学家们这样猜想，自从那一次至少不能算成功的登陆之后，藻类们并没有偃旗息鼓，试图从浅海踏上陆地的尝试从未间断。而那些在水陆边缘过渡地带的植物，似乎也不曾有过回到海洋中的企图，它们是那样形单影只，渺小到可谓微不足道，它们还没有真正的根和叶，它们对陆地与荒凉的一往情深，是艰难困苦地过渡下去的立足点，对不时由海浪涌来的各种蓝绿藻而言，先锋的榜样也许只是一句话：

> 那地，才是我们的家园。

终于在后来又一次大规模的迁徙行动中，植物登陆完全成功，这是泥盆纪的中期，距今约3亿7500万年前。

谁也无法追问其原因，作为结果，那些登陆的植物在进入相对干燥的陆上环境后，奇迹般地没有让太阳和风晒干或吹干细胞中的水分，快速地使自身有了一种把水分输导到细胞中去的简单系统，有了根和茎的最初的分工，也就是把自身支撑在空间的支柱。立足之初，这小小空间也就是稍稍高出地面，况且立足点又是那样脆弱。当海水退去，残留的水分很快被太阳蒸发干净，大地复归于永远的燥热之际，不少研究者相信，天上突然雨云堆积，电闪雷鸣之后是场不大不小的降雨，就连石头也是水淋淋的了，小河沟从山坡上向下流着浑浊的河水。登上陆地的植物们尽情地吮吸着，紧贴泥土的细胞成为根往地底下长，最初的立足就是这样站稳的。雨过天晴，那时的天是这样的辽远，显现着深蓝色，天上还横挂着一道彩虹，这彩虹应是献给泥盆纪登陆植物的。

泥盆纪的森林景观，也许只能从至今还遗存的古代植物的代表身上，去寻找一点蛛丝马迹。这需要走进一片落叶林中，在池塘的浅水里仍然有着一些种类的原始植物，它们坚持不肯上进，不愿高大，有的还保留着单细胞状态，你可以说它们是时间的落伍者，但它们生活得简单而逍遥。在南国白云山下兰圃的一个天然池塘边，我曾见过一种名叫崖姜的单细胞原始植物，丝毫看不出它的生机，但无疑它是生命。地钱和苔藓过着水陆两栖生活，它们的祖先至少产生于4亿多年前，而且是植物中最早冒险登陆者之一。奇怪、也使人不得不叹服的是，多少亿年过去了，它们竟和最早的始祖一模一样，匍匐在地面上，无根无茎却有生有性。

渺小到谁都可以忽视的时候，卑贱便成了伟大。

在林中漫步时，你很容易把浮在池塘水面上的绿藻当作一种无生命的渣滓之类的漂浮物，其实它是绿色植物最资深的老前辈，它的每一个细胞都含有螺线形叶绿体，为自身进行光合作用。

现在被称为木贼的一种植物矮小得可怜，纤细地直立着，茎上有棱有节，有点像竹子，能把鳞片状的叶冠举到空中，但在泥盆纪时，它曾毫不夸张地高大过，一度高达12米。不过，它的基本结构没有变：茎分两种，一种在顶上生有一簇孢子囊，另一种在节上生有轮生枝。

石松蔓生在沼泽边的土地中，纤小而秀气，它们的不再风光的祖先曾经是大树，显示着古生代的高度。如今细小的石松叶子呈螺旋状缠绕茎部，看起来和苔藓差不多。

不完全是猜想的泥盆纪原始森林景观，大致是这样的：地球已经不再是光秃秃的了，有植物遍布；已经不再单调了，但色彩是单一的——凡是活着的植物一律是绿色，枯死与腐朽的则全是黄褐色，还没有花朵。倘若没有雷鸣，无风无雨，陆地上几乎是个无声世界，没有狮吼狼嗥，没有鸟雀昆虫的鸣叫。刚刚有几种昆虫及蜘蛛的祖先爬上岸来，它们是后来活跃乃至横行霸道从而使地球显得虎虎有生气的动物大军的先锋，却只是觅路，不作声。

先锋通常是沉默的。

泥盆纪的末尾，也就是大约3.5亿年前，地球的活动再一次趋于频繁，大陆漂移、板块碰撞、海洋兴风作浪，北美洲发生了一次周期性的大洪水；其他各洲的大片陆地也为海水浸漫，使之成为极广阔的湖滩，地球大部分地区的气候惊人的温暖，所有的陆上植物都皆大欢喜地疯长。

这时候，山坡上的小河流也已发育长大。

长大了的河流把高处的岩屑、泥土冲积到了为海水浸漫的湖滩沼泽地带。

在这样肥沃的土地上，长出了以后再也未曾见过的大森林，蓬勃兴旺，盛况空前。

石炭纪开始了。

石炭纪，与其说是森林的纪年，还不如说是煤炭的纪年，因而也是能源和温暖的纪年。有足够的地底下的黑色证据证明着石炭纪这一厚重而博大的存在，可是谁也没有想过倘若没有石炭纪的森林，后来的人类怎样度过一个又一个严寒的冬天？

石炭纪是专为人类的未来设造的。

设造者是谁？他是怎样预见一切的？

也许我们只能说：感谢上苍、感谢地球的美意！

石炭纪的森林中，木贼如此巨大，它的茎能长到0.3米，它们的习性是占据河流沿岸并和沼泽地连成片，以密密的丛林覆盖着一方大地。和木贼比邻相望的是石松，它傲视一切，高达40米。蕨类也是旺族，铺陈在林地的下层空间中，它们不争高大而接近土地，结果是到今天还保留了1万多种。石松风云时，睥睨千古，而今只剩下1100多种，木贼不超过25种。

那时有大昆虫。蟑螂几乎就是巨无霸，它的资格是如此之老，后来便大有不把人放在眼里的意思，越是被讨厌之物，越是长久地存在着。石炭纪蜻蜓也是庞然大物，它已经能飞行了，两翼展开长达74厘米。蜘蛛不声不响地织网于石炭纪森林的各个角落，蜘蛛开始就显得沉着而有耐心，等待蜻蜓落网，成为美食。另有一种原始的蝎子缓慢地爬行，在这偌大的林地上，显示着自己的王者风度，它也捕食蜻蜓，那是在沼泽地中蜻蜓落地之后。

专家们的一致结论是：今日地球上蕴藏量极为丰厚的大煤床，便是由石炭纪森林形成的。这些寿命并不很长的森林，起源于斯，屹立于斯，毁灭于斯。死了的植物通常会腐烂，如果不腐烂便成为煤炭。在干燥的林地上，一株倒下的树会受到细菌和真菌的侵蚀，并由于它们的消化作用完全败坏。石炭纪森林的不少林地是被水泡着的泥泞的沼泽地，当那些树木倒地死亡后，就会下沉到稀泥中，在没有足够的氧气供细菌和真菌作破坏活动的情况下，天长日久便成为泥炭。这样的泥炭可以在沼泽地下埋没几千年而不起变化，后来因为河流冲积、地质变化，泥炭便愈陷愈深，越埋越厚，于是变成一种低级的褐煤。又经过几百年的不断增压，褐煤成为烟煤。这个转变过程的压缩程度之大是惊人的：0.3米厚的烟煤，是由6米厚的植物层压缩而成的。最后，地表岩石移动所产生的新的压力，又将一些地方的烟煤压缩成为无烟煤。

> 不少的毁灭与创造其实并不神秘，只是需要时间，漫长的时间跨度，以及不断增强的压力，从而产生变形、变态、变质。毁灭为创造之初，创造为毁灭之始。

石炭纪森林分布地球陆地的许多地方，经历了长达8000万年的相对稳定气候的漫长岁月，它们得天时地利而兴盛，又因气候骤变而覆灭。作为地球历史过程中最大、最早的绿色旺族，也许它们的出现和在地表上的消失，都只是它们已经完成了历史使命，作为历史的存在而退隐于地下了。

世界上不少权威的相关著作都曾指出："石炭纪森林的广袤和茂密可从中国所产煤层的厚度上看出来，有的煤层厚度竟超过120米，这相当于2440米的原始植物质的厚度。"（《森林》彼得·法布著）

中国煤炭储量之丰富，当首推号称"中国煤海"的山西省。

从山西的煤层追溯曾经密布山西的森林，看古山西的绿色，是耐人寻味的。

山西是一块古老的土地，在距今30亿年前后，还长期处于海槽中，这时地球的地壳相对薄弱，构造运动、岩浆活动剧烈。随后发生的阜平运动及五台运动使部分物质固结硬化，开始形成五台山、吕梁山和中条山古陆核。继而，太古代地层的强烈褶皱变质，形成了山西最古老的阜平群、五台群变质岩系，构成山西地台基底，五台山、吕梁山和中条山大面积露出海面。

山西角的初始面目暴露在光天化日之下了。

到前古生代，围绕山西陆核的大部分地区仍为不安定的海槽，遂有吕梁运动，滹沱群褶皱趁机大规模隆起，山西整体便在这反反复复而又势不可挡的地质运动中，脱离海槽成为陆地。

距今大约6亿年的时候，山西曾被由西向东的海侵淹没，在一片汪洋大海中，只有五台山、中条山、吕梁山等局部地区露出海面，恍若孤岛。

石炭纪时期的山西地域所呈现的是这样一种繁忙：海水时而进，时而退，海陆频频交替。当陆地大体稳固时，环境潮湿，气候温暖，植被繁华，高大的蕨类植物为煤的形成提供了物质基础，形成了山西地底下的主要煤层。

山西煤系地层的分布，占了全省总面积的40%。

由此可以推断：整个石炭纪时期，山西境内的古生态环境温暖湿润，雨量充沛，滨海平原及三角洲平原上，泥炭沼泽与湖泊发育良好，星罗棋布。平原上到处是茂密的原始森林，海水中由浅而深活跃着腹足类、小型腕足类、贝类、海百合、珊瑚、蜓类等海生无脊椎动物。

石炭纪行将结束时，山西境内普遍出现了大范围的沼泽森林，尤其是在滨海平原、三角洲平原和内陆盆地，都是参天大木。成煤的泥炭沼泽植物群中，主要以石松类、科达类、真蕨类、种子蕨楔叶等为主，沼泽地带和一些积水洼地的菌藻类植物也十分繁茂。当时的石松类是一种高大的乔木，其中以鳞木、辉木类最为繁盛，树茎高10～20米，直径在2米左右，占据着植物群落的最高层，它们在古生代末走向衰亡。群落中的第二层由芦木、髓木等植物所占据，高10米左右，现代单本植物的木贼就是节蕨类芦木的后裔。植物群落的第三层则是一些种子蕨等植物，茎高2～5米，有很大的羽状叶。燃烧山西的煤，在火光里，我们当看见当初山西的树。

古生代的生命历史是海洋历史的一部分。

从生命在水中初始出现那一刻起，海洋就是不停地晃动着、哺育着的地球摇篮的逼真的体现。已经获得比较确定证据的最早有机体是蓝绿藻，它的化石遗迹曾经在非洲被找到，推断它的年龄实在是一件令人头痛的事情，因为它太古老，古老得不敢说不敢想，一般认为是35亿多年。也正是在这样的时候、这样的日子里，发生了捕捉阳光实行光合作用的跃进。使人不解的是，从此之后植物在海洋中的发展便显得漫不经心了，也许它们的特殊感觉系统已经得到了某种启示：植物的发展是在土地上，但它们必须带头登陆。

海水中大为兴旺发达的是动物。

显然，古生代作为曾经定义的最古老生命的有生之代，已经名不副实了，因为古生代以前简单生物的印在泥沙上的生命形象，已经陆续被发现。然而，生物界是从古生代开始，进入空前繁盛的，其数量之多、种类之众、前所未有这一点，为学界公认。另外，从这一时期开始，才大量出现有钙质和硅质骨骼的生物，因而留下了保存很好的各种化石。

岩石上的化石记录，把生物生命的历程嵌进地球的肌体中了。古生代的寒武纪历来有“生命大爆炸”之称。海洋，尤其是阳光照耀下的浅海领域，仿佛是在一夜之间喧腾起来的生命。

浅浅的海水里不再只是蓝绿藻的天下了，爬行、穿梭在其间的是各种形象、各种姿态的动物。有的长着保护壳、棱鳞和生皮，蜗牛、灯笼贝、笔石多少有点奇形怪状。不过，此一时期的海洋的旺族是节肢动物，蟹、龙虾、蜘蛛和昆虫均应运而生，而节肢动物中称王称霸、谁见谁怕的，便是缓缓爬行、独步海底的三叶虫。这是一种多足生物，以捡食腐物为生，一般长度约为 7.6 厘米，有的可以长到 46 厘米。三叶虫在寒武纪海洋中何等声势浩大，可以从现存的化石数量中得出结论：三叶虫的化石，要比所有别的寒武纪生物化石的总和还要多。

三叶虫在地球上生存了 1 亿 6000 万年。

进入奥陶纪，海洋中出现了一大批圆锥头怪物，长着浓眉大眼花纹外壳，长达 4.9 米，此物名叫鹦鹉螺，在它巡行一圈之后，三叶虫望风而逃，它便把海底接收过来了。除此之外，长如海扇贝壳的鳃足动物也遍布海底，海藻及蜂窝状珊瑚也非常繁茂，海百合使古海洋显得摇曳生姿。

最初长着脊骨的鱼开始出现了，不过，它不事声张，为数也少。这些鱼类的先行者仿佛只是来观察地形、了解军情的，它们不慌不忙，也从不试图去动摇鹦鹉螺的霸主地位，对于它们来说是来日方长，到志留纪时，海洋中的鱼类才大量出现，并且一出现就身手不凡。

志留纪的另一丰功伟业便是植物登陆，笔者已经写过。

泥盆纪的海洋面貌已经和今天的海洋大体差不多了，鱼类已经十分活跃，并由浅海开始扩大了活动范围。那时候的各种鱼类，是现代鱼的近亲，灵活性、体力和智慧以及在海水中遨游的风情姿态，都已经极具魅力了。从此，海洋世界便成了鱼类的世界。当然，海洋世界是如此丰富，这一点也不妨碍别的生物在海洋不同层面的生长。

也是在泥盆纪，有少数几种鱼类，继海蝎之后登上了陆地，不知道是随机还是命运使然，它们便成了最早在陆地居住的脊椎动物，“人类也就是从这种乔迁到陆地居住的鱼类进化出来的。”（《海洋》伦纳德·恩格尔著）

从藻类植物到鱼类动物，我们已经看见了：什么叫风气之先，什么叫捷足先登。

捷足先登的结果是改变自己，不是一般意义上的改变自己，而是彻头彻尾地改变自己。

你想捷足先登吗？

关于寒武纪，看来还得多写几笔。

寒武纪的化石有所不知，它所记录的地球生命突然出现的多样性飞跃，先是被称为寒武纪海洋奇观，后来又被认定是寒武纪生命大爆炸的事实，使世界生物学界发生了从未有过的混乱，其中的一些意见，已强大到具有足以怀疑，乃至向达尔文进化论提出挑战的思辨力量。

1909 年，加拿大不列颠哥伦比亚省发现寒武纪中期的布尔吉斯页岩动物化石群；1947 年，在澳大利亚弗林德斯山脉，发现早寒武纪末期埃迪卡拉动物化石群。20 世纪 60 年代以来，世界各地的寒武纪地层均有大小为数毫米的骨片化石发现，而在寒武纪以前的地层中，则迄今毫无所获。

古化石凝固的信息一旦被释放出来，丝丝缕缕地飘荡着，寒武纪的海洋便石破天惊一般被牵引而出，汹涌在我们经常为教条所困惑的思想天地中了。

造物主在不经意间，留下了造物的明证——有人如是说。

1984年7月，中国科学院南京地质古生物所在云南澄江帽天山，发掘出距今5.3亿年、早寒武纪的澄江动物化石群，比加拿大布尔吉斯页岩群早1500万年。这一寒武纪生命大爆炸事件，专家们认为发生于梅树村期，完成于玉案山期，其时间段少于300万年。300万年在地质演化时间中，可谓弹指一挥间，可是澄江化石群动物种类之繁多，包括了海绵动物、腔肠动物、腕足动物、节肢动物等在内的40多个类群100多种动物，涉及当今动物界的大多数门类，还有许多是无法归入现有门类的灭绝类群。

如此之短的地质年代，突然产生如此之多的动物群说明了什么呢？只能说：它们没有时间进化，它们不需要进化，它们生来就是这样的。

寒武纪生命大爆炸的判断，由于澄江化石群而得到了更加坚定的证实。1992年，《纽约时报》认为中国科学家在澄江的发掘，"是20世纪最惊人的发现之一"。澄江化石群的研究成果刊载于美国《科学》杂志、英国《自然》杂志。

澄江化石群发现前后，达尔文的进化论受到了强烈的冲击，国内外生物学界的观点主要表现为三种：

> 达尔文的基本观点仍然是正确的。
>
> 进化论已经不能解释古生代海洋中的突变，即寒武纪生命大爆炸，但进化论的原则是对的，需要修正、补充，使之完善。
>
> 达尔文的基本观点是错误的，怀疑进化论的阶段已经结束，否定进化论的日子已经到来。

最终又是怎样看待"进化论"的呢？达尔文在去世前的病榻上，对陪伴他的霍普夫人说："我那时是个思想尚不成熟的年轻人，对许多事都感到好奇，发出了一些疑问，又提出了一些解释建议。可是使我吃惊的是，这些不成熟的想法后来竟然像野火一样蔓延开来，人们竟然把它变成了一种宗教。"（美国《OK》杂志1990年第3期）确实，达尔文对自己的学说是有所怀疑的，并且多少有点无奈地预见到，寒武纪生命大爆炸有可能带来危及进化论的争论。其时，寒武纪与志留纪究竟应该如何命名还在争论中，那个年代发现的志留纪化石实为寒武纪化石，达尔文对此表示了极大的兴趣与“令人费解”，在《物种起源》中他写道：“我深信志留纪的三叶虫起源于志留纪之前的甲壳类祖先，如果我的理论是正确的话，那么这段时间是很长的，甚至比志留纪到今天所代表的时间还要长得多……这一事实到目前仍是令人费解的，这将可能成为反对本书所持观点的最有力证据。”

达尔文期待的甲壳类祖先至今未见，而寒武纪生命大爆炸的实证的发掘理论的研究，正愈演愈烈。无论你对进化论持什么态度，你都不能不面对这样的事实：三叶虫以及更复杂的动物都是在寒武纪突然出现的。

海洋生物汇聚，陆上葱绿一片，蜻蜓飞翔，蜘蛛织网，古生代的海洋就这样改变了地球的面貌，同时又留下了化石，让后来的人类去信服或者怀疑一些什么。

海洋曾经有过备忘录吗？

海洋对所有问题的回答，自古以来只有一种谁听了都觉得心旷神怡却又不知其所以然的语言：涛声。

古生代的最后一纪是二叠纪。

这是地球历史上发生变动最猛烈的时期，造山运动加剧进行，大陆块互相接近、碰撞，到古生代行将结束的二叠纪时，全球大陆块已达到最大程度的互相接近，那时大陆的总面积已经距今天地球的大陆总面积相差无几了。

地球的历史是由岩石记录的。

翻检地球历史是如此沉重而艰难，可是一旦解读其可靠性便毋庸置疑了。二叠纪的岩层告诉我们，激烈的气候变化使这一古生代的末代之纪，经历了残酷的严寒冰冻，温暖和湿润消失得如此之快。是时也，冰川覆盖了非洲、澳大利亚和南美洲的部分地区，而地球其他一些地区则成了沙漠。

促使山脉上升、陆块碰撞或海洋干涸、沙漠出现的大规模构造运动的起因都在看不见的深处，但其侵蚀作用和促使物种大规模灭绝的结果却是显而易见的。

大河小溪皆奔流，冰川却只是不为人知地缓缓移动。这种缓缓移动的冰块，是因为雪堆在重压之下被压缩，逐步紧密化为冰块而形成的。当冰的重量变得非常之大后，便开始下滑，碾压、切割二叠纪的陆地。为冰川开道的是冻结在冰川最基底的大大小小各种形状的石块，一路上又凿又撞，几乎是扫荡一切。冰川移动的速度非常之慢，它似乎从来不希望引人注目，而宁可让人看起来是又呆又笨又硬又冷的不会挪动的冰家伙。河水在几秒钟之内流过的距离，它要滑行一年，阿尔卑斯山的冰川每年下滑的距离为0.3米。

总而言之，冰川是“慢跑者”。

如果因为冰川的动作迟缓，而认为冰川的刻蚀力微不足道的话，那就大错特错了。地质、冰川学家的资料说，300米厚的冰川给冰川基底之下地面带来的压力为每平方米323吨，这就足以把地表的坎坷、岩石凿平磨光。地球上现存的峡谷最初是由流水冲切剥蚀而初具形态，后来冰川的缓慢从容、坚决无情地冲击，便最后造成了谷底深邃、两岸壁立的景观。当冰川退缩而去后，留下的是一片狼藉的被粉碎的岩屑。

曾经遍布大陆的冰层，与高山冰川一样刻蚀着地球的面貌，不同的只是，其声势、规模要远为宏大。一般来说，冰盖呈放射状地扩展，并毫不犹豫地刮走所有在它覆盖之下的松动或突起的物质。最不可思议的是冰盖之巨大，劳伦斯冰盖曾在整个北美洲轰隆隆地碾轧而过，把加拿大的部分地表基岩剥露出地面，形成了无数浅滩洼地。

二叠纪时，干涸的海洋形成了世界上三个最大的盐矿床，一个在俄罗斯，一个在德国，一个从美国的堪萨斯州伸展到新墨西哥州。地球生物所遇到的不适应生存的环境是如此恶劣，石炭纪沼泽开始变得恶臭，植物与动物均难以为生，在更广大的地区则不是凛冽的严寒，便是窒息的干燥。

鳞皮树及子蕨类树木组成的巨大森林消失了，代之而起的是坚硬的针叶树。爬行动物不知是靠着爬行还是靠着运动，居然度过了这灭绝的年代。但海洋中的三叶虫及一大批物种却从此销声匿迹。

> 古生代的海洋啊，几乎化生了一切，并催动着海藻登陆，使地球第一次有了绿色。除此之外，它还告诉了我们什么呢？大陆是漂移的，毁灭是必然的，创造是偶然的。灾难总会过去——如果它没有毁灭整个地球的话——使有可能出现的偶然之境变得明亮、温馨的材料，也正在地底下酝酿、变质、构造。蜻蜓还在飞，爬行的将要爬出奇迹来。

恐龙时代

全世界没有一头动物是有名望的或不幸的。

——惠特曼

有人这样说:中生代是恐龙时代。

中生代从距今2.5亿年开始,延续的时间约为1.6亿年,这一代结束时距今只有6500万年了。

中生代是一个典型的过渡时代,当古生代行将结束时,地球似乎犹豫了一番,立即进入新生代的典礼还略有欠缺,尤其是爬行动物,它需要足够的时间巡视陆地的每一个角落,若干细节还有待进一步明确。正如笔者已经说过的那样,大自然有的是时间,或者说它根本不把时间当一回事,而只是坚持某种方向性,然后便是该去的去、该来的来。在这样的过程中,任何企图抓紧时间的想法都是荒唐而愚蠢的,只有足够的时间才能化生、孕育、创造机会,并且完成某些物种的使命,即有死、能死。在大自然,死和生同样重要也同样平常。

就这样,在古生代和新生代之间,夹了一个中生代。

今天学地理的中学生说,这有点像是历史的硕大无朋的“汉堡包”。

中生代是鲜美的——从某种意义上说。

当古生代进入晚期,二叠纪时的严寒及地表环境的动荡不定,促成了地球历史最大的一次新旧生物的互为交替。到中生代时，这一切已大体结束，植物和动物都将以惊世骇俗的新面目出现在地球上，另外一个重大事件是已经最大限度地接近的古大陆开始解体，不再有一个超级大陆，不再连成一片，让陆块之间由海洋隔离着，显然这是地质力量使然，但也不妨看作地球在策划未来时，预见到了一些什么。当人这个物种将要在新生代出现时，如果地球大陆是联合成块的，那么这些最早的人在最早的岁月里，便打成一片相互残杀，弄不好早早灭绝了。陆块分开的好处是：

> 形成若干相对独立、封闭的各具特色的环境；让多样性从一开始就能得到确立；使发现并不是一蹴而就；在漫长的认知过程中，建立自己的生存家园；最后，不得不面对海洋。

中生代共分三纪：三叠纪、侏罗纪、白垩纪。

三叠纪是因为它的标准剖面在德国分成上、中、下三层而确定并得名的。

侏罗一名，得之于法国和瑞士间的侏罗山。

白垩纪来自欧洲此时期的地层，主要是白垩沉积。

中生代也被称为爬行时代，这是因为中生代的爬行动物取代了无脊椎动物，成为地球上一时威风八面的统治者。我们实在不能以不屑的眼光小看中生代的爬行动物，爬行的结果是它们走得更远了，它们的身体各个部位都得到了难能可贵的磨炼，它们的视野、嗅觉、灵敏度，较之古生代末期睥睨千古的两栖动物，已经不可同日而语了。

它们已不必拘泥于沼泽池塘、水陆边缘。

它们可以大摇大摆地出巡，渴的时候知道找水喝。

它们之中有的体积极大，那是一个谁大谁称王的时代，大足可以压倒一切，大就是胜者。

赫胥黎借用莎士比亚戏剧中的丑角形象形容它们说：就像“老迈、肥胖的福斯泰夫一样，胃口很大，腿脚短小，而且终日闲荡”。但我们也许要冒犯并纠正赫胥黎的一个错误，是的，那些爬行动物是这样的，形容得妙极了，不过它们不是丑角而是主角，是1.6亿年间的地球上的主角。

中生代早期，爬行动物势不可挡地迅猛发展，种类繁多，体积各异，占领了陆地上的各个生态场落。它们之中的一部分，不知道为什么又重回海洋，另外一类则在气候适宜、食物丰富的湖泊、沼泽、沿海地带渐渐发展出躯体巨大的种类，并称霸中生代，成为空前绝后的最大陆上动物，这便是恐龙。

恐龙有草食性的，也有肉食性的。

一种食草恐龙从头到尾长30米、重50吨。

还有一种恐龙被称为剑龙，背上护有直立的大骨片，尾巴上有0.9米的长长尖矛，当它穿过森林时，能发出"隆隆"之声。

鸭嘴龙嘴宽、脚上有蹼；角龙长角，颈上披挂壳链；食肉恐龙既敏捷又贪婪，用后腿奔跑，行走时晃动着小小的前腿；有的恐龙很小，跟小鸡差不多；霸王龙是前所未有的恐怖动物，专门捕食庞大而缺少自卫能力的食草恐龙。当这些恐龙目空一切地独步地球时，它们的远亲飞龙却已经演练翅膀向着空中发展了。飞龙的两翼展开达15米长，凭着这样的皮翼它们乘风托举成为地球上最早的滑翔飞行大师。飞龙不是鸟，也不是蝙蝠，它的定位应该是会飞的爬行动物。它身体很小，骨骼中空，庞大的皮翼使人很难想象是如何动作的。飞龙有腿，但软弱无力，飞龙又称翼龙。

爬行动物执掌权柄统治中生代的时候，恐龙们绝对是无忧无虑，忘乎所以的，就在它们的眼皮底下，最初的鸟类与哺乳动物悄然无声地出现了。

在很长的一个时期内，最初的鸟与最初的哺乳动物，都没有引起特别的注意，也根本不算重要。它们远离着那些最凶狠的恐龙，在森林的一角觅食、演练，从不去寻衅斗殴，尽管它们已经身怀绝技。它们还需要时间，它们的队伍还势单力薄，它们的机遇也只是刚刚开始。鸟类和哺乳动物是热血动物，比起昆虫、两栖动物和爬行动物来更能有效地控制体温。生活在火热的太阳当空照的沙漠中的小蜥蜴，为了求生，必须从一小片阴影下蹦跳到另一片阴影下以躲避阳光，否则几分钟之内，它就会死亡。鸟类和哺乳动物在同样环境下，喘气出汗，狼狈不堪，但毕竟可以支撑一段时间。同样，当气温急剧下降时，冷血动物几乎完全不能活动，哺乳动物则长有一层厚厚的毛及皮下脂肪，抵挡严寒，以待春归大地。

中生代的森林也是别有姿色的。

那些在石炭纪森林中远远谈不上高大伟岸，甚至看起来微不足道的小树，到中生代却适逢其时，尽显风流了，这就是种子植物。在石炭纪森林因为山脉隆起、火山爆发、沙漠出现及冰川扫荡而基本上完全毁灭之后，种子植物的繁殖方式，成了它们取而代之使中生代一派苍绿的制胜法宝。最初成功地产生种子的树木并不开花，它们的种子着生在形似叶片的树体结构上，而且裸露在外，这就是裸子植物。现代常见的裸子植物有常绿针叶树中的松树、云杉、铁杉、冷杉和雪松等。它们都有针状的叶子，裸露的种子都生在球果的鳞片上。

中生代是恐龙时代，也是裸子植物时代。

裸子植物构成的森林，布满了中生代地球，其中有一些种类繁衍生息至今，红杉、花旗松仍能在今日之地球上傲视群木。但是，不少名重一时的树种已经被淘汰，偶有遗存，也跟老古董一样了。

叶似棕榈的苏铁在中生代如石杉和蕨类在石炭纪一样昌盛，树形奇特，立干为圆柱形，粗壮、坚硬，叶丛生在茎的顶端，叶长2米，叶片可达百对以上。从干到叶浑然一体坚实如铁，也有铁树之称。苏铁是雌雄异株植物，雌花雄花分别生在雌株和雄株的茎顶部，苏铁的种子状如鸟卵，成熟时现朱红色，中国民间称之为凤尾蛋。

如今，苏铁已成为盆栽、盆景，真是此一时彼一时也。

中生代的苏铁到底有多少？古植物学家给出的答案是：当时地球上每三种植物中，必有一种是苏铁家族的成员，也就是说，中生代地球的绿色中1/3应是属于苏铁的。

恐龙在沼泽中打滚，出没于海边和森林中时，想必与苏铁很面熟。食草的巨大恐龙要吃掉一株苏铁并非难事，不过比较而言吃别的草木要容易得多。苏铁自然也目睹了恐龙的称一世之雄,有意思的是到中生代临近结束,恐龙由盛而衰而灭绝,显赫于万木之中的苏铁家族竟也同时败落,延续至今的只有苏铁纲中的1目、1科、10属、110余种,孤零落寞地在热带、亚热带地区的角落里生存着。

苏铁的使命基本上结束了,不过它还是难能可贵地保存了自己的种属,谁能告诉我们苏铁不再荣耀之后,走过的坎坷之路呢?

中国的苏铁类植物只有1目10种。四川渡口曾发现过攀枝花苏铁。湖南东安县井头墟乡的一株苏铁,是明朝崇祯年间栽种的,植株高大,茎多分杈,历尽沧桑而依旧守望着田地家园。当地农民视为宝物,称之为“大喜铁树”,然而,这株苏铁已经在1998年枯死了。云南苏铁茎短、基部膨大,像一个奇大无比的萝卜,含淀粉,味鲜美,有“神仙米”之称。

我曾面对过默默的苏铁,默默的苏铁告诉我:在大自然中,只有曾经荣耀的家族,没有繁华始终的家族。

被称为“活化石”“化石树”的银杏,是地球上现存树木中最古老的种类,有人认为它的最早的祖先可以上溯到古生代二叠纪,而古植物学家一致的看法是,在中生代,银杏家族已经风情万种地遍布全球了。中生代晚期,如同恐龙与苏铁样,银杏家族开始“家道中落”,到距今约200万年的新生代第四纪冰期,更遭到毁灭性打击,整个家族仅遗存银杏种,流落在亚洲东部。

银杏真是举目无亲了。

它是银杏纲中掌纲独种单传的孑遗植物。

银杏树又称“公孙树”,公公种树,孙子才能吃上白果之意。银杏树又是长寿树,它活得艰难却也扎实。山东莒县定林寺前古银杏树高24米、胸围15.7米,3000岁矣!依然开花结实。

最能说明银杏不属于现代植物群体的,便是银杏树叶。你细细地看那叶脉,自基部出发向上辐射,简单而美丽,再比较别的树叶,就能把玩出古老的一点兴味了。

中国是世界上人工栽植银杏树最早的国家,早在汉末三国时期就开始种植于江南, 宋朝以后发展至黄河流域。中国人喜欢把银杏树栽植于寺庙、书院或宅子周围。

18世纪,西方的商人和传教士把银杏从中国引种到欧洲,稍后又出现在美国的园林中。如今,北美洲许多城市的街道两旁,都可以看到挺拔的自恐龙时代留下的珍贵物种。它为什么能从大灭绝中历尽艰险、孑然一身后存活至今呢? 现代人似乎已经找到答案了:前几年日本人在中国廉价收购银杏叶,制药可以防癌;欧洲和美国的科学家告诉我们,银杏是当今世界上能忍耐大都市有毒烟尘的少数树种之一。

我在写着这些文字的时候,却想起了一个字眼:古老。

> 古老的才是历史的;历史的便是美的;古老或者历史是活着的。地球从它形成之日起便转动着,一直转动到它有可能毁灭的那一刻;从根本而言,地球转动的是古老和历史。

最早的鲜花是什么时候、怎样开放的?

很多植物学家相信,这是中生代结束前不久的事情,当白垩纪来临,地球上的森林又迎来了一次盛大的节日,有色泽鲜艳的花朵出现了,无论它出现在什么地方,无论它如何小心翼翼,它都是极为引人注目的,只因它独特。

恐龙也为之侧目吗?

由此开始,地球上的森林将不再仅仅是绿色,芬芳和多彩的年代真正来到了。

不过,对于有花植物的发生,古植物学家一直在为若干细节争论不休,大体情况可能是这样的:在裸子植物体上,生长胚珠和生长花粉的球果有严格区分,前者产生卵子,后者产生精子,它们依靠风力将花粉送达胚珠表面。这样，花粉萌发后，精子就与卵子相结合。考虑到中生代已经是昆虫繁多的年代，某些昆虫得风气之先发现了一种美食——雌球果上胚珠分泌的露滴和雄球果上的花粉。美食的诱惑使昆虫们长了记性，它们常常造访这些球果，不告而取，同时也顺便把花粉带到胚珠上面。对许多裸子植物来说，这样的传粉要比风一吹花粉像雾一样飘逸可靠得多。当习惯成自然之后，球果一方面不断分泌露滴借以诱惑昆虫，另一方面生出了保护胚珠的组织，渐渐形成了种子包有外衣的被子植物。接着，花中进一步产生花蜜，代替供应不足的露滴，吮食花蜜的昆虫越来越多，它们携带的花粉便也增多，一次能使好几个胚珠同时受精。于是，有花植物发生了。

中生代之末的不少开花树木，在现代森林中依然有它们各自的位置，比如杨树、木兰、柳树、悬铃木和槭树等。不管是有意还是无意，必然还是偶然，正是这些开花之木，才使不久之后产生的人类，领略到来自大自然的如此广大的缤纷与芬芳，由重叠在那些花朵上的多情的目光为基础，后来有了诗歌与赞美及艺术金字塔的构造。

花色有 8 种，姿态却万千。

8 种颜色中，白、黄、红最为普遍，也最能招蜂惹蝶。

花之美在花冠。花冠不拘一格，你也永远想不明白，这一棵植物为什么会生出这样一种花冠，而另一棵却又迥然不同的道理。有的花冠是：片片分离的花瓣在花托排成一轮或几轮，有的呈蝴蝶形，有的呈舌状唇形，还有的连在一起成为筒状、钟状、漏斗状。位于花冠内的雄蕊是由细长的花丝及顶端的囊状花药组成，雌蕊包括顶部的柱头、中部的花柱及基部的子房。柱头表面有许多起伏不平的乳突及分泌液，这里便是黏接花粉的外间。外形如花瓶的子房位于花的中心部位，它的内部构造精美之极，在子房室内藏有一些卵球形的胚珠，在每个胚珠里都有一个装着卵细胞的胚囊，植物的幼小生命就在这里孕育诞生。

20 世纪 80 年代初期，科学考察者从澳大利亚东南部发掘出一块植物化石，现存墨尔本国立维多利亚博物馆，经过鉴定证实，它是 1.2 亿年前迄今为止世界上发现的最早的一朵花的化石。1988年,美国耶鲁大学地质学家希基和生物学家泰勒,使用高分辨摄影技术证实,这块化石是一部分植物株条,它来自一株15～30米高的成熟植株。它的花很小,不到2.5毫米,生长在变形叶片上,颜色呈棕色和略呈绿色。后来,通过对这块化石的综合鉴定,证实泰勒的观点是准确的。这一发现,证明了最原始的开花植物比人们原先推测的要低级得多。

现代技术对历史深层的剖析，除了技术的炫耀之外,总是充满了历史的悲哀,可是,今天的人类又有什么别的高招呢?

无论如何,花朵是开放了。

1998年12月18日前后,北京各大报纸纷纷刊登消息,谓:南京地质古生物所孙军教授等人,在辽宁省北票市发现了迄今为止已知的世界最古老的花——距今1.45亿年的"辽宁古果"化石。1998年第12期美国《科学》杂志,以显著地位刊登了这一发现。

花朵并不是恐龙灭绝的符咒,但开花的日子离恐龙时代结束,已经为期不远了。

恐龙又到底是怎样灭绝的呢?

最早的很可能是较为简单、平淡的花朵开放之后,在树木后面,席卷而至的是草本被子植物,更加鲜艳的花朵也许是在这时候出现的,从此被子植物开始在地球上大量繁衍。它们之中既有高大耸立的乔木,也有丛生坚韧的灌木及禾本科和别的草本植物,地下的根合纵连横,地上的花美不胜收。

古植物学家对此描绘说:一个以有花植物为代表的黎明时代,就要来到了。

这时候,恐龙还在,它们看见过这些花花草草,甚至以此为食,大快朵颐。那些较小的恐龙正在捕食昆虫,到处能看到它们的影子。还有恐龙家族中的奔跑者，在原野上消失得如此之快。剑龙依旧身披盔甲，"轰轰隆隆”地踏过森林。没有任何迹象,也没有任何预兆说:恐龙将要灭绝。

这是开花的日子。

这是个中生代末期的夏日清晨。

这一只剑龙早早地醒来了,除了林中的几棵树上及灌木丛中新开的一些花朵外,这个世界没有什么异样,它大口地呼吸着清新空气,我们实在无法想象中生代的空气与今日大都市的空气,该怎样类比,我们简直可以这样说,仅仅就空气而言,中生代肯定是天堂。

在这一只剑龙之后,又有几只剑龙走过来了,森林里一阵“哗啦哗啦”的声响。不远处,是成双成对的霸王龙,独步天下,不可一世……

这是一个在通常情况下,应该灭绝的种族吗?

这是一个因为无法适应环境的变化,而只能如达尔文所预言的那样,“老的生物属种缓慢消亡是不可避免的,凡不适应环境的老的动植物属种,在生存斗争中必将退出历史舞台”的种族吗?

许靖华竭力反对达尔文的这一观点,他认为“无论畸变说抑或老化说,都不适用于恐龙”。约翰·霍普金斯大学的巴克曾经领导一个古生物学家小组,试图拨乱反正,重新解释维多利亚时代对恐龙生活习性的理解。

以下便是许靖华在《大灭绝》中告诉读者的、以往鲜有人知的、恐龙并不呆傻的若干细节:

鸭嘴龙是众口一词认为与鸭嘴兽极为相似的恐龙,一直被描绘成半身浸在沼泽中嘴里塞满杂草的怪物。其实它没有人类首次为它塑造的形象那么离奇可怕。它的面肌包裹着大部分长长的下颚,看上去更像羚羊。人们曾经发现过木乃伊化的鸭嘴龙遗体,完整保存着革状皮肤。木乃伊化只能发生在极干旱条件下,其胃里的食物是干旱地带陆生灌木的枝叶,根本不是泥塘沼泽中的水草。这些庞然大物成群结队地漫游在原野上,以草为食,抵角相戏,如今天的羚羊。鸭嘴龙头上的饰物也并非利器,而是识别和求爱的标志。另外,鸭嘴龙也有蹄子。

雷龙和腕龙是否有打滚的习惯也是个疑问。它们的骨架像桁架,靠后腿和胯骨支撑重量，如架起的一座浮桥，它们在陆地上行走，以针叶树为生。

足迹和巢穴的化石证明，有些恐龙具有一定程度的社会组织。有的食草恐龙有聚居地，有的地方曾见到成群哺育的幼龙，周围有一只或几只成年恐龙负责守卫。长到一定程度并有能力参加群体行动的幼龙的足迹，常常被大恐龙的大足印包围在中间，以为保护。一些较小的肉食恐龙的足迹显示，它们习惯于成群结队。

即使最重的四足角龙，也能如犀牛一般奔跑。

在这形形色色的恐龙家族中，最古怪的要数有巨大头盖骨的狭眼龙。其立体视觉能力和可以转向的足趾，说明它们已属智力相当发达的种属。巴克在《科学美国人》杂志上发表过一篇题为“恐龙复兴”的文章，其中说道：“当恐龙于白垩纪末期突然灭绝时，它们并不是一个日暮途穷的、业已失去进化机会的衰败群体。相反，它们是茁壮而且在不断进行分异的种群，形成了许多种拥有巨大脑部的食肉动物，具备当时有史以来最发达的智力。”

我们能不能这样说呢？恐龙是中生代的万物之灵。

“总而言之，恐龙是当时最先进的动物。它们机智地选择各种生活方式适应环境，有的捕虫，有的食草，有的吃肉。既有一般种，也有特化种。个体有大有小，居住地也各异。它们横行了1.6亿年，却并未显示出任何衰败的迹象。”（《大灭绝》许靖华著）

在整个中生代一直意气风发地活着的还有菊石，在大海中自由来去的头足类，是乌贼和章鱼的近亲。其螺壳有小如钱币的，也有巨大如车轮者，凭借螺壳中央触角往前推进，浪迹四海，化石遍及世界各地。与箭石相比，菊石是辉煌的老种，而箭石只能是新种幼儿了，它们出现于白垩纪，化石的分布有局限，在沉积白垩的古海中，其笔杆状的壳体也屡见不鲜。

但是，菊石和箭石均莫名其妙地与恐龙差不多同时灭绝了。

厚壳蛤灭绝时，正处于演化的巅峰期，它属双壳类，像牡蛎一样生活在海底，种类及个体数量极为繁多。厚壳蛤还是中生代极重要的造礁生物，在热带海域居主导地位，与现代珊瑚差不多。它们在一处海域生长可持续几百万年，凭借壳累积重重叠叠，锲而不舍，可造礁在水深数十米处。倘若海平面上升使造礁的厚壳蛤群落不幸献身，在海水回落变浅后便会有新的厚壳蛤取而代之。

> 它们喜欢造礁，它们向往高大，这与厚壳蛤在海底生活的经历毫无矛盾，生活在最底层的从不惧怕冒出水面，而那些浮游群落，却难以到达海底寻找新的立足之地。

在一个地点持续生长5000万年的厚壳蛤礁体，可生出数百米厚的油气储集层。

如此说来，造礁的厚壳蛤也在造油。

与菊石、箭石、厚壳蛤一样，浮游生物——中生代海洋中如此浩大的浮游生物——随着中生代的结束就再也没有出现过种族兴旺的景象，及令人惊叹的再生能力。“在白垩纪最晚期的海相地层中，一立方厘米沉积物中的浮游生物，往往数以百万计甚至数以十亿计，巴黎盆地就是如此。不管如何解释，在浮游生物的演化史上，它们曾盛极一时，不久又几乎灭绝。”

看来恐龙时代的到来，不仅仅是恐龙兴盛一时；而恐龙时代的结束，也不仅仅是恐龙归于灭绝。科学家已经认定的事实是：中生代末期所有的生物种中，75%的种再也没有出现在以后的化石记录中。其中既有大型动物，也有小动物；既有植物，也有动物；既有陆生生物，也有海生生物；既有到中生代末期已繁衍几亿年的生物，也有刚刚达到演化高峰的新种。

到底是在“天择”中因为不适应环境，而致使恐龙走向末路的呢，还是因为突然的灾变使恐龙和大部分中生代物种，一起走向末路？

有人认为发生在中生代与新生代之交的大规模海退与气候变化是造成恐龙灭绝的原因。还有一种似乎圆满的解说是把环境变化、生存竞争的外因，同恐龙自身演变的内因相结合的分析。持此论者认为，恐龙的早期阶段是它的上升阶段，这时的恐龙虽然个体不大，器官原始，但适应环境的变异能力极强，因而可以在大陆的沼泽、平原、山间盆地等各种环境下生存发展。第二阶段是稳定发展时期，它的各种器官往往不能再因环境的变化而改变，某种恐龙只能适应某一种特定环境，例如生长在沼泽中的一种食草恐龙，在环境特别有利、食料十分充足时，长成极为庞大的个体且饱食终日，一俟环境骤变、沼泽干涸，便难以为生。第三阶段是衰退与灭绝期，那是外因和内因相互作用下的、恐龙在劫难逃的末日。

此种耳熟能详的说法，其实已有回答了：恐龙遭受灭顶之灾时，它仍然是当时地球上不仅兴旺而且智力最高的动物，也就是说无生物可与恐龙竞争，恐龙自身不具备灭绝的内因。人类为着恐龙而争吵不休的要害，一方面是对灭绝的惧怕，而另一方面则是对大自然突发灾难的是否正视。

灾变论和渐变论之争远未结束。

对于恐龙灭绝，曾经有过各种奇异的设想：

19世纪，曾有人提出，恐龙的灭绝是因为遭到了类似瘟疫的袭击，但瘟疫留在遗存的恐龙骸骨中的残迹，却并未找见。还有科学家认为，一个很强的宇宙辐射带，大大超过常量的宇宙射线使恐龙致残，或者可能丧失了生存能力等。在这之后的另一种说法是在中生代和新生代之交——正是恐龙灭绝的时间段中——地球曾经有过一个强缺氧时期——大小恐龙纷纷窒息而死。而地球之所以缺氧，是邻近地球的一颗超新星爆炸，朝向地球陨落所致。

20世纪80年代初，西方为解释恐龙及别的生物在白垩纪的灭绝，先后举行了四次讨论会。第一次讨论会是由恐龙专家鲁塞尔发起的，地点是渥太华国立自然科学博物馆，有20多位科学家与会。以阿佛雷兹父子为首的柏克莱研究组提出“暗无天日”说：6500万年前，一颗直径10千米的陨石击中了地球，从爆炸和撞击坑中击起的岩石粉尘冲天而起，弥散到同温层中，顷刻遍及全球。大部分的阳光受到遮挡，地球一片黑暗，光合作用因而停止，生物的食物链分崩离析。正是这一事件，造成了古生物记录中观察到的恐龙及别的生物的灭绝现象。

“暗无天日说”确实大胆地打开了人们的思路,也似乎言之成理,但还有不少问题有待证实,比如:当岩石粉尘激射到同温层后,这些粉尘会不会如此迅速地弥散到全球呢?尘埃的数量足以遮天蔽日吗?黑暗持续多久而使光合作用中断?等等。

为此,不少科学家进行了紧张的研究。

1981 年 10 月,第二次白垩纪生物灭绝事件讨论会在美国犹他州雪鸟城举行,世称雪鸟会议,其全称是:大型天体撞击作用与地球演化。

会上有论者认为:大型天体的撞击机制与小流星有极大的不同。小流星在大气圈中旅行时,多半在空中发生燃烧或碎裂。大气层的主体厚度约为 7.1 千米,大洋深度的中间值约为 3.6 千米,一个直径为 10 千米重量为 1 兆吨的天体,其中心直径相当于大气层和大洋深度之和。这样的撞击作用将轻而易举地在大气层中打穿一个洞。天体撞上地球后,吸起大量喷射物,形成一个大球扶摇直上,这个空洞仍会留存。5 千米深的大洋也阻挡不了一个天体以每秒 20 千米的速度从天而降,不过速度可能降至每秒 6 千米。

不管以何种比率计算,这样一个天体通过大气层和大洋所发生的直接能量损失不会很大,大部分的能量要在撞击时释放出来,形成一个巨大的撞击坑,熔融的岩石铺满底部,与此同时,撞击坑里激射而起的碎屑、空气、水和气化的陨石混合成巨大的气柱直冲九霄,这个气柱直径可达几十千米,并在同温层中侧向散开。

从撞击坑中抛射出来的碎屑有大小不一的各种颗粒,数量非常可观。撞击后几秒发生的景象是:火球起始时,是个薄薄的热气盘,一秒钟后气盘爆炸性扩展,渐呈球状,然后在半分钟内变成一个快速上升的热气柱,直达 30 千米高空。一分钟后,喷射物展开成为蕈状云,细粒喷射物可以被带到 100 千米以上的高空。

科学家对白垩纪末期事件的描绘纷纭不一,不过渥太华会议的结论却是一致的:恐龙灭绝的罪魁祸首是陨星。许靖华见解独到地坚持是陨落的彗星,因为它能引起污染,彗星实际上是一个"脏雪球"。

陨落的彗星撞击地球之后,臭氧层被破坏,空气被污染,尘埃下落,酸雨滂沱,许靖华在《大灭绝》一书中写道:

> 首先地球转入黑暗,生物大规模死亡,待大地重光之日,因为没有大量的浮游生物消耗溶解的二氧化碳,导致碳酸的异常聚集,加上酸雨和陆地水流带来了兆吨的硝酸,大洋的pH值降到7.5以下。除了最强壮的种属外,大多数浮游生物都失去了繁殖能力。这种经过剧烈变化的海水化学条件似乎持续了几千年,因为浮游生物的生产力一直很低,而且海水又发生上下的均匀化,终于形成死劫海洋,溶蚀能力很强的底层水与表层水混为一体。

所谓死劫海洋,就是没有浮游生物的海洋。

我们已经接近恐龙灭绝的起点了:

> 大规模死亡未必是恐龙灭绝的直接原因,但大规模不育却是可怕的杀手。
>
> 陨星落地后,栖息地遭受严重而长期的破坏,是白垩纪灭绝的终极原因(许靖华语)。

实际上谁也不可能回到恐龙灭绝的年代,看恐龙怎样灭绝,科学家的考察、检测以及猜想仍然很难回答这样的问题:其他生物又何以同恐龙共赴死难、同时灭绝?回答只能是:全球环境遭到了难以想象的、惨不忍睹的破坏与扰乱!

时至20世纪末,对地球生物的大规模灭绝,人类不仅认识了而且看见了,人类正在以破坏者的身份积累着破坏者的教训,现在尚不明确的只是:

此种破坏的教训是要作为财富传之后人呢，还是从现在起立即亡羊补牢？世界酸雨剧增，滥杀动物，毁坏森林、草原，在发展的名义下污染河流、空气，温室效应，乃至用人类天才的发明，真正高科技地制造核子冬天等，这一切正是全球灾难的现实，是既可思接千古，也能想象未来的决不虚妄的蓝本。

恐龙时代，人类还没有出现。

大规模生物灭绝，舍剧烈自然之灾变，岂有他途？

再见，恐龙。

再见，中生代。

新生代:第四纪素描

恐龙灭绝了。

但地球不会随之毁灭。或者说,地球之上广大的海洋和陆地,只是永远敞开着的生生灭灭的场所,地球在孕育新生的同时,也包容死亡,因为有死而体现着生。也许所有的生都是偶然的,唯有死才是必然的,生与死不仅是分离,也是种缠结。当恐龙作为中生代的结束而无可挽回地灭绝时,这一伟大家族的消亡,却又同时象征着地球历程中另一个时代的到来。

大地已经重光。

海洋已经自净。

森林重新开始茂密,其实就在陨星落地之前,前文已经写到的包有保护性外衣的种子,似乎早有准备了。它们能蛰伏、会等待。

花朵已经开放了。

我们有理由猜测,当中生代行将结束,花朵的色泽比那些最早的花朵鲜艳多了。

踏着晨露的湿漉漉的脚步,紧随有花植物为代表的黎明而来的,是成群结队的新生动物。它们聚集在被子植物的革命旗帜下,兴冲冲地从事花蜜收集与花粉传播,那是因为漫不经心反倒更显得意味深长的准备和期待。

新生代开始了。

地球散发着芬芳。

如果我们借着花的视角看昆虫,从有花之日起,蝴蝶、蜜蜂和蜂鸟便是苦苦相随相伴的大痴情者,曾经海枯,曾经石烂,直到今天,无悔无怨。人啊,你怎么能轻视它们呢?人啊,那些小小昆虫的历程实在要比我们久远很多,精彩很多。

哺乳动物也许是地球上最早懂得享受果子美味的群体,当它们把藏有种子的果子吃掉后,这些种子的相当一部分又从粪便里排出,在新的地方繁育;食肉兽很少吃果子,只去捕食那些因为吃果子而吃得皮毛发亮的哺乳动物。这就使得其时森林中的生物之间的求食关系变得错综复杂起来。概而言之,正是外表包有果皮或果肉的种子的出现,才有了食性不同的多种动物的繁荣昌盛,这是生命的势不可挡,同时也为森林的近代化准备了条件。

因此,新生代是地质历史时期中最新的一个时代,包括今天在内。

一般认为,新生代的延续时间是6.5万年。

新生代由第三纪、第四纪两个纪组成。

早在18世纪,欧洲地质工作的先驱者曾把西欧南部的地层,从老到新划分成原始系、第二系、第三系和第四系。前两个系后来被更详尽地划分替代,第三系、第四系沿用至今,但都被称为"纪"了。

第三纪由古新世、始新世、渐新世、中新世、上新世组成。

第四纪由更新世和全新世组成,也有把更新世分成早更新世、中更新世、晚更新世的,这无关紧要。

第四纪的开始年代一直在争论中,一种意见认为开始于3500万年前,另一些科学家认为应该更晚一些,即2500万年前、2000万年前,或1800万年前、1600万年前。

实际上,在地质年代中人为的所谓精确划分是不可能的,而几十万年、几百万年对地球而言又实在算不了什么,如要打个比方,不过是地球人津津乐道争分夺秒中的分秒而已。因此,我们只能相对言之,新生代开始了,第四纪开始了。

唯一可以确定的是:新生代特别是第四纪的地球,与人类的诞生、人类所处的地理环境密切相关。从这一特定的意义上说，如果我们认识了第四纪，也就认识了以前的地球，并且可以在一定程度上预见它的未来。

把中生代末期的海陆分布，与现代地球的海陆分布对比一下，看新生代时期的海陆变迁，我们就能发现它的主要特征是什么，进而还可以追问，以后呢？

约略言之，新生代的大西洋继续加宽，而且南北贯通，切断了欧洲和北美洲之间的陆上连接；非洲大陆跟欧亚大陆几乎相连，使原来东西向的特提斯海进步缩小，如今的地中海、黑海就是古特提斯海的残留部分。印度和亚洲之间的海水已荡然无存，澳大利亚大幅度向北漂移。

第四纪是动荡漂移的世纪。

第四纪是冰盖浩大的世纪。

第四纪时期，气候的极度不稳定，代替了数千万年来缓慢的不规则的变冷过程，而成为地球环境变化的主旋律。其间温度曾有大幅度的波动，冰川岀岀，陆地大冰盖迅速增长，当寒冷期时，海平面急剧下降，陆地、山地森林线下降，或者由草原取代，大量的尘埃由风携带着被搬运至远方。与此同时，人类文明也随着木器、石器及火的使用而发展，并在全新世开始作物栽培与动物饲养。

第四纪环境，是大尺度地球环境系列演化的结果。

> 不敢肯定说，它一定孕育了未来——因为人类的破坏力实在太大了——但毫无疑问，它包含了过去。

影响地球地表环境的决定作用的外因，是地球通过大气层接受的太阳辐射量，其次是彗星撞击事件；而影响地球环境的主要内因之一，是岩石圈板块的几何形态与运动特征。板块是由岩石圈——包括地壳和上地幔——破裂而成的，它们在热力梯度作用下在地球表面滑动，滑动的板块举动着其上的陆块，决定了大洋盆地的形状和海陆分布。

这是个古大陆解体，较小的陆块在移动中下沉，而古特提斯海底被年轻洋壳取代的不可思议的年代。这个过程中，海底的平均高度增加，在这一系列变化的共同作用之下，全球规模的大海侵开始了。

对今天的人来说，这样的大海侵是极为可怕的，但海水再一次对大地的浸润，却似乎又是意味深长的。

在接近第四纪开始的界线上——我们假设它是有界线的话——冰川大规模发育，北半球气温明显下降，中等规模的冰盖已经形成。从此以后，冰盖反复消长这一第四纪气候的主要特征开始出现。

全球气候变冷的大势所趋，在第四纪之前已经莫可逆转了。

亲爱的读者，你读过《老海员》吗？你还记得这样的语言吗？

> 这里有冰，那里有冰，到处都是冰，冰爆裂，冰轰鸣，冰咆哮，冰怒吼，好似声音在瓮中！

《第四纪环境》一书指出："在第四纪时，发生过诸多环境变迁，但是无论哪一种变迁，都没有像很多大冰盖的发育那样，对地表产生如此巨大的影响；对全球气候而言，它们的重要性也远不如大冰盖的形成那么大。"

地球的圈层结构中，水圈还包括了受冰影响的部分所组成的冰冻圈，而无论冰川、冰盖、海冰、陆冰。第四纪时期，冰冻圈的范围大大扩张，"在末次冰期最冷的阶段，由于全球范围的降温，冰几乎覆盖了陆地表面 1/3 的地区，除了南极和格陵兰（这两个地区至今仍有 97%的地面被陆冰占据）全部被冰覆盖外，冰川还覆盖了现在没有冰盖的一些地方，这些地方包括加拿大的大部分，美国北部，斯堪的纳维亚大部分地区和北欧。冰盖从高纬度推进到北纬 36° 附近，冰舌由现在的密歇根流过，最南端到达密苏里州，阿尔卑斯型的山岳冰川甚至在热带的高山上出现"（《第四纪环境》，刘东生等编译）。

巨冰缓缓地移动，是一种何等的威严气概。

这是地球第四纪陆地上最最巨大的真正自动化的、威力无比的白色"战车"，在阳光下熠熠生辉。

冰川所到之处，森林无一例外地被齐根推倒，并且实行就地埋葬。可是因为冰川移动甚慢，这就给它将要途经的树木留下了足够的时间，撒播最后的种子，落在北方冻土上的，几乎落地便冻僵了，然后死去，复苏而长出新芽的万无其一。冰川也是播种机，由它们碾轧而无意中带到南方的种子得到了重新落地生根的机会，并长成新的对南方而言是陌生的森林。这就使得格陵兰和阿拉斯加的蔚为壮观的北极林被分别毁灭后，那些树种却于后来在南方遥遥出现了。可以说，第四纪冰期的冰川所到之处，把大地上的一切景观统统搅乱了，冰期消退以后的重新组合，竟然使欧洲和北美洲没有一个共同的乡土树种。仅仅从森林而言，不知道究竟应该指责还是赞美冰川？不过或许我们可以这样说：

> 正是那些巨大的冰川，使欧洲成为欧洲，使北美洲成为北美洲。

冰期前，欧洲的森林与北美洲的森林因为树种的大致相同，因而其景观也差不多，冰川把这一切彻底改变了。当欧洲树种随着冰川南移时，它们最后碰到的是横贯东西的高峻寒冷的大山：阿尔卑斯山、比利牛斯山等，严酷的气候条件使南下的树种虽能立足却难以存活，冰期前的树种因而在欧洲北部全部覆没。北美洲的情况恰恰相反，这里所有的山脉都是南北走向，南下的树种通行无阻，随遇而安，落地生根。

当巨冰撤退时，它遗弃的驻地上生物已不见踪影，就连陆地的轮廓也有改变。

植物再次向北发展，当植物重新发生的过程在冰期后裸露的土地上重现时，其序列和亿万年前的一模一样，先锋植物还是藻类和真菌，随后是苔藓、地衣、木贼、地钱和蕨类，以及一些抗寒耐贫的小型草本植物。残冰融化之后，这些低矮得看起来让人心痛的植物群落，同今天北极荒漠上的景致大体相仿。在这些先驱者的后面，随着坚冰的继续融化，构成今天北方森林的裸子植物相继露头，如云杉、冷杉、落叶松和松树等。植物群落的恢复实际上也是地球地表景观的恢复，地球可以承受各种灾难，但地球不喜欢丑陋。恢复速度之快，西方植物学家通常举的一个例证是：冰退后1万年间，落叶树又重新占领了新英格兰的许多地方。地球继续转暖时，植物带仍在往北移动，笔者在20世纪90年代初的一个寒冬往访加拿大时，那里的生态学者告诉我，近几十年间，加拿大的针叶林又向北移动了3.2千米，一直深入到冻原以内。从冰雪封冻的落基山北美云杉下远眺，冰雪之旅与森林之路都是动人心魄的。

新生代是被子植物的时代。无可争议的是，被子植物是当今世界上最成功的植物。

不过，地球永远不会排斥多样性，在我们的地球母亲看来，多样的就是美的、好的，她所喜欢的。这多样由小到大、从老到新，包括了一切植物和动物。我们已经看见了在第四纪冰期过后，重新修复地表的还是那些最远古年代冒险登陆的藻类、真菌，以及地衣、苔藓之类的最杰出的生物界的无名英雄。在被子植物意气风发的年代里，裸子植物组成的大森林没有受到任何不公正待遇，而且它们依旧保有若干森林世界中最大的植物，如红杉、花旗松等。

针叶树在第四纪绝不是可有可无的，它依然分布很广，尤其在抗风的海岸、接近树木线的高山地带。但它们也放弃了它们祖上曾经占据过的一些很好的地盘。关于针叶林的出路，一直是森林学家津津乐道的话题。

> 说针叶林将不得不走其他裸子植物的灭绝之路，是种猜想。笔者想到的却刚好相反，在未来的地球环境中，人的干扰与破坏继续加强的情况下，也许恰恰是那些如今已不得不退守险要而习惯于艰苦生涯的针叶林们，反而能得以保持。
>
> 我们实在不知道将来的机会属于谁？

新生代末次冰期最盛期，也就是地球第四纪时的低海平面时期，这个时期短暂而充满着想象力。地球各大洲陆块分离之后，似乎又有点恋恋不舍，怀旧情绪如海涛般奔涌，于是出露了新的“陆桥”，这些“陆桥”也含情脉脉的，又有点羞羞答答。它们昙花一现，却又是有备而来。

这些新出露的陆桥连接了许多后来又被分开的地区。

澳大利亚大陆由陆桥与北部的巴布亚新几内亚相连，和塔斯马尼亚也有陆桥连接。

英国和爱尔兰与欧洲大陆相连。

阿拉斯加与西伯利亚由白令陆桥相连。

东南亚的不少岛屿与亚洲大陆相连，使亚洲大陆向外延伸了一大块。

显然，让已经分离的大陆重新碰撞组合成一个新生代超级大陆，这不是地球的本意，所有的微妙都在于：

> 它仅仅是陆桥，它的任务是连接，而且为时短暂，陆桥究竟所为何来？
>
> 陆桥不是地球的即兴之作。

一切都是那样周密、详尽。

《第四纪环境》的作者说：“这些暂时的陆桥使当时的人类可以在各陆块之间旅行。”笔者在本书开篇之后不久已经写到了人类最早的迁徙，及空前绝后的史前人类地理大发现。我们不妨这样说：这些陆桥，就是为上述这一切准备的。人马未动，舟桥先行，然而这又是谁的指令呢？这样的巨大而微妙的陆桥工程的设计者，又是谁呢？

跋涉在这些陆桥上的，是我们的最早的始祖。除此以外，还有人类天生的朋友——各种动物——我们甚至还可以猜想当时的开路先锋不是人，而是别的野兽。人类是在野兽们的陪伴或者带领下，走向地球各个角落的，并完成了后人所说的地理大发现。

当初不是为了发现，这一点几乎可以肯定。

不能肯定的是，当初究竟为了什么？

如果走出了思辨的误区,我们应该追问自己:

为什么一定要问为什么?

野兽走动了,人也走动了。

那是没有领袖、没有英雄的人类的初始年代;那是人类宰杀动物又崇拜动物的年代;那是野兽显然要比人类众多且更加声势浩大的年代;那也是人们刚刚发现火、学会火烤生肉、火烧山林的年代。史前肉食对人类祖先的重要性是不言而喻的,人之初就杀过野兽、吃过兽肉并且觉得鲜美以后再杀再吃,是不可以争论的事实。但科学家们谨慎地提出了确认史前屠宰场的四个关键的先决条件:第一,单个动物遗骸要处于未扰动原始状态;第二,需要有一系列可以识别的各种类型的石器,一些是初级产品,另一些要具备与被屠宰动物的骨头相匹配的形状;第三,动物骨骼上应有明显的砍痕,砍痕要大致与没有关节相连的骨头的长轴垂直,假的砍痕可能是被别的动物践踏或别的自然作用造成的;第四,被遗弃的石片的刃口上要有细微的破损,这种破损经试验证明是由于切割动物兽皮、韧带和肌肉造成的。

直立人的最重要的技术发明是学会了用火。这火光不仅成了他们的制胜法宝,也照亮了第四纪的夜空。自然,火的使用使野兽们面临着更可怕的煎熬,生肉从此烧烤成熟肉,同时还使古人类在夜晚来临以后,有了比较温暖和安全的环境。大约在100万年前,由于火的使用,一小部分直立人离开非洲的热带草原走到了高纬度的平原,甚至走出非洲,到了欧洲和亚洲的一些高纬度地区。

也许是因为非洲太热,他们才走的。

也许是因为无所事事,只是为了好玩,他们才走的。

也许是因为动物大规模的迁移,他们一时乘兴便尾随而去了。

亚洲最著名的直立人遗址之一,是中国北京西南50千米处的周口店“北京人遗址”。“北京人”约在46万年前开始占据石灰岩洞穴,洞穴中尚有灰烬,那是火的明证,一具极为珍贵的"北京人"的头盖骨在20世纪中国战乱的年代里流失,至今不知去向。"北京人遗址"表明,至少在50万年前,人类就已经开始向高纬度的凉爽地区迁移了。

贾兰坡先生认为,亚洲高原可能也是人类的摇篮,而中国长江流域上游的云贵高原位于人类起源地的范围之内。相继发现的1400万年前的开远腊玛古猿、800万年前的禄丰腊玛古猿、300万年前的元谋腊玛古猿的化石及石器,都有可能成为人类起源于亚洲南部的证据。

无论如何,当旧石器时代结束之前,欧洲和亚洲的最后一次人类大迁移,在今天无法想象的艰难困苦、不知道多少个两万五千里的长征中完成,所有的陆桥便也渐渐地被先后"抽走"了。

海洋依旧。

涛声依旧。

人类各得其地,各有家园,不知道关于桥、关于在一条河上修筑土坝以为连接的桥的设计,是否源于第四纪陆桥的启迪?

> 总而言之,从此后,人类的各个群落要在各自相对封闭的环境中,生存繁衍,安家立业。这各自相对封闭的环境,亦即不同的地理条件,将要在很大程度上决定不同地域的人类文明的不同走向。

地球第四纪时河流的环境变化又是怎样的呢?

且以尼罗河、亚马孙河为例。

尼罗河水系由三条主要支流组成:源于乌干达南部各大湖的白尼罗河;源于埃塞俄比亚北部和中部高原的青尼罗河;源于埃塞俄比亚北部地区的阿特巴拉河。青尼罗河与阿特巴拉河是尼罗河下游沉积物的主要来源,白尼罗河则主要维持进入干燥冬季后的尼罗河的不断的流水。

尼罗河长6600千米,跨越30多个纬度。第四纪时期尼罗河的性状变化,与它的跨越多个气候带密切相关,从而也可以确认,尼罗河中下游所发生的河流变化,莫不与遥远的埃塞俄比亚高原的环境变化息息相关。

尼罗河在第四纪至少有两个主要冲积物堆积期。

所有堆积物都反映了此一寒冷时期埃塞俄比亚高原的性状。

在冰期的不威而严的凛冽中,高原较高处的高山草地迅即冻僵、退化,土壤与岩石开始裸露伴有地表冰冻过程。在海拔较低的地区,树木与灌木为草地取代,整个埃塞俄比亚高原一片萧瑟。最冷时,森林线可能降低了1000米左右。冰冻时期降水也骤然减少,注入尼罗河的水量大减,尼罗河不得不面对着双重的窘迫:由于地表植物覆盖度降低,冲入尼罗河的沉积物颗粒增大,数量增加,但因为水流量的减少,尼罗河携带沉积物的能力却不得不减弱了,于是,整个尼罗河进入了冲积物堆积时期。

对沿河沉积物的研究表明,当时尼罗河的变态作用主要是向辫状河道发展,沙质漫滩上只有一条比现今尼罗河小得多的水流,其宽度只有尼罗河的10%~20%。

尼罗河谷以外的地区,在第四纪冰期是极端干旱区,动物和植物全部拥挤在河谷地区。但即便在河谷内,干旱也如影相随,步步紧逼,发育了大面积的沙丘,环境荒凉。这个时期,对尼罗河来说,是生死存亡的痛苦时期。如果冰期没完没了,干旱继续制造大面积的沙丘,尼罗河还能奔流出海吗?尼罗河还是尼罗河吗?

幸运的是最后一次冰期之末,气候转暖,尼罗河出现了浩浩荡荡的大洪水,大量淡水入海之后因比重小于海水而浮于海平面,导致海洋水体的成层状态,使地中海东部沉积物中发现了两层腐泥层。腐泥层形成时期,尼罗河洪水滔天的气势甚至连地中海也相形失色。当时的降雨量极充沛,白尼罗河源头水量丰富,其发源处的湖泊屡屡溢出。一种估计认为,冰期晚期的大洪水期间,尼罗河的流量可能要比现在高200%,甚至更多。这种状况只需持续15年,尼罗河冲进海里的淡水便能形成25米厚的水层,覆盖整个地中海表面。

尼罗河第四纪时演化的脉络大致已经清楚了:干冷的冰期,埃塞俄比亚高原遭剥蚀，河道发生冲积物堆积；气候变暖后的雨量增大为相对湿润期，上游及源头植被覆盖被固定，朝向宽阔的单一河道发展；5万年以来，尼罗河的周围环境日益干旱，埃及境内的河道受威胁尤甚。

第四纪的尼罗河，你便是过去的和将来的尼罗河。

我们不知道地球母亲为什么予以尼罗河那么多的苦难与荣耀，但尼罗河是地球上每个人都应该为之骄傲的。

它的发源地离人类一个伟大文明的发祥地，只有咫尺之遥了。

它孕育了古埃及，并冲击着地中海。

埃米尔·路德维希在《尼罗河传》的开头是这样写的：

> 一阵咆哮预示了河的来临。雷鸣、大片闪光的水、绚丽的蔚蓝色、紧张的生命、一道双瀑泻入一个岩石小岛暗礁的周围。在下面，飞沫浓成淡青色的涡流，疯狂地急速旋转，把它自己的一个泡沫卷到一个不可知的命运中去。在这样的喧嚷之中，尼罗河诞生了……

到新生代第四纪的全新世，尼罗河流域的古埃及便是其时世界上最古老的文明古国之一了。旧石器时代，尼罗河流域就聚集了为数众多的游牧者，凭借着尼罗河水，这里的人们过着安居乐业的生活。岁月倥偬，冰期反复，尼罗河西面大片的土地因为干冷而成了沙漠，沙进人退早在史前时期便开始了。古埃及的百姓们便聚居在尼罗河两岸的狭长地带上，不同部落的人开始互相接近，所有的人都向尼罗河靠拢，古埃及人说：我们除了尼罗河还有什么呢？我们有了尼罗河还需要什么呢？

尼罗河就是一切。

尼罗河的泛滥使河谷地区的土地极其肥沃，从上游青尼罗河与白尼罗河挟带而来的不仅有各种落叶、泥沙，还有矿物质。在这里庄稼一年三熟，每当收割的时候，尼罗河谷便是涛声和笑语交织的地方。早在公元前4000年，这里就聚居了几百万人。难怪希罗多德有此感慨："埃及是尼罗河赠予的礼物。”

尼罗河供给了古埃及流水、土地，还孕育了古埃及文明中辉煌的历法和计算。

也是在公元前4000年，古埃及人就已经确定一年为365天。当天狼星清晨出现在古埃及的地平线上时，尼罗河就开始泛滥了。埃及人把这泛滥之日作为一年的第一天。古埃及365天的历法，显然是从对尼罗河泛滥周期，与天狼星偕日而升的长期观察中得出的，一条大河的运行与一颗星星的出没，在古埃及人看来都是神的旨意，和谐而美妙。

因为尼罗河每年泛滥后需重新界定土地的边界，就在这年复一年的星来星去、算来算去的过程中，产生了古埃及的几何学。不过相比之下，古埃及倾注全部热情与智慧的是宗教，他们极为重视精神生活，古埃及的所有知识无不打上宗教的烙印。古埃及的数学知识被用来建造神庙和金字塔，他们还把能识别的星座庄严地雕刻在神圣殿堂中。古埃及人崇拜太阳神“拉”，著名的刻于公元前1350—公元前1100年间法老陵墓石壁上的天牛像，实际上是一幅宇宙结构图。天牛的腹部是满天星斗，牛腹为男神所托，四肢各有两神扶持。在星际的边缘有一条大河，河上有两只船，一船为日之舟，一船为夜之舟，太阳神“拉”日驾一船，夜驾一船，航行在茫茫天宇。

古埃及人称尼罗河神为“哈匹”，面对尼罗河，从法老到农夫牧者，都是敬畏有加、小心翼翼的。古埃及文明的精确计算、小心谨慎，首先是因为尼罗河并非总是慷慨有度、温和顺服的。如果来水量太少，那就意味着饥饿；反之来水量太多，便会冲决堤坝造成洪荒岁月。埃及人很早就开始测量尼罗河涨落的水位，为了顺应它的规律。最初的记录十分艰难，记录者只是在河岸上划下一些只有自己才看得懂的符号，另外的人又划下一些这样的符号，符号便多起来了；为了保存这些符号，古埃及人很可能做了一件把各种符号集中刻于某处石壁之类的事情，这时候他们实际上已站到了文明进程的一个门槛前——文字的发明——这也就是古埃及为着记录尼罗河而出现的象形文字之初。

叙说古埃及，不能不写金字塔，不能不为对称之美而惊叹。也许古埃及人受尼罗河的启发，是最早钟情于对称美的。你看，在古埃及800千米长的尼罗河两岸，是对称的谷地，对称的悬崖陡壁，是刀削似的河岸携悬崖、谷地，同沙漠笔直地接合。你再想想金字塔的角形轮廓，它与对称一起，成了埃及文化的特式，乃至艺术原则。由于沙漠中持续的阳光的影响。金字塔表面的朴实无华便与之相映生辉了，也有历史学家说那是阳光照耀下的尼罗河柔滑的波涛切面。

直到20世纪末叶，不知道多少现代科技专家试图从技术的层次探讨埃及金字塔，结论是：不可思议。

古埃及留下的80多座金字塔中最大的胡夫金字塔，是古埃及第四王朝（公元前2700年）国王胡夫（希腊人称他齐阿晋斯）的墓。高146.5米，底宽230米，230万块巨石叠砌而成，精心磨砺的每块石头在堆叠后严丝合缝。金字塔北面正中央有一入口，从入口进入地下宫殿的通道与地平线恰成30度倾角，正对着北极星。据希罗多德估计，金字塔的建造者约10万人，耗时30年。在4700年前，所有的机械也不过就是斜面、杠杆，你可以想象如何把230万块每块平均重2.5吨的巨石，堆砌成如今天40层楼高的角锥体，且每石均磨成正方体，每石的四面分别指向东西南北！难怪有不少人认为胡夫金字塔其实不是胡夫之墓，而是外星人留在地球上的杰作。近几十年来，考古学家在大西洋海底和美洲大陆都发现了金字塔，特别是百慕大海底的金字塔比胡夫金字塔还要大，不知道这些金字塔究竟出自谁的手下？它们之间有没有内在联系？

古埃及第四王朝胡夫的儿子哈夫拉的金字塔，其规模比胡夫的略小，但它的前面有一座用整块石头雕刻而成的狮身人面像，希腊人称之斯芬克思，也是尼罗河畔地球上的奇迹。

埃及建筑到帝国时期，神庙作为主要建筑形式取金字塔而代之了。埃及神庙保持了它的高大、雄浑、对称、险峻的建筑风格，气势恢宏，风度不凡。不少雕刻精美的大圆柱至今还有遗存,那是黄金时代的明证。

为古埃及,尼罗河,你当可自豪!

当尼罗河有规律地泛滥的时候,底格里斯河与幼发拉底河却是涨落不定,喜怒无常的,这使我们看见:

> 所有古老的河流均各有其特性,相对地显示着它们的规则与不规则,温顺与不温顺。同时,所有古老的河流,均吞吐着一个古老的文明,并且总是带着这一条河流的影子。

第四纪最早、最伟大的观星者,便诞生在底格里斯河、幼发拉底河流域,今天的伊拉克境内,希腊人称之为美索不达米亚,意为两河之间的地方。

最晚在全新世开始后不久,这两河之间的地方便有好几个民族傍河而居,垦荒耕耘,成为这块土地的主人。远在公元前5000年,苏美尔人便定居在两河下游了,苏美尔文化在公元前2250年达到顶峰不久,便开始衰落。公元前21世纪,苏美尔人的帝国被外来民族击溃。公元前19世纪,地处两河中游的巴比伦王国开始兴盛,是为美索不达米亚文明的第二阶段。巴比伦王国最负盛名的,是他们的国王汉谟拉比创制了一部法典,史称《汉谟拉比法典》。公元前1650年,巴比伦帝国被异族入侵。公元前1300年,底格里斯河上游的亚述人闯入政治舞台,他们的帝国在公元前8—7世纪时,极为强盛,这是美索不达米亚文明的第三阶段。亚述帝国于公元前612年被迦勒底人推翻,他们建都巴比伦,企图复兴巴比伦文化,美索不达米亚文明进入最后的回光返照,这个阶段也称新巴比伦时期。不到100年,公元前539年,波斯人大刀阔斧地把亚述帝国征服。公元前330年,亚历山大大帝又势不可挡地占领了美索不达米亚,希腊将领塞琉古统治该地区,直到纪元开始,史称塞琉古时期。

美索不达米亚的政治史终结了,这一由不同帝国在频繁更替中共同创造的文明,曾经是那样灿烂辉煌,也有史学家称之为巴比伦文明。

美索不达米亚的不时“城头变幻大王旗”，很容易使人想起底格里斯河及幼发拉底河的咆哮无常、涨落难测的多变，但无论如何这两条河却一直流淌着。

两条大河的无常态势，两河流域缺少天然障蔽御敌的地理条件，使居住在这一带的人们的精神生活明显不同于尼罗河边埃及人的泰然、开朗。他们天生忧郁、沉闷、内向，喜欢用悲剧的眼光看世事流变。

> 两河之间的地方，是悲情、悲剧色彩浓重笼罩的地方；两河之间的文明，实际上是悲哀、悲观者的探询。
>
> 他们远离现实，但接近天宇。

夏天的美索不达米亚星空璀璨。

底格里斯河与幼发拉底河畔，僧侣们席地而坐，日复一日、年复一年地观察天象，他们的身边是一块泥板，观察所得随时记在泥板上。一颗星又一颗星闪近了，还有月缺月圆等。

美索不达米亚人也曾经如古埃及人那样，企图测量他们身边的那两条河流，最后他们从失望中得到了来自星空的启示，地上的一切是由天上决定的，每颗星都是一种闪烁的奥秘，占星术应运而生。那些泥板上的巴比伦观天图与星图，便是史前人类的智慧的结晶。遥望那些第四纪的地球观星者，他们的静观默想依旧可以震撼今天的灵魂。泥板上的斗转星移是如此惟妙惟肖，月亮的圆圈中还描出了环形山的轮廓，夏夜和冬夜的星空有着细微的差别：闪烁在夏夜的明亮的牛郎织女星一到寒冷的夜晚，便黯淡了很多，而天狼星和猎户座便取而代之成了泥板星图上最亮的星。

美索不达米亚人把天上的轨迹，刻画到泥板上时，他们自己似乎也心有所归了。

公元前4000年，苏美尔人就有了阴阳历法。

古代美索不达米亚人便熟知了太阳在恒星背景下所走的路径，天文学上叫作黄道，并将黄道带划分为几个星座，每月对应一个星座，每个星座都按神话的某个神或某种动物命名，且以特殊的符号表示，它们是：

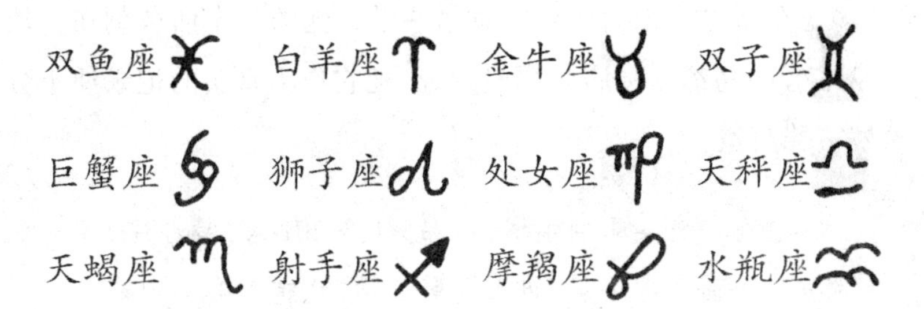

这套符号及称谓沿用至今，所谓黄道十二宫是也。

当时的春分点恰在白羊宫，故在天文学上一直用它来标识春分点，尽管如今实际春分点已在双鱼座，不知是出于敬畏美索不达米亚人，还是怕引起历法的混乱，至今沿用而不曾改动。

另外，我们现在的计时方法也源于美索不达米亚，比如他们将圆周分成360度，1小时分成60分，1分钟分成60秒，以7天为1个星期，等等。后人只能约略地说，美索不达米亚人的此种见地，大概跟他们观测到的天上星宿的某种现象或规律有关，详情却不得而知了。

美索不达米亚人的创造力似乎是无穷无尽的，这无穷无尽的创造力，源于他们无穷的想象力。

很多人写文章赞颂过巴比伦城的富丽堂皇。

新巴比伦城城墙有三道，主墙每隔44米就有一座塔楼，全城共有300多座塔楼、100多个城门。城门高12米，城的门框与横梁均由黄铜铸造，城墙与塔楼上嵌有浮雕。城内是石板铺就的宽阔马路，并有地下水道网络。最令人惊叹的是巴比伦传统的建筑——塔庙，它由一层层台子堆砌而成。供奉神的庙宇建在最高层，高台周围有斜桥和阶梯。被誉为世界七大奇观之一的巴比伦空中花园位于王宫一侧，在人工堆起的小山顶上栽种各种植物、花卉，并有灌溉用的水源和水管，这些设施拔地而起，不啻是天上宫阙。

新巴比伦城中最高的建筑为巴别塔，始建于公元前3000年，历经战火劫难,修而又毁,毁而再修,而今只有瓦砾残垣,不堪回首了。

希罗多德在新巴比伦时曾到巴别塔一游,他的一席话被刻在一块碑上,后人从塔旁的马都克神庙内偶然发现,把它作为真实的记录便十分宝贵了,希罗多德写道:

> 它有一座实心的主塔,一弗隆(合201米,笔者注)见方。上面又有一层,再上是第三层,共有八层。外缘有条螺旋形通道,绕塔而上,直达塔顶。约在半途设有座位,可供歇脚。塔顶建有一座大神庙,里面有张精致的大睡椅,铺陈华丽,旁边有一张金桌子。神殿内并无偶像……神亲自进入庙里,躺在睡椅上休息。

巴比伦的富丽奢华难以详述,而以上所记便都是当时的世界之最了,巴比伦的废墟可以说是地球第四纪最著名的废墟,它告诉了我们什么呢?笔者在《流水沧桑》中曾经这样写过:

> 巴比伦是注定要毁灭的,因为它奢靡。
> 美索不达米亚泥板是注定不朽的,因为它沉默。
> 这就是历史的选择——
> 随手毁弃了物质,
> 精心保存了文化。

世界另一个古文明的发源地是印度次大陆。

它的极为复杂的地形,以及地理条件的特殊,常常会使人困惑不解:文明的脚步怎样在这里蹒跚而行?它北枕喜马拉雅山,南接印度洋,东临孟加拉湾,西濒阿拉伯海。在这天然封闭的地理环境中,如果不是两条大河的奔流、贯通、滋润、孕育,何谈印度古文明的发生与发展呢?

这两条河流,它的萌生地、它的源头,有着足够的高度,气势不凡。西北部的印度河发源于冈底斯山流入阿拉伯海;中北部的恒河发源于喜马拉雅山南坡流入孟加拉湾。

考虑到影响了整个新生代的阿尔卑斯造山运动及喜马拉雅造山运动，以及新生代最突出的事件——非洲跟欧洲的接近，印巴次大陆跟亚洲大陆的相撞，我们可以这样认为：当第四纪时，地球不知是有意地还是在漫不经心间，做出了三极砥柱的安排，除南极与北极之外，又抬升出一个最高极——地球上最高的喜马拉雅山及世界屋脊青藏高原。

倘若稍稍多用笔墨略写非洲跟欧洲接近、印度次大陆与亚洲的相撞，结果大致是这样的：

> 这是怎样的大力相撞啊，这是何等大胆的接近啊！岩石圈为之震悚，上层物质顿时互相推挤、抬升，抬升、推挤，这个过程显然不是一次完成的，它贯穿于整个新生代，到第四纪达到顶峰，形成了横亘于南北半球之间、绵延达到几乎为地球半周的最雄伟的山系和高原。它西起非洲北部的阿特拉斯山。经南欧的阿尔卑斯山，东延为喀尔巴阡山，接高加索山与土耳其和伊朗的高原和山地、帕米尔高原和山地，再向东便是喜马拉雅山和青藏高原，再往东南，中南半岛、印尼诸岛的山脉也都互为连接。
>
> 这就是耸人听闻的阿尔卑斯、喜马拉雅造山运动。

我们先不忙说第四纪是地球推挤出新高度的世纪，得出这个结论显然要比想象此造山运动带给印度、中国的环境，有何种影响要容易得多。关于中国，后面专有篇章论述，略说印度次大陆与亚洲相撞之后的最显著的变化，应是原本复杂的地理环境，更加复杂了。

那碰碰撞撞的回声巨响如今安在？

当碰撞推挤之时，草木如何感觉？海洋与河流可曾呼啸咆哮？恒河的源头被抬高了吗？恒河的河道被扭曲了吗？如此震天撼地的造山运动，唯有流水没有被打上褶皱的印记，但它一定惊讶莫名，激情无限，不过它无暇驻足罢了，它要流动，向海洋奔去。还有一种可能是水分子太小，每个水分子的直径只有一厘米的1/70亿，它小到微不足道，以微不足道去面对造山运动时，微不足道却得以保全了。

好在印度不怕地理环境的复杂，在第四纪之前，它就够复杂的了——从地理到人种、人文——不妨说很难直观把握的印度古文明本来就复杂，复杂到莫名其妙。

> 斑驳、神秘、各有等级、各有宗教、各有皈依、各有语言、好像无所事事、好像一盘散沙，其实各有所思、各有所待、各有所幸、各有所不幸，这便是印度。

从某种意义上说，印度是一个庞大而复杂得仿佛是造物主随意摆放而成的一个国度。不过，如再作深思，这随意摆放中却另有深意在，是一种试验，看各种各样等级、宗教的人群怎样相处在一起，让庞杂成为生活。

印度从未有过高度统一的中央集权，它一任大小王国林立，它连统一的语言都没有，各部族使用的方言超过150种。印度的人种繁多血统复杂，有“人种博物馆”之称。印度社会等级森严的种姓制度，恰似印度地理中高差、嶙峋的对峙，无奈的低落。印度人的种姓由高及低为：婆罗门、刹帝利、吠舍和首陀罗。婆罗门即僧侣，从事文化教育和祭祀活动；刹帝利为武士，除了打仗还负责行政管理；吠舍即平民，经商者；首陀罗为贱民，做农活及手工劳动。种姓世袭，高贵永远高贵，低贱永远低贱，且不得通婚。看起来，这与世界的潮流相比落后得很可怕了，但印度又是人口最多的议会民主国家。印度还可以为佛祖释迦牟尼自豪，印度有一个真正伟大的诗人泰戈尔，而圣雄甘地则是所有印度人心目中不朽的精神领袖，如同恒河之神圣、久远。

印度总是被笼罩在浓浓的宗教气氛中，到处都有神庙、神池，不同的人信奉不同的宗教，同一教门之下还有不同教派，印度教即婆罗门教最为流行，而作为发源地，其佛教香火却不算太旺盛，印度人好像是为中国及东南亚发明佛教的，这些地方的善男信女要比印度多得多。印度人的宗教信仰如此复杂，但他们各信各的教，各念各的经，设坛、讲经、辩论，思辨与口才极为重要，那是宗教的智慧。印度人的历史也有点镜花水月、朦朦胧胧的味道。他们同样喜欢讲历史的故事、神话的故事，而且也是各邦各地各讲各的，不太在意用文字做记录，更用不着“钦定”。印度的历史散失在印度神话、印度宗教中，这也是印度人保存历史的独特之处。

我们不妨说印度的历史，就是宗教文化的历史。

印度各种宗教中，最常见的思想是：善、静与忍。

> 他们并不看重现世的物质需要，而总在求索来世之学。因而在相当漫长的第四纪，印度是这样一个国家：物质上是贫穷的，精神上是丰富的；种姓等级制度是严酷的；宗教信仰是自由的；自然环境是艰险的，心灵世界是宁静的；现世是丑陋的，来世是美好的。

形象地体现印度历史的，是恒河。

印度教及很多别的教派的印度人都认为：人们不光靠恒河活着，即便死去，也需用恒河之水清洗生的罪过，如是，则灵魂便能无阻碍地进入天堂。更有笃信者认为，无论得了什么病，都能在恒河中一洗了之。恒河不仅灌溉着两岸的土地，是数以亿万计的印度人的饮用之源，也是治疗疾病、抛洒骨灰乃至浪托浮尸、直达天庭的一条举世无双的大河。

关于世界四大文明古国之一的中国及其第四纪状态，笔者将要在下文专章叙说，这里要提及的是印度宗教文化对中国文化的影响之大。且不说中国东西南北的大乘、小乘教的殿堂庙宇之多，信徒之众，仅仅以翻译和语言的输入而言，迄今为止还是空前的。

自印度佛典起，中国有了最早的翻译。

正如梁启超在《翻译文学与佛典》中所说，“我民族对于外来文化之容纳性，唯佛学输入时代最能发挥。故不唯思想界生莫大之变化，即文学界亦然。其显绩可得而言也”。

据梁启超考证，“近日本人所编《佛教大辞典》，所收乃至三万五千余语。此诸语者非他，实汉晋迄唐八百年间诸师所创造，加入吾国语系统中而变为新成分者也”。梁启超进而又论道，语言是用来表示观念的，从印度佛典翻译中增加三万五千语，“即增加三万五千个观念也。由此观之，则自译业勃兴后，我国语实质之扩大，其程度为何如者？”

这三万五千语中的不少，已为今日中国文字中的常用语了。这样的语言可分两类，“或缀华语而别赋新义”（梁启超语），如无明、法界、众生、因缘、果报、法轮、真如等；“或存梵音为熟语”（梁启超语），如涅槃、般若、瑜伽、刹那等。至于因语言的输入而导致语法、文体之变化，思想、情趣之更新，乃至“想象力不期而增进”（梁启超语），已不在本书所论之范围了，搁笔之际尚有一叹：

> 喜马拉雅山挡住了很多，也挡不住很多，比如古典的“取经”与“传道”者。喜马拉雅山代表的文化的高度，不仅属于中国也属于印度、亚洲乃至世界。

现在，我们要说亚马孙河。

《第四纪环境》说：“前寒武纪结晶基底的断陷或凹陷（也许与非洲和南美大陆分离的相关应力场有关），控制了亚马孙河谷的基本走向。这个凹陷中包含了年代全然不同的各时期的沉积物，其中包括大量第三纪沉积。”

亚马孙河的部分沉积物穿过大西洋的大陆架，并从大陆坡顺坡而下势不可挡地被卷入大洋底，形成一个巨大的来自亚马孙河的沉积体，即所谓的亚马孙锥。经过考证它的组成物质后得知，它形成于最近几百万年即大西洋底的亚马孙锥还是新鲜而年轻的。确认这一点非常重要，人们可以从中判断奔放不驯的现代亚马孙河的部分流域，是向西流入太平洋的。也就是说，这一条从发育到今由始至终充满了野性的大河，曾经流向两个大洋。尔后的安第斯山脉隆起使其转向,形成今天受断裂控制的河系格局。

亚马孙河跨越秘鲁、圭亚那、巴西等国,其水系位于赤道南侧,大致为由西向东走向的河流,从秘鲁山地到大西洋,总共跨越33个经度、12个纬度,整个流域位于热带。

亚马孙河以每分钟倾注入大洋105万亿升的流量,怀抱着世界全部河流入海淡水量的1/5,河流长度仅次于尼罗河,中下游河段坡度平缓。由于源头安第斯地区岩石裸露,加上水量充沛,悬移质搬运量仅次于黄河、恒河,位居第三。亚马孙河流域环境复杂多样,有每年必被洪水淹没的低洼森林区,也有洪水望而却步的高地。在泛滥平原地区,古老的亚马孙河及差不多一样古老的支流,蜿蜒流经可谓年轻的沉积物之上,不少地段可以看见梯坝式的阶地,分布于大约高出河面90米的地方。而第三纪沉积物甚至形成更高的高出河面180米的台地,显示着新生物的欣欣向荣,也多少有点年少气盛。

当雨季到来,暴涨的洪水淹没了低洼森林区的河谷平原、河中的小岛,水面之宽阔从几十千米到100多千米不等,森林的林冠在水面上习以为常地漂浮、晃动,有的呈带状,有的呈块状,有的不可名状。

> 这里是世界上唯一最广阔的真正意义上的森林泽国。
>
> 亚马孙河泛滥着野性。
>
> 人工与技术无法制约,或者还来不及制约的河流,是野性的河流。

对于亚马孙河来说,那浑水、清水与尼罗河水、恒河水、黄河水、长江水,都是一样的从远古流出绵延至今的水,不同的只是盛水的河道,流水的环境。尼罗河、黄河、长江已被似乎是固若金汤的堤岸控制,已造的、正造的、今后、还要造的水坝和发电厂,还有那声势浩大的截流,无可奈何的断流,将使这样的控制更加细腻并更多高科技含量,同时也更加漏洞百出。

形象地说，到第四纪时，地球上太多的天然河流，是由人类尽情束缚着、利用着，然后押送进大海的。

可是，亚马孙河，只有亚马孙河依然我行我素地保持着史前时代的无拘无束，大河两岸是亘古的原始。地质学家说河的沉积物是年轻的，这是地质时间的年轻，它的年轻就是人眼中的洪荒湮远。后来，时间仿佛没有经过这里，或者绕开亚马孙河了，否则怎么会不着痕迹呢？地理学家告诉我，从未有过不受时间影响的山川河流，也从未有过粗心大意的时间，不同的只是人类的脚步与刀斧到来的早晚，就连南美洲特有抵御别人暂时成功的诱惑的防线，也已经被亚马孙河撕开缺口了。

亚马孙河仍然是年复一年地周期性泛滥。

“泛滥”一词也只是人的语汇，浸淫着人的不解与惶恐。对亚马孙河而言，不过是寻常流动、本来如此、即兴扬波而已，否则怎么会有如今被视为“地球之肺”的亚马孙原始热带雨林呢？

泛滥与沼泽地，会使人想起泥盆纪和石炭纪。不是时间停顿了，而是进化停顿了，或者至少在这一条大河流域中，沼泽湿地泥泞不堪的环境，是很难谈得上进化与否的。森林喜欢这样的环境，原始森林只能生存于尚可自成体系、相对封闭的原始环境中，如此而已。

705万平方千米的亚马孙河流域，有630万平方千米为森林覆盖，相当于中国陆上国土总面积的2/3。这浩大森林的大部分，是地球上最稀缺、最宝贵的热带雨林，其中阔叶林占全球56%，森林储量占全球1/3。

我们现在还只是部分地知道，亚马孙热带雨林中包容了一些什么，我们现在还远远谈不上真正了解或理解亚马孙热带雨林。

人的眼睛是那样奇特。

人的目光又是那样短浅。

人们已经发现了热带雨林中的金字塔，但它整个又是一个谜。谁造的？因何而造？在20世纪60年代之前，这里还是人迹罕至的，生活在密林中的印第安人是森林的一部分，他们过着最简朴的生活，守护着这一片家园。西方探险者视之为原始、落后的一切，在他们看来都是神圣、美好的。为什么要把这样高大的不知生长了多少年的原始巨木伐下，去换美元呢？美元是什么？那是通向天堂还是步入地狱的入场券？为什么非要在这原先的林地上造工厂盖高楼？华尔街、东京、巴黎的高楼还不够高吗？

是的，亚马孙河并未如尼罗河及别的古老的河流一样，创造出一处世界古文明来；但地球上所有的大河也都没有像亚马孙河一样，为这个世界留下如此之多的森林。我们当然可以说，这是环境使然，可是又为什么不能猜想大河各有使命呢？我们又怎么能一口判定，这地球上的所有的河流都是随意摆放，而地球从无远虑呢？

> 当最初最简单的生命如蓝绿藻在地球母亲的摇篮里形成，陆地上将会发生的一切，地球便了然于胸了。森林草木、飞禽走兽、花开花落，然后是人类登场，手执木棍、石刀，并且会取火、放火之后，地球将要变成一个世界。
>
> 这是追逐财富的世界。
>
> 这是欺凌弱者的世界。
>
> 这是拥有各种时髦的、以发明和掠夺为乐事的稀奇古怪的世界。
>
> 在这个世界无度的凸现之后，大地不能不隐退，但地球出于母亲的仁慈和爱，不能不留下这一片最后的伟大的森林，留下整个动植物世界的基因库，留下有别于人类世界的多样性和生存方式。

20世纪80年代，有生物学家估计，亚马孙热带雨林的物种有800万种之多,20 世纪 90 年代的最新生物资源调查的结果是,这片雨林中的物种多达 3000 万种,而其中的绝大部分尚不为人知。也就是说,亚马孙森林其实还是个谜,这个谜的核心很可能是前边写到过的地球的另有深意。可惜人类已经迫不及待了,我们对大自然实行摧残的最残酷的手法之一,是不允许大自然有任何秘密,一层层地撕开,一层层地剥下,最后取我所需为我所用。

现在,亚马孙河每天都在目睹放火烧荒。

更加势如破竹的是大型机器的采伐,然后加工木材,或者开辟新的牧场。生态学家预言,亚马孙热带雨林的颓败、毁灭,标志着人类所居住的这个地球的进一步升温、海平面升高、风速加快。地球沿海地区的繁荣将付之汪洋泽国,更大规模的土地荒漠化将把更多的人驱赶到一条共同的穷途末路上。

再砍下去,就是洪水滔天。

巴西不缺前车之鉴——森林倒地之后便是旱涝肆虐,满目荒沙。

大西洋森林也曾和亚马孙森林一样驰名。欧洲人发现巴西并目睹大西洋森林的壮阔浩瀚时,曾形容说这里的森林像一堵无边无际的“墙”。而今,大西洋森林因为垦荒砍伐已毁掉了 95%,作为一处完整意义上的森林,实际上已经不复存在。留下的是巴西中南部在失去大西洋森林庇荫之后的气候干燥、风沙滚滚。巴西利亚高原草场枯黄一片,了无生机。

大西洋森林的今天,也许就是亚马孙森林的明天。

巴西真是个难以言说的国度,如今因为亚马孙热带雨林它成了联合国经常议论的题目,全世界瞩目的环境交点,巴西人也要发展也要生存,巴西的资源是那样丰富,巴西又是相当贫穷,巴西怎么办?一位巴西农业部官员透露了 1992 年巴西里约会议上的一个小插曲。会议期间,有个欧洲人在汽车上贴出条标语,上面写着:“保护大自然,惩罚巴西人!”这位巴西官员说:“我倒是想问问这位文明人,究竟是谁在破坏大自然、破坏地球生态?

众所周知。富国消费的原木占世界的46%，板方占78%，一个发达国家居民消费的资源与能源相当于几个以至几十个巴西人，凭什么要我们对世界的环境污染负责？”

现在，亚马孙河还在，亚马孙森林虽然在被每日每时地蚕食与砍伐，迄今为止它仍然是地球上面积最大、物种最多的热带雨林。它仍然顽强地我行我素，以第四纪或更早以前的野性，骄傲地面对着文明世界。每年12月到来年5月，是亚马孙河平原各地水淹森林的泛滥季节，在这里淹没不是灾难，淹没与被淹没是一种和谐的奇观，流水把森林分割，森林将流水牵绕，森林中有漩涡与波浪，水面上是绿色的岛屿。这些绿岛中最显得英姿飒爽的是乔木群落，它们显露于水面之上的是森林的上半截或巨大如盖的林冠，不是星罗棋布，而是密密匝匝。此种如林如水的林水交融，由于漫长岁月的选择与适应，以至水淹森林不仅全无淹死之忧，而且是亚马孙河最最独特的一种景观。在水淹之后，森林纷纷开花结果，一派生机盎然。无数食果动物踏浪而至，云集水淹森林中，各取所需，大嚼特嚼。

> 大家都在谈论亚马孙森林，实际上谁也到不了密林深处。因为没有路，甚至连船也划不到。但有开路者和开路的机器，正在一步一步地接近密林深处。
>
> 不是所有的开路先锋都是值得称颂的。

1995年，美国环境卫星发回的照片上，亚马孙林区成千上万个“亮点”告诉我们：这一片地球上最大的热带雨林正在燃烧，正在燃烧中走向窒息。毁林浓烟所笼罩的面积达700万平方千米，那里是地球之肺啊！

沙漠是古气候的重要信息库。

沙漠看起来是荒凉、沉寂、宁静到死亡一般的可怕，然而对古气候、古生物学家及今天的环境工作者来说，沙漠其实也是一种生命状态。所不同的是，沙漠有沙漠自己的方式，在沙漠这样的干旱、缺水已到了极端的环境中，生命如何能够成为生命？生存如何能够成为生存？不妨说，地球大环境中的沙漠环境，是关于生命形态、生存方式的另外一种证据。

沙漠以极度干旱让人振聋发聩！

世界上所有的沙漠都保留着已经干旱枯死或成为盐湖的当初湖泊的踪迹，这些湖泊如今已大体绝迹，中国人熟知的罗布泊湖便是一例，不过它消失的时间还不算遥远。在第四纪时，地球上的各大沙漠中有湖泊、有内流河、有绿洲。从撒哈拉沙漠中出土的动物化石表明，在今天干燥无比的原野上，曾经一度栖息着众多的动植物生命，包括大象和长颈鹿这样的热带食草类大型动物，以及广泛分布的龟、河马、鳄鱼和尼罗河鲈鱼等水生动物。报纸上的消息说，尼日尔未受极端气候影响的阿伊尔山谷地和撒哈拉沙漠南部，还残存有眼看就要灭绝的一种狒与一种猴。在西非热带稀树草原，远比今天分布广泛的湿润时期，上述动物种群也曾在这里奔驰过。有可靠的资料说，撒哈拉中南部提贝斯提山脉的水体中，直到20世纪50年代还能见到个体较小的鳄鱼，现已灭绝。

沙漠从来都是这样的吗？

沙漠为什么现在变成这个样？

旧石器时代晚期的游牧部落，在撒哈拉沙漠中的游牧生活是丰富而有趣的。他们在遇见过各种各样的动物之后，用自然主义的手法以岩画和崖刻记录了下来。很可能一次游牧途中的休息，面对着动物世界心有所动，然后便是信手刻画。他们哪里知道，那随意的刻画一直保存到今天，竟成了世界艺术之宝。他们所见的动物数量之多，分布之众，可以从下面的事实得到见证：此类岩画和崖刻，散见于撒哈拉中几乎所有适合作画和雕刻的石壁上，描绘了大多数生活在热带稀树草原的大型哺乳动物。

到全新世早期，大约1万年前，新石器时代动物驯养开始之后，这些绘画的内容也发生了变化。驯养的牛是画得最多的，而且是牛群的大队，它们的身影被描绘在远至利比亚的欧伟特山地区、阿尔及利亚南部的砂岩高原和尼日尔阿伊尔山地的光滑岩石表面上。

人们画大群的花斑牛，那是驯养物，要顺从得多，几乎可以称之为撒哈拉新石器岩画画廊。更有意思的是，在这画廊的若干作品中，牧牛人也出现或者说到场了。相对而言这时期的岩画就要复杂一些，讲究点构图了，要想想牧牛人怎样画牧牛人了。

不过，对第四纪古环境专家来说，这些大群的花斑牛岩画使他们首先想到的是：新石器时代的过度放牧，那些有着坚硬脚蹄的牛羊，在全新世后半期的干旱时期，在多大程度上加速了土壤的侵蚀？人为原因在沙漠化过程中占多大比例？

为沙漠定义也不是轻而易举的。

沙漠是指降水稀少且不稳定而又蒸发量极大，以致许多动植物均无法生存的地区。正如笔者已经指出过的那样，不要据此便认为沙漠是一律的死亡之海，沙漠有它自己的生命历程，任何一处沙漠中也总有一些在生理和生活习性上，能够适应干旱环境，并最有效地利用稀少水资源的种属生存着，不知道为什么，它们不离开沙漠，它们的生活极为简单而又节俭，它们没有任何多余的生命的行李，真可谓删尽冗繁。

关于沙漠的另外一种较为普遍的说法是，把没有灌溉就无法进行持续农业生产的地区称为荒漠，沙漠与荒漠不尽相同，严格区分的界线也很难说。以此而论，全球大约36%的土地为干旱、半干旱区，而这些地区目前还养活着全球13%的人口。

地球上沙漠的分布呈两种态势：要么横跨或接近南北回归线；要么位于中纬度内陆特别是高山地区，如北美洲的落基山脉及中国西部的阿尔泰山、昆仑山和天山山脉的雨影区。

“雨影效应”是地球上的普遍现象，并非沙漠地区独有。简言之，无论在靠近海岸带的什么地方，只要有丘陵或高山，海上吹来的湿润空气都要被抬升，并成为雨雪，落在丘陵或山脉的迎风面的坡上，而内陆侧却依然十分干旱,降水离得很近,甚至是在雨影之中,却毫不相干。

沙漠干旱的有的因素,与从过去到现在的一系列地质运动的延续相关。中国青藏高原新生代后期抬升的结果,产生了源自青藏高原,横跨阿拉伯半岛,向索马里方向运动的东风激流,从而使这一地区的干旱程度迅速加剧。其结果之一是赤道沙漠带的出现。

沙漠的格局所透露出来的,是地质构造运动的过去的信息,以及其他至少六种因素共同作用的结果。它们是:由纬度和大气环流控制的干燥下沉的反气旋气团、辽阔的陆地、海岸山岭、地势低平的内陆、距离海岸较近的冷洋流和副热带高压气流。

不少沙漠地貌十分古老。

撒哈拉中部和西部平原早在5亿多年前,就有遭受剥蚀的地表历历暴露了。与此相似的还有澳大利亚的叶尔岗地块和皮尔巴拉的前寒武纪地质上的沙漠。沙漠中的另一奇观,便是很古老的侵蚀地貌与很年轻的沉积特征,互为比邻相安无事。这不同年代留下的不同印记,破除了人们想当然的一种迷信:当岁月前进时,我们看到的只是它刚刚留下的印迹。从这个意义上说,历史——第四纪历史——第四纪之前的更加古老的历史——均如同沙漠一样撒布,它们会有不同的特征,如侵蚀的古旧、沉积的年少等,但这需要认真观察,而且还要富有、敢于想象。比如在第四纪全新世之初,撒哈拉地区曾经拥有翠绿的环境,这是因为随着冰期之末的到来,海平面上升,全球升温,海洋的蒸发量随之增加,撒哈拉的地下含水层重新得到补给,沙漠湖泊又有了水源,流动沙丘在植物出现后成为稳定沙丘,热带稀树草原重新在沙漠中兴旺,甚至还有狩猎打鱼的群居部落,用骨刺带倒钩的鱼叉,从撒哈拉湖泊中叉出鲜美的尼罗河鲈鱼,什么作料也不用,在火上烤着吃。

撒哈拉如此,别的地方的沙漠呢?

沙漠里曾经鲜花盛开,这是不必置疑的。即便在经过以后的第四纪间冰期干旱，沙丘再度活跃，撒哈拉向南扩展了 400 ~ 600 千米之后。撒哈拉或者说所有的沙漠从来就不缺树与花的种子，谁也说不清这些种子是哪个年代保存下来的，但只要有水，它就有可能开花结果。

沙漠期待的永远是水。

地球上的沙漠，是地球创造的沙漠，也是地球生命的一部分。作为一切物种的摇篮的地球，在它惊人地显示的多样性中，不仅有大气海洋、森林、草原、鲜花、飞禽走兽，还有沙漠。

我们应该这样去思考沙漠：它不仅表露着干旱的极端状态，而且显示着某种生活方式，即以极少的水分维持生命活动。在地球的诸多无言的启示中，也许沙漠的启示是最为深刻而又无情的，那是关于水的大启示。当地球在自己的生命历程中，着意让沙漠铺陈的时候，已经这样告诫人类了：

你们将会追逐财富、向往奢侈；你们肯定贪得无厌、掠夺无度；你们看见沙漠便知道了——你们和沙漠最需要的难道不都是水吗？

阳光、空气和水，还有可以耕耘播种的土地，这就是地球为生灵万物准备的，慷慨赐予我们的生命之源、生存之本。第四纪，伟大的人类纪！

从大约 250 万年前到现在，地质上称为第四纪的这段并不漫长的时间里，如果略做概括的话，可以说是风雪兼程，生命激荡。我们无法猜测地球此时的感慨，但一个无法规避的客观现实是：自从人类出现，尤其在近 200 多年的短暂岁月里，地球渐渐地被人淡忘了，地球已经不再是地球而成为世界，成为一个科技昌明、物质丰富、享受奢侈、贫富悬殊、资源紧缺、全面污染的闹哄哄、乱糟糟的世界。

这样的时候，追思地球便显得艰难而紧迫。

亲爱的朋友，让我们记住并告诉我们的后代，仅仅在第四纪开始以后，地球至少经历了4次大的冰川期。在每一次冰期中，巨大的冰盖几乎覆盖着全部大陆，往南一直伸展到北纬40° 左右。那才是真正的冰天雪地，海平面急速下降，以致许多浅海成为陆地，有一个时期，亚洲和北美大陆是连在一起的；白令海峡是宽阔的白令陆桥；日本群岛并不存在，而只是亚洲大陆伸展出去的一片陆地；马来西亚、加里曼丹和苏门答腊同在一个巨大的半岛上；亚洲与澳大利亚之间只相隔一个海峡，约48千米宽……冰期的反复所造成的气候、地貌的变化，是怎样影响着生灵万物的呢？或者说，正是在这样严酷的环境中，人类才有可能实现心智与体力的开发，并完成史前地理大发现的壮举，而把四季分明、花香鸟语留给后来者了。当每一次严寒的冰雪从北方来临时，当时的直立人和各种野兽，便不辞艰辛往较为温暖的南方迁移。而当冰期消退、气候回暖时，他们又会重新朝北方进发，我们很难据此说直立人已经有了故土难离的怀乡情结，对他们来说更具吸引力的是冰期消退后往往有许多可供猎取、捡拾的动物。30万年以前，直立人被智人所代替，人类学家说智人是直立人的后裔，而现代人则是智人的后裔。

大约10万年以前，一种更加接近于现代人的人类，广泛分布于非洲和欧亚大陆，因为他们的遗骸最早是在德国尼安德特山谷发现的，所以又被称为尼安德特人。他们在山区穴居于山洞，在平原能用兽皮制作简单的帐篷，并知道用石头将帐篷的周边压住以作固定之用。他们迁移的时候，已经有了少许行李了，而且手执长矛、木棍、套索等新的工具和武器。

尼安德特人既能杀死凶猛的狗熊，又把它们尊为神灵，也就是说尼安德特人的思维已经走向复杂，并且知道自省，有了关于灵魂的初步概念。1951年在伊拉克发掘出土的一具尼安德特人骨骼表明，他是个天生的严重残疾者，右臂萎缩，左眼失明，牙齿磨损得很厉害，很可能是经常用牙齿咬东西所致。他不可能自己找吃的，也无法照顾自己，但他活了40岁，他的寿命比他的同伴要长。显然这是一个受到照顾的残疾人，否则就不可能活下来，他的任务是照料火堆。友谊和感情使尼安德特人开始显得美丽，有了文化的意味。尼安德特人对死、死人的认识，较之以前有了完全不同的飞跃。他们懂得安葬死人，而不是弃之荒野，他们还掘地堆墓，墓中放置鲜花。这一切，由第三具尼安德特人的骨骼作了证明。遗骨是在洞穴深处隐蔽的地方发现的，从坟堆的土壤中取样分析化验后，发现了8种鲜艳花木的花粉，洞外的世界不可能把这么多花粉一阵风刮进这个坟堆中，这是采集的鲜花，为死者送葬用的。由此还可以推测，当时很可能已经有了简单的葬礼，生离死别的恸哭之声，会从这山洞中传到很远、很远。这些传统直到今天仍然在北极的土著、因纽特人、拉普人中流传。有专家认为，这表明尼安德特人很可能在人类历史上首先到达过北极，可惜没有实证。

18000年前，地球上迄今为止的最后一次冰期达到巅峰时，几乎1／3的陆地被冰雪覆盖，这些冰雪所含水的总量约为2735.8万立方千米，那时的海平面要比现在低120米左右。环北极各大陆之间的动植物物种互相交流的结果，使得欧亚和美洲大陆的动植物颇为相似。与此同时，原始人类也完成了对地球的最后也是最完整的一次地理大发现，最南到火地岛，最北出没于北冰洋沿岸，唯南极大陆未能涉足外，其余地球各大洲均已名花有主。各自狩猎，采集，或者农耕，放火烧荒，生儿育女，工具将要更先进，兵器将要更锐利。

当冰消雪融、大地回春的时节，人的世界在重放的鲜花丛中，也已经布阵完毕。东西文明歧途，南北两极相对，所有的人都不能不面对海洋，曾经让你连接，现在让你隔断。

地球把一个温暖的间冰期，留给了我们。

当这个世界从此似乎不太好玩的时候，人类已经为劳役所累，建造村寨，构筑城池，有了冶炼铸铁，便也有了白刀子进红刀子出，农耕走向繁华，科技开始放光。

在古希腊,也有人开始沉思默想已经过去的黄金时代。

无论如何,文明诞生了!世界显现了。

这是人类的节日,但不能说是一切生命的节日。

这是地球的荣耀,但不能说地球没有苦痛。

南　北　极

时间在文化的交汇与冲突之处神秘地浮现出来，预示着日的毁灭和新的降生，预示着对传统的反叛，同时又是对传统的革新。

时间之声召唤着无尽的理解。

——吴国盛

北极和南极在很长的时期中，是抽象的概念，是想象物。

古希腊人夜观星象时发现，天上的星星明显地分为两组，北方上空的那一组不仅一年到头都能看见，而且有固定的轨道围绕一颗星星旋转，这颗星就是北极星。

北极，北之极地也，到底在哪里，那时谁也不知道。

另外一组星星只是季节性地出现，这两组星星的分界线是由大熊星座划出的一个圆，这个圆在北纬66°34'处，古希腊人便称之为北极圈。

同是古希腊，早在公元前200年的地理学家便认为，南方应有一处“未知大陆”，米拉在《地球结构》一书中写道：“两个海洋：西海和东海。在北部由不列颠海和西希亚海连接在一起；在南部，则由埃塞俄比亚海、红海和印度海连接在一起。这些海把人们已知的大陆：欧洲、亚洲和非洲，与臆测的无人居住的南方大陆相分离，这块南方大陆的四周同样被海洋包围着。”

托勒密也曾在他的地图上画了一个跨越底部的大陆，名为“未知的地区”。在文艺复兴时期，地图的绘制者仍坚持画出这个大陆，起名为“南方的陆地”，并附上“人迹未到”的附注。

参与这猜测的还有古希腊的一些学者和哲学家，他们认为，既然北半球存在着陆地群，并且被称为北极，为了保持地球的平衡，与之相应的地球另一端不可能空无物，也一定存在有一片大陆。厄拉托斯忒尼说：“按照自然规律，居住人的地球在日落和日出之间，应有一个很大的跨度。”因而，古希腊人给“未知大陆”的位置是：比经度方向更远的纬度方向。

现在，人们知道了，南北极是地球各个意义上的天然特区，几乎是所有方面的世界之极。这是冰雪世界，寒冷到与生命势不两立，两极地区最荒凉的格陵兰与南极冰层，都是因为冰冻而成为荒凉的不毛之地。但这并不是说南极与北极没有生命，或者缺少生命的气息，我们甚至不敢随便断言，冰雪就不是生命。况且还有红色与绿色的极光，在北极粗糙的地貌因为融冰的春季而变得柔和起来时，那极光在冰块上的跳跃与闪烁，是一支怎样优美的极地解冻的乐曲啊！更不用说那些被困冰域中而不失期待和信心的生机勃勃的苔藓了。在北极，不可能完全的统计资料说，大约有900种耐极寒的能开花的植物，以及2000种地衣、500种生长茂密的苔藓。

这些生命之初资格最老的祖宗，远离了繁华和喧嚣而宁可在原始的环境中，保持原始的风貌，留一片原始的净土告诉这日新月异的世界：我们都曾原始过。

1982年，美国阿拉斯加最北边的爱斯基摩小镇巴罗。

一次暴风的袭击所引起的巨浪的冲刷之后，人们在北冰洋之滨发现了一座早已坍塌的房子，以及房子里保存完好的两具冻结的女尸。考古学界当即进行发掘，后来证实：这房子里住有5个人。3个孩子睡在房子的高层，尸体已经腐烂，只剩下骨头架子。那两位妇女住在底层，埋得深固而冻得坚实，留下了完尸。

冻尸生活的年代约在500年前，即15世纪。那时，这一带的因纽特人尚未与外界接触，从挖掘出来的所有家具物什中仔细捡拾，居然没有任何金属类的东西。两具女尸一为40多岁一为20多岁，其胃空空，膀胱胀大，显然是在早晨的睡梦中突然之间由重物压迫致死。这个因纽特人家的男主人不知去向，可以推测是他先于家人因病或者在捕猎时丧生冰穴了。由此可知这是相当艰难的一家人，而在500年前的某个清晨，又举家毁灭在风推冰移的灾难之中。

冬天，当海上卷过猛烈的北极风暴，便把海冰推拥堆积，层累叠加，并且往外伸展，状如不规则的冰塔，以至爬上陆地。这家因纽特人的住房又正好建在岸边的悬崖之上，当冰层漫过房顶再垮塌时，屋毁人亡便是不可避免的了。

这500年前的冻尸默默地告诉人们的，是关于北极人和冰雪的一段往事，这往事又是如此辛酸、沉重！

北极和北极人，是冰雪塑造的。

人类因何往北迁移且一直来到这一片极地的原因，曾经有过不同的解释，但这样的迁移活动总是与冰期相关联，可以肯定这不是时间上的巧合。“人类真正生活在北极地区，成为永久性的居民，大约只有4000多年的历史。”(《走向北极》位梦华编著)

相比而言，人们对南极涉足更晚，这是人类最后一个发现并正在被征服中的大陆。这个大陆是七大洲中最冷、最孤独、离人类聚居中心最远，因而也是最神秘的一个大陆。它的周围是世界上风暴最多、最凶猛的海洋。

南极和北极如此相似，却又是两个各具特色的地区。从地理位置来看，北极位于地球的顶部，是一个凹地；而南极位于地球的底部，是遥相对应的隆起的凸出之地。这很像是地球在顶端为某种宇宙神力所压迫，而形成一个磨灭不掉的凹痕，同时这神力的效应通过地球内部而在南极出现了一处隆起之地。地球顶部的凹痕便是北冰洋，与别的大洋相比，它很小，也被称为北极海。地球底部对应的隆起地便是南极洲。这两个地区的面积相差无几，北冰洋约1310万平方千米，南极洲约1400万平方千米，北冰洋的平均深度为1296米，南极洲的平均高度为2350米——是地球最高的大陆。北冰洋最深处为5330米，但在南极洲也可以找到与之对应的最高峰——埃尔斯沃思山脉的文森地块海拔 5139 米。也许最使人惊诧莫名的是南北极形状上的类似，这两个极地几乎可以互相叠置。例如，与北冰洋沿岸格陵兰东海岸相对应的是南极半岛——南部大陆唯一突出的半岛。

南极和北极就这样遥遥相对，却又筋脉牵连。

太阳对南北极都格外吝啬。

南极冰帽与北极冰层均为100万年前冰期的余迹，而且不肯消逝。在这之前几十亿年的大部分时间里，南北极的气候也是温暖如春的。

南北极的天空，是最美丽、最怪异的天空。

低斜的阳光通过冷空气时的颤栗、折射会出现“幻日”“幻月”以及最负盛名的“极光”。太阳不给南北极温暖，却让极地的天空成为极光尽情闪烁幻变的空前的演示场所。无论南极光还是北极光，都呈现出使观者无不赏心悦目的华丽的弧光光斑、光带或光芒，最常见的是在暗黑的天际飘动着的柔滑的光幔。尽管科学家说极光是带电粒子在受到太阳风的加速情况下，撞击电离层的稀薄气体引起的现象，但人们仍然据此作出各种神话般美好的极富想象力的解释。其中之一是天神对冰雪的爱慕，试图以华丽之光换取一身缟素。

南北极之间的差别，除开南极地区是陆地而北极地区是海洋外，最明显的便是南极地区的冰雪量要比北极多出6倍。整个南极大陆，除了大约5%的地面外，全部为冰层覆盖。它包含了整个地球90%的冰，硬是把大陆的基岩压到了海面以下。到处是万年之冰，冰帽、冰盖、冰舌、冰川、冰山、冰凌，形神兼备，状态各异，坚硬如铁。

冰，修炼到了数以万年计，我们又该如何去想象这冰层下的冻土冷石呢？

南极啊，冰冷之极？坚硬之极？

南极的冰可谓冰的经典之作。

北极地区因为是一片海洋，可以储存夏季的热量，因而冰期最后的巨大冰层没有能完全覆盖北极，而是自北极以南百多千米处向外延伸。现在还称得上壮观的，只有格陵兰及高纬度地区若干与之相邻岛屿上的冰层。

相形之下，南极的中心地带却是真正的教人望而生畏、望而生寒之地了。

这是大自然的另一种鬼斧神工砍削而成的几千年冰雪所形成的巨大冰穹，冰穹的最高处为3960米，离南极点644千米，人称“难达之极”。这里地势极高，气温极低，空气极燥。雪白的表面把太阳照射的90%的热量反射到宇宙空间，而极地本身所得的热量，因太阳的斜射就比地球上任何一处为少。表面的雪花不堪冰冷成为冰粒，继续飘落的雪花则重重地压迫这些冰粒，压力没有能使冰粒粉碎，相反密度更密体积更大。18 ~ 30米处下层冰粒的直径可达5厘米，而在90米之下已经几乎没有空气可以游动的气隙了。

底层总是强大的，因为它所受到的压力最大、压迫最强；底层托起的顶端可以风光无限。但崩溃与消融便从这里开始。

所有巨大的冰川都是由这样的冰粒，经过15000 ~ 50000年的逐步冻结压迫而成的。

南极之冰看似岿然不动，其实是在不断移动之中，这不断移动竟很难让人察觉。倘若我们考虑到冰成于水，那么就可以想见冰也有水的特点，比如所有的冰层无论高低大小，都有默默地流往低处的大趋势，不过细节上的不同又如此惊人：它的流速要比水的流速慢得太多了。

落到南极上的一片雪花，需要几千年的时间才能流进大洋中。然而，无论如何，它对海洋总是心向往之的。

冰体入海的景况大致是这样的：巨大的筏状冰体重重叠叠、推拥着进入海中，冰川的形态不变，海水要全部融化这些南极之冰，不仅需要时间而且需要耐心，冲击浪有时会显得愤怒，砸向冰山而去，结果粉碎成雪浪花。在这之后海水与冰山便相安无事，有海鸟会偶然到冰山顶上歇脚，长鸣几声，说是太冷，过往的船只要小心了。

此种入海冰山又称为冰障，罗斯海的冰障是着实吓人的，它的冰体连同底座厚实的冰架从陆地向外延伸达805千米，正面宽644千米，这个面积形象地说，正好与法国本土一般大小。当冰障入海的尽头处最终断裂，成为一座座冰山后，这冰障便小多了，不过也有几个巴黎那么大。连无所不往的海鸟都不敢驻足的是冰山高50米左右的陡直冰崖，而它的顶部则是南极冰山共有的特征——显得温和的扁平状。南极冰山可能是因为过于巨大，因而略欠风情，远不如北极格陵兰向南漂流的冰山姿态万千，优美高雅。

南极冰山的表面积通常在2590平方千米左右，厚度约305米，曾经发现过两座冰山的表面积为28490平方千米。

如果说南极是冰山之国，北极便是海冰之家了。

北极的一个冬季能生出多少冰呢？它可以形成延伸3200多千米、覆盖北极盆地达2米厚的海冰，但不能说整个北冰洋便在一个冬季里冻结了。那是一些块冰，面积很大的块冰，漂动着，多少年来就这样沉沉浮浮，只是在夏季，冰块的上层表面会融化，可是到冬季又从下面往上冻结增厚。当巨大块冰随着洋流或气流漂移相挤时，碰撞就难免时有发生。这是一种奇特的撞击，相撞的块冰之间似乎也是不撞不相识，一撞之后必有一块滑到另一块的顶部而成为冰脊梁，它们真是撞到一起了。自然也有别的痕迹，经过若干年若干次的碰撞、磨损、断裂以及再融合再撞击之后，新的块冰的表面会有散乱的冰堆、冰屑。

和一般人的想象刚好相反，南极要比北极冷得多。

到过南极的人会告诉你，南极是无法形容的，你怎么形容它的冰山、冰层、冰穹呢？你搜肠刮肚才知道文字的能力是如此有限——它足可以形容人类，但绝对难以形容大自然。在南极的诸多无法形容中，南极风便是其中之一。

不少探险家认为，南极也是风之极。

南极风以地球上少见的猛烈从南极冰穹居高临下，以雷霆万钧之力刮卷下来，形成暴风雪。空气由于受冷却而变重，源源不断从高原地带往下冲击，在能见度小于1米的暴风雪中，沿着南极大陆的边缘把漫天雪阵刮向外海。这时候，阵风的速度可达到每小时320千米，而且在很长一段时间内就这么刮啊、卷啊、咆哮啊，不肯哪怕稍稍缓和一下。

> 不要说南极风就是应该诅咒的，不，亲爱的朋友，正是这样的风使地球上所有海洋的温度降低，也就是说，南极的朔风怒号、冰雪漫天，是在调节整个地球的气候。

北极的气温较之南极便温和多了，当然在冬日，北极也是足够冷的。关键在于北冰洋，而且北极有一个不算太短暂的、真正意义上的夏季。北极之夏，在内陆可以保持一个月或更长一点，夏季的阳光以及融雪时释放的水分，使得北极地区不可思议地生长出既原始又美丽的各种植被来。

北极的夏天是铺陈而并不夸张的生命交响曲的五线谱。令人惊讶的只是：这一由阳光、巨砾和块冰交织而成的谱子，本身也能弹奏出琴瑟之声，并且让鲜花开放。

当气候变暖，应时而生的植被便悄悄地渗透到一个个冰层融化的地区，如同母亲呵护婴儿样，柔柔地把土壤盖住。那是一些湿地，一小块、一小块的湿地，一般都在冰川冲刷而成的盆地、湖泊的边沿。先有沼泽中的无名小草，然后是一些肯定并不高大的陆生植物。不知道它们生活得是否愉快,生长得是否艰难,它们只是在这有限的时间和地带,开了一次花。

北极地区大部分都是永久性冻土,冻土层深达488米。沿海岸的冻土层最浅,而内陆的大片开阔地最深,也最冷。夏季的解冻也只是在冻土表层,那些苔藓、地衣和树木便在这潮湿的表层浅浅地生根。在北部的边缘地区,由于土地表面的不稳定,有的树木便倾斜着生长,有的朝向这一边,有的朝向那一边,颇有点中国少林功夫中醉拳的味道,不妨称之为"醉林"。

南北极因何会冷到这种地步,科学家们已经有了相当多的解释。首先是原始超级大陆的分裂和漂移,四分五裂后的陆块使地球陆地的格局彻底变样了。如前所述,在南半球,南美洲先行分离,随后又有两大片陆地分出来,后来变成非洲及印度。地球为了调整各洲陆块的位置,合拢了又分离,分离了又连接,连接了再分离,磕磕碰碰,分分合合,其过程一波三折。到新生代时,印度大陆又挤向亚洲大陆,撞击出地球至高的喜马拉雅山和青藏高原,一直到今天这个过程还在向着北方推挤延续。至于南极洲,则毫不犹豫地从与澳大利亚相邻处漂移脱离,径赴南极领受贮冰藏雪的寒冷使命去了。

地球陆块的活动、调整,使布局更新,但所有与之相关的一切诸如海洋、气流则全被搅乱,一个新的洋流系统出现了。它把南极四周的水域连接起来,气候变冷,冰雪连绵,尤以南北极为甚。除了全球循环方式的解体与更新所带来的影响之外,当南极洲和北冰洋分别移到两极地区时,它们得到的太阳能就比地球任何地方都要少,少得可怜,天气变冷便可想而知,然后形成块冰、冰川,再把很少的阳光尽可能多地反射到太空,使冰则愈冰,冷则愈冷。冰也堆砌,冷也聚积,南极便成了冰山屹立的大陆,北冰洋是真的一片冰心在玉壶的大洋。

那么,这就是南北极的所有秘密吗?不,那仅仅是人类的解释而已。如同大自然本身的神秘性一样,南北极依然神秘，而且很有可能是越解释越神秘。比如，南北极为什么要漂移到现在的这个位置？这是怎样推动又是谁怎样发出指令说到此为止的？

笔者不知道。

笔者请教过的众多科学家也都不知道。

人类最早想象并深入北极，大约不是为了征服，而是出于好奇与冒险的天性。有资料说，在2000多年以前，一个叫毕则亚斯的古希腊人，驾着小船驶向过北极。毕则亚斯出生在当时的希腊属地马塞利亚，即现在的法国马赛港。需要指出的是，毕则亚斯此行是为了替马塞利亚的商人到遥远的地方寻找锡与琥珀。这两样东西在当时的欧洲市场上价格昂贵，被视为稀世之宝，而传闻又说，其出产地在很遥远的地方且俯拾皆是。毕则亚斯便驾船去寻找这很遥远的地方，花了6年时间，于公元前325年回到马塞利亚。最北可能到了冰岛，或挪威北部。保存下来的航海记录也只是片言只语，毕则亚斯说那地方“太阳落下去不久又会很快升起”“海面上被一些奇怪的东西覆盖”“既没有也无法通航”等。后世的人对毕则亚斯那次远航的真实性一直有争论，但更多的人宁可信其有，而且无论他到达的是冰岛还是挪威，毕则亚斯仍然是个划时代的人物，是人类史上有记录的第一次北行探险。

我们当然不能说毕则亚斯是发现北极的人，这一殊荣只能属于在更早的年代里来到这一极地的土著居民。

毕则亚斯之后，北欧人依靠地理上的优势，继续向北极进发。

爱尔兰僧侣圣布伦丹的传奇故事是这样的：他出生于公元484年，出生地是基利郡，后来执掌加尔威的克伦斐修道院，公元577年去世，享年93岁，这个人物的真实性当无争议。传奇的一开始是，圣布伦丹70岁时，与另外17个僧侣出海远航，从宗教的角度看其原因也说得过去，当时欧洲的另外一些地方忙着积聚财富，把北极只看作是贸易和掠夺的目标。而圣布伦丹却只是想寻找一块与世隔绝的清净之地，这样的地方似乎只能在远方的海洋中。圣布伦丹漂泊大洋后终于遇见了一个岛屿，后人认为是纽芬兰岛。

圣布伦丹的故事虽然被当作北欧传奇、传说，但世所公认的是，他说在海上遇到“漂浮的晶状堡垒”，却是文字对冰山的初始描绘而且极为精当。

圣布伦丹是否到过北极可以不争论，但爱尔兰僧侣在公元800年以前确实已经落脚冰岛。公元825年，一份有趣的资料证实是年有爱尔兰僧侣书面报告说，他们在冰岛的午夜可以和中午一样，坐在阳光下面捉虱子。

第一个真正进入北冰洋并深入北极地区的是古斯堪的纳维亚人——奥塔尔。公元870年，他扬帆出海绕过斯堪的纳维亚半岛的最北端，进入巴伦支海，再沿科拉半岛驶入白海。正是古斯堪的纳维亚人在公元9世纪到达并接管了冰岛，使他们惊讶的是这里竟然还有一些来自爱尔兰的僧侣，碰巧这些僧侣正在阳光下悠闲地捉虱子。

格陵兰岛的发现更富戏剧性。

直到今天仍然在北欧很有知名度的红脸艾利克，是公元950年左右出生的挪威人，他在20岁时因为一起案子而逃到冰岛，并结婚成家。哪知道红脸艾利克天生的暴烈脾气又使他在冰岛犯下重罪，被剥夺公民权驱逐出境。艾利克还能去哪儿呢？他忽然记得曾听说过冰岛西边还有一块陆地，便乘船西行。北欧人其实后来并不憎恨这个红脸艾利克，相反都说他就是天生的命好，这不，一个新的岛屿又在他的脚下了，有冰雪覆盖的山顶，也有夏季到来时的青草、灌木与鲜花。他在岛上花了三年时间沿着海岸作探险勘查。他要回冰岛招募志愿者移民，为了使这个地方听起来更具有吸引力，红脸艾利克把这冰雪之岛取名为格陵兰——绿色的陆地——红脸艾利克与格陵兰及格陵兰的名字，一直为人们所津津乐道。

古斯堪的纳维亚人的探险活动持续了四个多世纪，他们远航各个海岸，从西边的纽芬兰岛及拉布拉多半岛到东边的新地岛。但长期以来这些绝大多数连名字也没有留下的航海家、探险者，通常只是因为这些古斯堪的纳维亚人是文化落后的民族而被遗忘或者一笔带过。然后才是1492年众所周知的哥伦布之旅,并由此为发端掀起了为寻找马可·波罗笔下神秘的东方与中国,而开发西北航道的持续探险活动。这是具有双重意义的:既是向北极进发,从捕杀鲸鱼中获得商业好处,又能继续寻找通往东方与中国之路。

公元1577年春天,英国伊丽莎白女王特许航海家、英格兰商人马丁·弗罗比舍在第二次踏上经由西北航道前往中国的旅程之前,亲吻她的手,这样的殊荣使他激情澎湃。在这之前的第一次航行中,马丁·弗罗比舍的运气似乎很不错,他不仅看见了坐在皮筏子上的酷似东方人的因纽特人,而且带回了一些金闪闪的矿石。渴望发财的英国人做了一次稀里糊涂的鉴定,每吨矿石含7.15英镑的黄金、16英镑的白银,去掉8英镑运费和10英镑提炼费,一吨矿石的纯利润为5英镑多!有关西北航线的探索顿时成为黄金冲击,一个金矿公司诞生了,伊丽莎白女王也悄悄地买了这个公司的股票。这就是弗罗比舍第二次出海之所以如此雄心勃勃的根本原因。

弗罗比舍的下场很惨,因为最后的鉴定说那闪闪发光的玩意儿根本就不是黄金,既然不是金子,他也就毫无身价了,而只是被淹没在发现“愚人金”的嘲笑之中。

荷兰航海家威廉·巴伦支是值得一记的。当他寻求从北大西洋穿过北冰洋通向太平洋的东北航线时,做出了16世纪北极地区最重大的航海发现。

他于1594年作第一次探险航行,从斯堪的纳维亚北部驶入喀拉海,并未受到冰块的阻碍。这在当时是最深入北冰洋的一次航行,那里的一处水域现被称为巴伦支海。

巴伦支在1596年所进行的第三次探险航行,是极为悲壮的。他不仅发现了斯瓦尔巴群岛,而且到达北纬79°49'的地方,创造了人类航海北进的新纪录。巴伦支继续向东北行进时,船只被冰块封冻,他和他的船员又成为第一批在北极过冬的欧洲人。他们难以想象地熬过了冬天,到第二年夏季小船挣脱坚冰的围困,巴伦支却于1597年6月20日冻饿而死在一块浮冰上。

维图斯·乔纳斯·白令是丹麦人,他为俄国做了36年的航海探险。1725年1月,彼得大帝任命白令为队长,率领25名队员离开彼得堡横穿俄罗斯,旅行8000千米到太平洋海岸登船起航。就在这一年,企图励精图治的彼得大帝去世。此后的17年间,俄罗斯换了五个统治者,而白令完成的是两次极其艰难的航行。他在北极地区发现了几个岛屿,绘制了堪察加半岛的海图,航经阿拉斯加与西伯利亚之间的航道,如今被命名为白令海峡。

白令的第二次远航也是他的终极之航。下海后他把俄国大部分海岸线绘制成海图,并在阿拉斯加登陆。他的船员先后有42人死于坏血病(维生素C缺乏症)。1740年的白令已经60岁了,他觉得筋疲力尽,而彼得大帝生前嘱托他查明亚洲和美洲是否相连的命题,还无从交出答卷,亚洲海岸线是如此漫长。

1741年,白令的船触礁,他也因坏血病而死去。船员们将白令的尸体绑在厚厚的木板上并埋入松软的沙土中,直到沉没,白令又回到了海洋的怀抱里。

白令的探险航海被认为是18世纪最伟大的北极之航。

19世纪的极地探险者中,约翰·富兰克林的运气最差、结局最惨。

1845年,美国海军部以新式三桅螺旋桨推进船两艘,组成探险队,以约翰·富兰克林领军。这两艘船上有蒸汽机、螺旋桨推进器,考虑到北冰洋的块冰众多,推进器还可以缩进船体内实行冰块清理。船上还装备了前所未有的用来供暖的热水管系统。奇怪的是这两艘探险船的名字都让人有毛骨悚然之感,一艘为“阴阳界号”,另一艘为“恐怖号”。

是年5月19日,富兰克林率船队共129名船员,与当年的弗罗比舍一样,沿泰晤士河顺流而下。两只船上共载有61987千克面粉,16749升饮料,909升酒,4287千克巧克力,1069千克茶叶,8000桶罐头,15100千克肉,11628升汤,546千克牛肉干和4037千克蔬菜。

富兰克林率船队出海三年没有任何消息。从 1848 年起，40 多个救援队用 10 多年时间在北极地区寻寻觅觅。富兰克林的太太坚信自己的丈夫还活着，先后派出四艘船只搜寻营救。北极航海史上一直传为美谈的是，她要求船长们按照一个刚刚在爱尔兰去世的 4 岁女孩，生前凭着灵感画出的海图地点去寻找。后来的结果证实：这个女孩的海图居然准确地指出富兰克林出事的地点。各种证据表明：富兰克林的当时最先进的两艘探险船，被冰块冻结，而携带的食品又在不断霉烂变质。1847 年 6 月 11 日，富兰克林度过 62 岁生日之后便心有不甘地与世长辞。进入第三个冬季后，1848 年 4 月 22 日，剩下的 105 人决定弃船逃命，他们抛弃了所有的东西，虽说是轻装了，却也失去了生存的手段，他们本可以打猎为生，却连猎枪也不带。但有一样东西他们舍不得丢弃一直贴身带着，那是银质餐具，上面还刻有皇家标志。英国人特有的带有皇家色彩的虚荣，使富兰克林和他的 129 名船员最终无一生还。

发现的尸体也惨不忍睹，有的已被肢解。后来的航海者一次又一次地想起富兰克林那两艘船的名字——“阴阳界号”与“恐怖号”——更有人认为这是英国海军部的罪孽。他们把富兰克林等探险家们送上了恐怖的阴阳界——全军覆没的威廉王岛。

紧接着阿蒙森、南森与卡格尼之后，美国人皮尔里显然更加胸有成竹，他最后真正冲刺北极点的成功，看似平常，实非偶然。北进之前，皮尔里先已两度横穿格陵兰冰原，并于 1900 年到达格陵兰最北端的土地，后来称为皮尔里地。

这个时刻，皮尔里把目光盯住了北极点，在用脚走完这一艰难旅程之前，他已先用脑子和思索找好了通幽曲径，堪称北极新概念。

皮尔里一改探险者避开冬季的常规，认为：北极的冬天并不可怕，是探险的最好季节；因纽特人的生活方式，是保证探险者首先生存然后才可探险的最好的生存方式。

1909年2月的最后一天，皮尔里的队伍共24人、19个雪橇、133条狗从基地出发，走进－60℃的严寒向北极点移动。到4月1日，他们行进了450.6千米，离北极点还有214千米。皮尔里只带了亨森与4个因纽特人作最后一拼。他们的运气很好，天气出乎意料的晴朗，皮尔里最信任的伙伴、北极最优秀的驾驶雪橇者黑人亨森，一橇当先，因纽特人紧紧跟上，皮尔里的脚趾头是在1899年冻伤而失去的，大部分时间便坐在雪橇上指挥。

那些从未有人涉足过的冰原平静地接待了他们，面对这些远道而来的征服者，既不抵抗，也不欢迎。冰原不是路又到处是路。1909年4月6日上午10时，皮尔里下令停止行进，他取出六分仪测定方位——北纬90°——皮尔里说“我很满足”。随后要举行一个庆祝仪式，但皮尔里却先“上床睡了几个小时绝对不可缺少的觉”，再精神抖擞地起床——那床也就是因纽特人的皮袋之类，他们在北极点上插了几面旗帜：海军军旗、探险队队旗、美国国旗、和平旗及红十字旗。皮尔里替队员们拍照，亨森带领4个因纽特人欢呼三次，互相握手致贺。那一面美国国旗是皮尔里的太太亲手缝制的。

1909年9月5日，皮尔里凯旋时，同是北极探险家的美国医生库克却声称，他本人在一年前即1908年4月21日便已到达过北极点。这两个曾经一起穿越格陵兰冰原的生死伙伴，从此反目成仇。争执不下之后，只好提交美国国会投票决定，135票支持皮尔里，34票支持库克，皮尔里成为官方的胜利者，提升为海军上将，而库克则名誉扫地，被非难终身，郁郁而死。

只有北极点能作证，可是冰原不说话。

为着最先到达南极的竞争远比北极悲壮，但第一和第二却明白无误。

阿蒙森是一个信心坚定的挪威人。1909年，当他正在南森的“先锋号”船上制订远征北极的计划时，消息传来，皮尔里已成了第一个到达北极的人。阿蒙森当即决定不去北极，转而向南冲击更加遥远的南极。

1911年9月18日，阿蒙森率队驾驶90只狗拉的5架雪橇，出发到南纬80° 布设最后的仓库，10月19日正式开始远征。阿蒙森不仅雄心勃勃而且经验丰富，他用格陵兰的爱斯基摩狗作动力，他又从因纽特人那里学得了一手指挥狗的本领，此外他还用保温瓶带午饭，所以在别人看来阿蒙森是个轻松的南极旅行者。他知道只要在运输及食物上出一点点问题，就很有可能葬身南极的冰雪，所以他带众多的狗拉着充裕的粮食，并一路设立供应仓库确保万无一失。

11月17日开始登山，罗斯冰架已经甩到后面去了。

11月19日，阿蒙森攀登到1580米的高度，设立临时营地，让狗休息，阿蒙森、汉森和威斯廷则滑雪橇到前面探路，然后继续前进到达3340米高的极地高原。阿蒙森下令杀了24只狗，作为食物贮备，这很使人痛心。

12天后，他们穿过称为“魔鬼舞厅”的冰缝纵横的地方。

12月7日，阿蒙森已越过了沙克尔顿创造的纪录。这时候，人与狗都精力充沛，日行32千米。

1911年12月14日，天气晴好，阿蒙森一行到达南极点，挥舞着挪威国旗，并把周围的高地命名为“哈康七世高原”。他们在地球的最南端住了三天，饱览极点风光。那极点在暴风雪席卷的荒漠高原的中央，海拔3360米。

阿蒙森还在南极点作了连续24小时的太阳观测，确定南极点的平均位置，并垒起一堆南极石插入雪橇以为纪念，帐篷就搭在一旁，里面还留有写给斯科特和哈康国王的信。

阿蒙森知道斯科特就在后面，后面意味着第二或者第三。

他留给斯科特的信不是为了嘲弄，而是防止归路上的万一，但总是喜不自禁的了。尤其斯科特，读来更是百感交集。

斯科特的远征从一开始就充满着苦难。

首先他选择了西伯利亚矮种马，而不是爱斯基摩狗。南森曾经劝过斯科特，“就用狗、狗、更多的狗！”可惜没有被接受，除了那些矮种马，斯科特还依靠人力拉雪橇，这一切都成了决策上的失误。

1911年10月,向南极进军的时间来临时,矮种马不愿进食,又遇上风暴大作。11月1日,斯科特向南极内地大陆行动,他们要横越冰架跨过177千米比尔兹莫尔冰川,再登上2440米高的高原,最后是冲击南极点的关乎成败的563千米。矮种马把供应品运送到冰川脚下后,从冰川到南极再返回岸边的2896千米全靠人力拉雪橇。这是个斯科特精密计算过的计划,这也是一个累死活人的计划。

阴影——天气的阴影始终笼罩着斯科特,他在日记中写道:“12月3日,星期日于29号营地。我们的好运气给天气弄颠倒了。12月5日,暴风雪,凶猛、咆哮……在这样一个季节里,出现这么一种天气,究竟意味着什么呢?”

斯科特似乎预感到了什么。

12月9日,斯科特才能够继续他们的行程,一个又一个新雪的小丘横亘在路上,全身裹着御寒服装的人拉着159千克重的雪橇,爬上凹凸不平的冰川是何等难以想象!当斯科特行8人终于登临冰川时,已经精疲力竭,南极高原上的决定成败的行军开始了。看来斯科特是太着急了,“明天的行军时间要加长,希望能走9小时左右。负载日渐减轻,因此我们应做一次必不可少的强行军。”1912年1月8日的日记却写道:“我们遇到生平所见过的最大暴风雪。”两天后他们又经历了“一次极困难的早晨行军”。

那时,斯科特离南极点还有137千米。冰面上疲惫不堪的人拉着沉重雪橇的脚步,是怎样迈出去的呢?斯科特写道:“我从未经历过这种拖法,雪橇一直在轧轧作响。我们走了9千米半路,但所付出的体力代价极为可怕。”

1月12日,“离南极只剩下100千米的路了。”

1月15日,“离南极只有43千米路了,我们现在应该可以走到那里了。”

斯科特记载的1912年1月16日的情况,对斯科特来说比起饥饿和暴风雪,那更是毁灭性的了,他们已经走到了南纬89°42',离南极点已经很近了,胜利在望时,他们发现了阿蒙森的营地。

1912年1月18日，斯科特发现了阿蒙森留在南极的帐篷，以及留下的便条，斯科特悲凉不已地记道："他要求代转封信给哈康国王。""现在我们可以背对着原来的目的地，面对约1280千米费力的拖曳——再见了，我们的大部分梦想。"

一个终于在冰雪中历尽劫难走到南极，但并没有争得第一的勇士，心灵却已经在重击中有了裂痕。斯科特没有倒下去，忧郁地踏上了归程。

我们永远无法说清楚，南极的天气为什么总是和斯科特作对，伤病也随之袭来。斯科特最后的日记写道：

"3月29日，星期四。自21日起暴风雪一直在刮。20日这天，我们每人只有两杯茶、燃料和够两天的食品。我们每天都准备启程走完这17千米的路程，赶到救命的仓库，但是我们无法走出帐篷。假若走出去，暴风雪一定会把我们卷走，并埋葬于茫茫大雪原中。我再也想不出更好的办法。我们要坚持到底，但是，我们的身体已经虚弱到了极点，悲惨的结局马上就会到来。说起来也可惜，恐怕我已经不能再写日记了。"

然后，斯科特签了个名："R.斯科特。"

他的几乎已经麻木、不再能有力握笔的手最后又补充了一句：

"看在上帝面上，务请照顾我的家人。"

斯科特最后的笔迹能叫人想起，什么叫气若游丝，以及灵魂飘散时的影影绰绰，若即若离。

搜索队是在1912年的10月28日找到斯科特的帐篷的。三个人各自长眠在睡袋中，簇拥着他们的是南极无尽的冰雪。

斯科特的手臂压着他的日记本及最后几封信，他走了最后一步，在不能走动之后，他用手写完了最后一个字。

斯科特及其伙伴在极不走运的情况下，坚持了极地探险的传统，一路上艰难地采集各种化石及地质标本，即便在挣扎于死亡边缘的归途中，也一直拖着这17千克重的石头。这一切，连同斯科特的日记，至今仍完好地保存着，成为南极研究的不可多得的宝贵资料。

搜索队的阿特金森把帐篷放倒，堆上冰雪，这就是斯科特及他的伙伴的墓地。后来墓地上又耸立起一个并不高大的十字架，在南极这无与伦比的庄严肃穆的冰雪世界里，沉思过去，守望明天。

关于南极探险者，我们还要记下这些名字：俄国的别林斯高晋、拉扎列夫，英国的库克、史密斯、威德尔、罗斯、沙克尔顿，美国的帕尔默、伯德、埃尔斯沃思，法国的迪尔维尔，澳大利亚的莫森，等等。

无论出于什么目的，他们的冒险精神和坚韧毅力都是值得称颂的，更何况在20世纪即将过去之时[①]，这样的精神和毅力离今天的人类已经十分遥远了。

曾经有人把北极称为“伟大的明日之国”。

这是因为北极地区蕴藏着巨大的财富，然而今日之北极已经远非我们想象中的北极了。

首先是军事战略的需要，然后是石油的开发，所带来的是人员、飞机、油管、核潜艇以及筑路机械，数量之多，声势之广前所未有。与此同时，自然也为北极地区带来了块冰、苔原和因纽特人深恶痛绝的喧嚣与污染。

地球已经不再有净土了。

南极还不太一样，南极地区的白色世界，是地球上独一无二的追问地球历史和未来的实验室。它仍然处于冰期冰封的状态，人们尽管想争着知道它到底有些什么资源，但万年冰川与冰柱阻挡了人类开发的脚步。

有7个国家先后提出了对南极的领土要求，也就是说瓜分南极——如

① 本书首次出版于1999年7月。

同瓜分这地球上所有别的陆地与海洋一样。它们是英国、新西兰、澳大利亚、法国、挪威、智利、阿根廷。

1961年产生的《南极条约》，把南极地区视为科学研究区，条约写道：“为了全人类的幸福，南极地区将永远只用于和平目的，不得成为国际歧视的舞台或目标。”

迄今为止，南极地区仍是国际和平合作进行科学研究的神圣之地，不同国家的科学考察站友好地比邻而居，人们自由行动、有领土要求的国家，也没有诉诸刀枪。

南极理应只属于南极的未来，但南极的未来却又是捉摸不定的。

想知道南极到底蕴藏着什么资源，这是人们最大的兴趣之所在。南极一些最大的山脉被认为是南美洲安第斯山脉的延伸，而安第斯山脉是富于金、锡、铜矿的；苏联曾发现了大量的南极铁矿，澳大利亚人在勘查南极铀与铅、锌等资源。

南极将会愈来愈教人想入非非。

南极四周冰冷的海水，是极其鲜美的天然调制的营养浓汤，它含有丰富矿物营养，并充满着极小的动物及植物。这些动植物是红色南极虾的基本食物，将来争吃南极虾的是人与鲸，不过鲸想来争不过人类，日本的捕鲸船就在那里出没。

到公元2000年，人类对海产鱼的需要量剧增，因为人口增加得太多太快了，而人的胃口也越来越大。1967年开始，苏联就大量捕捉南极虾，20世纪70年代初每年捕捞20万吨。日本每年捕捞4500吨，用作汤料及制作日本酱油等调味品，日本人还能将这些虾制作成浓缩蛋白质，向世界市场推销。

南极的冰也已经被人类惦记着了。

冰是淡水来源，现在的世界就是缺水，法国有科学家设想，用巨型拖轮把冰山拖往澳大利亚及沙特阿拉伯之类的国家,使之融化以浇灌沙漠。

1964年,南极有了第一批极地旅游者。

1984年12月31日,当地时间上午10时中国建立在南极的第一个科学考察站——长城站——在乔治王岛举行了隆重的奠基典礼。郭琨为站长,董兆乾、张青松为副站长。

长城站的具体位置是:南纬62°12'59",西经58°57'52",与北京的距离是17501.949千米。

南极有了中国人的脚印,南极有了中国人的声音:

您好!南极;您好!企鹅;您好!冰雪。

第三极与中国冰川

羲和之未扬，若华何光？何所冬暖？何所夏寒？

——屈原

南北极之外，地球还有第三极，即最高极青藏高原上的世界最高峰珠穆朗玛峰，它位于中国和尼泊尔边界，外形如金字塔，海拔 8848.86 米。

我们或者还可以说地球另有第四极——最深的一极——倘若把地球陆地至高无上的珠穆朗玛峰拔起，并投入西太平洋的马里亚纳海沟，它将完全被波涛覆盖而踪影全无。

地球有最南极、最北极、最高极、最深极。

地极四极是互为对称、互为平衡的四极。

地极四极是集对称、平衡美之大成的四极。

南北极已经写过了，现在说第三极所在的青藏高原，以及它的隆起和环境。

中国现代环境格局是在新生代开始逐渐形成的，尤其在第四纪期间得到进步发展。中国地质环境的演化及其影响不独在中国，而是整个地球气候的变化与调整，尤其是青藏高原的隆起，是全球晚新生代气候急剧变化的重要原因。

中国古新世环境继承了晚白垩纪的基本格局，气候主要受行星风系控制，从而大约在北纬 18° ~ 北纬 35°，形成一条东西走向的干旱带，其标志是大量盐类和石膏沉积的发育。干旱带以外形成大量深浅不一的煤层，并有多种动植物化石。现在为季风控制的中国南部湿润地区，在当时是干旱区。

40 万年前，青藏地区已全部成为陆地并逐步上升，成为海拔 500 米以下的平原。这块巨大的平原是躁动不安的，它注定要使亚洲成为高亚洲，但它又是不慌不忙、时快时慢地隆起的。直到古新世，还没有证据表明，青藏高原已经形成。距今 36.6 万年 ~ 23.7 万年间的渐新世，中国的气候情况大致是：东南部干旱地区明显湿润化，黄河以南发育了森林，东南地区干燥度的降低表明了降水和湿度的增长，有专家如刘东生认为，据此可以说明中国东南季风已初步形成。在差不多的时间段内，地球上的各种变化都是互为呼应、丝丝入扣的，此时也正值南极冰川发育的初期，罗斯海出现了冰的积累。东南季风的初步形成可能与南极冰盖发育有密切关系。

渐新世的青藏地区，也进入高原形成期了。

第三纪晚期的中新世，是中国环境发生重大变化的时期。西南季风形成，中国西南部出现了许多含煤盆地，东南季风也显著加强，青藏高原在不知不觉间已隆起到了平均海拔 1000 米的高度。到中新世时，中国环境的基本特点已接近于今天的格局。

中新世晚期，中国气候再次发生显著变化。距今 8 万年时，印度洋夏季风的强度急剧增加，中国北部开始发育第三纪的“红黏土”。它的沉积特征与第四纪黄土中的古土壤没有显著差别，专家们由此判断：“‘红黏土’含有明显来源于风尘的物质。从第四纪及现代风尘堆积的研究来看，我国北方及中亚干旱区与冬季风环流是风尘堆积的两个基本条件。中新世晚期前后，我国北方大面积风尘堆积的出现，则是中亚地区干旱化和冬季风业已形成的重要标志。此时，中国干旱带明显向西北退缩。”（《第四纪环境》）

青藏高原在继续隆起，它告诉我们——它是东西长达 3000 千米，南北最宽处约 1600 千米的一片地球上最高的高原。

大自然的造山运动远不是瞬息万变、一步登天的，它有动因、机制、过程，它是被造的而不是自己设造的，它不得不高。

距今25万年～1万年间，即进入第四纪全新世，青藏高原便达到差不多现今的高度了。

青藏高原的隆起，是新生代地球历史上最为壮观的一幕。

地球显示了它的无比庄严。

地球的无比庄严便是地球创造的至高无上。

当高原海拔达到2000米左右的时候，一系列的抬升使中国大气环流东西和南北方向的运行，都受到明显的干扰。地球上的每一块石头、每一根小草都感觉到了青藏高原的存在，以及由此引起的生存环境的变化。因为青藏高原的存在，使高原四周自由漂流的大气，在冬季成为冷源，到夏季又成为热源。夏季的青藏低压影响南亚季风环流。冬季，当气候带南移，高原本身形成的闭合冷高压，叠加在蒙古冷高压之上，从而大大增加了冬季寒风的强度。

倚天而立并广为延展的青藏高原毫不费力地阻挡了来自印度洋的水汽，越过高原的气流在高原北缘下沉，使中国西北广大地区冬季干冷，夏季干热，总之离不开地旱心焦的一个"干"字。西北地区的干旱，均与青藏高原的隆起是分不开的。上述这一些并不是中国气候变化的全部，西北地区接受印度洋气流带来的热量减少，西伯利亚冷高压由此强大，使中国东南季风区不断扩大，西南地区成为孟加拉湾暖湿气流向北输送的湿漉漉的通道，西南季风也随之和畅强大。而青藏高原本身也由于它的至高至巨，成为举世无匹的高寒环境系统，垒积雪山、孕育冰川、发源江河，居高临下，一览无余。第四纪时期，青藏高原持续隆起，环境特征与区域差别相对稳定，从而使中国有了特色各异、景观各异、风光各异的“6个不同的地质环境系统”(《第四纪环境》)。

> 青藏高原寒冻剥蚀系统,地质营力以冰川、冻土、寒冻风化占优势;蒙新极干旱风化残积系统,地质营力以风为主导,发育了中国最大的沙漠和戈壁;晋陕干旱大气沉积黄土系统,黄土沉积与流水冲刷作用构成该区主要的地质过程,堆积了世界上面积最大的黄土高原;辽冀沉降平原系统,地壳持续下降,以堆积作用为主,形成广阔的平原;南方古老红土风化壳系统,地壳稳定或轻微抬升,受东南和西南季风影响,形成大范围红土风化壳;滨海大陆架淹没系统,地壳以沉降为主,长期接受沉积,河口、海洋与大气沉积汇集其中,发生了多次海陆更替的沧桑巨变。

《第四纪环境》还说,1964年在希夏邦马峰北坡5900米发现的高山栎叶片化石推测,在第四纪之初,当地高原已达到海拔3000米,许多山峰达到雪线以上,高原四周盆地有巨栎沉积。当青藏高原平均海拔达到3000米以后,环流效应已与现代相似,东亚季风基本定型。早更新世初,青藏高原上湖泊星罗棋布,如明珠闪烁,是新生代的一个重要成湖期,湖与湖之间是森林、草地。地质考察表明:青藏地区曾经有大片的温带森林,随着它的逐渐隆起而成为草原和荒漠草原环境,湖水为淡水。到第四纪,青藏高原又逐渐在抬升中形成寒冻剥蚀系统。早更新世末至中更新世初,青藏高原的平均高度在海拔3000米,高山地区成为“冰冻圈”,大规模的冰川作用时期开始。

晚更新世是中国自进入第四纪以后最干冷的时期。

青藏高原演化成极干极旱的环境,冰川冻土成为第四纪地质过程的主要产物,高原荒漠景观已一统天下。湖泊面积缩小,并大多成为咸水湖,但这些内陆湖泊多数还保存了连续分布的古湖岸线，使后世勘查者有线索可循。

到晚更新世，青藏高原作为地球之屋脊的使命已经完成。它耸立在亚洲南部，自然地带的垂直谱系完整，一些极耐干旱的动植物，在这冰雪之地生活着。

> 对人类来说，青藏高原的雪线上下是无法生存的极地，但恰恰总是人类难以涉足之处，因而又是生物多样性的风水宝地。

青藏高原在全新世——距今 1 万年时——已达到现在的高度。其时冰川退缩，暖期来临，融冰水汇集湖中，水面急剧上升。后来随着蒸发量加大，高原湖泊又逐渐收缩。

西北戈壁沙漠区的第四纪环境，也在急剧变化中趋于稳定，但人类不合理的生产活动使这一大片本来干旱之地，面临着更加不可捉摸的可怕前景。

塔里木盆地在早更新世初便大量接受了周围山地的河流沉积，形成厚1000 米以上的砾石层。河流是砾石的主要搬运者，源出昆仑山的河流能把砾石搬运到麻扎塔格山山脚下。塔里木盆地的西、北、东缘为坳陷区，发育过大面积的湖泊，湖泊沉积中的树干、树叶化石，说明当时山上有森林。河西走廊沿祁连山北麓的砾石层厚达 600 米，这些堆积的砾石是西北地区久远的干旱历史的明证。

受青藏高原隆起的影响，西北干旱区的山区在中更新世纷纷抬升，普遍发育了山地冰川。昆仑山东段与天山北坡的冰渍物分布在山麓倾斜平原地带，曾有大量的冰融水流入盆地，这可以使人想象西北地区也曾经湿润过。但终于无法从根本上扭转荒漠气候的发展，沙漠与戈壁连绵，湖泊的面积迅速收缩，沉积物随之遭受风蚀，形成雅丹地貌。其时，塔克拉玛干沙漠、巴丹吉林沙漠、腾格里沙漠已经形成。

晚更新世，塔克拉玛干沙漠扩大到整个塔里木盆地。

柴达木盆地的湖泊大体消失，成为面积很小的盐湖，继而又成干盐湖，周围是干旱荒漠景观。

巴丹吉林沙漠、腾格里沙漠扩展为大规模的沙漠。毛乌素沙地、科尔沁沙地的出现，无可怀疑地指出了中国沙漠自古以来向东扩展的大趋势。

人们常常不解，沙漠为什么总是连着戈壁呢？通常情况是，在西北干旱区的山麓地带，当细粒表层物质被风蚀以后，大大小小的砾石开始裸露，默默地从无规则的排列，撇开了干旱的历史，人称戈壁滩。沙漠与戈壁自此成为中国西北的主要地貌景观，两者互相印证着晚更新世时烤灼一切的干旱，已达到最严重的程度，形成蒙新极干旱风化残积系统。从此后，雨水和湿润成为梦幻。

梦幻还真的曾一度接近过大漠戈壁。

西北干旱区在全新世经历了一次较晚更新世大大湿润的时期，此一时期洋溢着草木和流水的美丽，天然的绿洲与城邦小国纷纷出现，丝绸之路上马鸣声声、驼铃叮当。这一难能可贵的湿润时期在不同地区出现的时间可能略有差别，但湖泊水流充盈、面积扩大，地表径流加强，沙丘固定等环境特征，却惊人地一致。罗布泊、艾比湖、居延海在全新世都曾有过一个高湖面时期，湿润的气息是沙生植物所喜欢的，绿洲发育，沙漠难得经历了一次无孔不入的推进之后的退却。毛乌素沙地被固定，有零星小湖出现，后来水草丰茂，曾有毛乌素草原之称。

亲爱的读者，让我们回到西部的高山峻岭间，让我们一起认识中国冰川。

中国是世界上低纬度山岳冰川最发达的国家。截至1987年，统计资料显示，中国冰川总面积约为58650平方千米，所含水资源总量为5.144×10^{12}立方米。除南极大陆与格陵兰两大冰盖外，中国冰川数量仅次于加拿大、苏联和美国，在亚洲跃居首位。第四纪冰期时，中国冰川的分布范围更比现存冰川多出几倍，冰川的存在与中国干旱的西部地区人类生存、生产活动有着密切的关系，是极为宝贵的淡水资源，它也是山地环境的组成要素，它凝结着已经不可再得的古气候与古环境信息。有时候，在若干地区，冰川也是严重地质灾害的发源地。

> 冰川是寒冷地区降雪层累积聚之后，经过变质作用形成的自然冰体。冰川从积累、运动到消融的过程，贯穿着水分和热量的变化，冰川与大气，冰川与冰床之间的相互作用，构成一个复杂的系统。地球陆地面积的11%为冰川覆盖，世界淡水资源的4 / 5积聚在冰川中。第四纪冰期时，冰川曾经覆盖了30%以上的全球陆地，这一被称为“人类纪”的第四纪，为什么曾经如此严寒，又因何把如此众多的淡水凝固成冰长久地存留在自然界，实在是不可思议。

2000多年前的中国古代文献中，就有对冰雪的简明记述。如《礼记·月令》称：“孟冬之月……水始冰，地始冻……仲冬之月……冰益壮，地始坼。”西汉韩婴在《韩诗外传》中说：“凡草木花皆五出，雪花独六出。”六出即六瓣也。唐玄奘师徒去印度取经，于公元630年左右途经天山的木札尔特冰川，描述极为生动，见之慧立著《大慈恩寺三藏法师传》，其中有道：

> 其山险峭，峻极于天，自开辟以来，冰雪所聚，积而为凌，春夏不解，凝沍汗漫，与天连属，仰之皑然，莫睹其际。其凌峰摧落横路侧者，或高百尺，或广数丈，由是蹊径崎岖，登涉艰阻，加以风雪杂飞，虽被履重裘，不免寒战，将欲眠食，复无燥处可停，唯知悬釜而炊，席冰而寝。七日之后，方始出山，徒侣之中，馁冻死者，十有三四，牛马逾甚。

这一精当的目击冰川的文字记载，比欧洲11世纪冰岛文献中的冰川描写，早了近400年。但近代科学意义上的冰川学孕育于欧洲。比较起来，发现现有的冰川，证实地球历史上曾经有过的冰期与冰川，还是要容易一些。而冰川学的开始，便是回答冰川如何能运动。1751年，阿特曼提出重力说，继而包第埃和福勃斯提出黏性流说。20世纪上半叶冰川学家认识到冰是结晶体，如金属晶体那样接近熔点时变形的解释，使冰川运动显得更加合情合理而可以为人们接受了。第一个对冰川进行系统观测的人，是阿迦西。1830年，阿迦西对阿尔卑斯山的一条冰川的各部分做了流速测量，其发现是惊人的：冰川中部流速最快，而向两侧、源头和末端减缓。

阿迦西还是地球上第一个冰川观测站的建立者。他还以他的极富想象力的观测而无可怀疑地证实了，第四纪大冰期的存在。

19世纪末—20世纪初，西方的探险者在中国西部山区探险考察时，涉及第四纪冰川和现代冰川记载中较著名的有：麦茨巴赫对博格达山和汗腾格里山冰川的相关论述；马生、谢普顿与喀喇昆仑山北麓克勒青河谷冰川；华金栋与藏东南和横断山等南部冰川；哈姆与贡嘎山冰川等。20世纪50年代，维斯曼著有《高亚洲冰川与雪线》一书，综合了西方学者的研究，绘有详细的雪线分布图。

中国学者中较早注意现代冰川的是竺可桢先生，他在20世纪20年代初编著的《地学通论》中有论述冰川的专门章节。袁复礼曾测绘过博格达山北坡的冰川地形，黄汲清是天山南麓第四纪冰川的深入考察者，并著有《中国冰川》一文。

使中国现代冰川事业在艰难困苦中逐步走上轨道，并不断扩大成果的，是从1958年中国科学院在兰州设立专门冰川研究机构开始，在施雅风主持下先建立考察队后成立研究所，对祁连山、天山、喜马拉雅山、喀喇昆仑山、西藏地区、阿尔泰山、横断山以及西昆仑山的冰川进行了艰苦卓绝的考察，并先后建立了祁连山大雪山冰川观测站和天山冰川观测试验站。

中国西部有冰川分布的高山介于北纬26°～北纬46°之间，属亚热带和温带，本来并无发育冰川的条件。自新生代以来，西部诸山系南起喜马拉雅山，北到阿尔泰山，均强烈隆起，达到冰期和间冰期雪线以上，于是冰川出现，其分布为：阿尔泰山区，天山山区，祁连山区，昆仑山区，帕米尔山区，喀喇昆仑山区，羌塘高原区，唐古拉山区，冈底斯山区，念青唐古拉山区，横断山区，喜马拉雅山区。

阿尔泰山区是西部山地中最北边的呈西北—东南走向的宏伟山区，也是中国最北的冰川分布区。新生代第三纪时，发生准平原化作用，山势不高，上新世末、更新世初，出现强烈的断块梯级变形和沿北向西的大断裂抬升，形成主峰高达4374米的山区，位于中、俄、蒙三国交界处，成为中国现代冰川的一个中心。随着山势向东南部倾斜降低、降水量的减少，冰川规模也由大而小而渐次消失。

> 我们要知道一条河，我们要记住一条河——额尔齐斯河——这是中国西北唯一外流至北冰洋的水系，携着阿尔泰山源源不断的、清澈的冰雪融水。
>
> 额尔齐斯河的水一定是甘甜的。

天山是横亘亚洲中部的巨大山区，典型的褶皱断块山，由一系列的山脉和山间盆地组成。天山山脉是古老的，在古生代就具备了现代山脉的雏形，可是经过中生代的长期剥蚀，到新生代第三纪时已呈现夷平状态，不再高大，不再险峻。第四纪即将到来的上新世晚期以来，天山山区作强烈断块隆起，形成现在的雄伟姿态，中吉（吉尔吉斯斯坦）边界地区的汗腾格里山汇特别高峻，托木尔峰海拔7435米。此外还有40多座海拔6000米以上的高山，高峻而列队成群，其耸入云端的峰峦之间便成了亚洲中部的主要冰川中心，也是塔里木河、伊犁河等最大的内陆水系的补给源地。

天山范围广大，南北坡与东西段气候差别很大，因而天山冰川的分布也绝不平衡。冰川面积的一半集中在南天山西段托木尔峰一带，这里还是天山最大的冰川作用中心。其次是北天山中段的依连哈比尔尕山，冰川面积超过1400平方千米。

1981年按国际冰川编目要求进行的统计数为：天山冰川共有8908条，

冰川面积9195.98平方千米，折合水量为9.096×10^{11}立方米。（中国科学院兰州冻土研究所资料）

> 天山是新疆的中枢，中枢是稳固的，新疆便是稳固的；中枢是完整的，新疆便是完整的。从这个意义上说，保护天山的草木、动物、冰川，就是保护新疆，保护这一幅员广大的干渴之地的生命水源，保护这一区域的大地完整性。

我在河西走廊踏访中国风沙线时，曾在嘉峪关远望祁连山上林和雪，为地球上美好的创造而惊叹不已。祁连山位于青藏高原东北边缘。介于河西走廊与柴达木盆地、青海东部高原之间的巨大山系，由多列平行山脉和宽谷组成，最高峰为疏勒南山团结峰，海拔5808米，还有不少海拔超过5000米的高峰，形成小规模的分散的冰川中心。祁连山中西部山体较高的地段是冰川的主要所在，占主导地位。

河西走廊，丝绸之路的一个重要路段，留下了张骞、法显、玄奘、林则徐、左宗棠及不少边塞诗人脚印的长廊；又是让多少充军的、发配的、沙进人退而不得不迁徙的在这里回首故乡、柔肠寸断的长廊。

河西走廊是历史。

河西走廊是干旱。

河西走廊是伤感。

如果不是河西走廊南侧的祁连山，那云雾缭绕、雪花茫茫处的冰川雪线，河西走廊便是毫无生气的了。北侧是荒凉的龙首山、合黎山及腾格里、巴丹吉林、库姆塔格三大沙漠，1600千米的风沙线上有800多个大风口，尽管有三北防护林建设者们的辛勤植树封沙固沙，可是风沙依旧弥漫，沙漠还在推进。

多亏有了祁连山冰川的融冰雪水，河西走廊这一条世界最长的天然走廊，还是甘肃的粮仓，还有绿洲，还有小毛驴车拉着一车的红头巾和宽阔的笑声。

祁连山与沙漠夹峙中的河西走廊，东起乌鞘岭下，西至敦煌当金山口，每往前走一步便多一分燥热与干旱，年降雨量从不足200毫米到不足100毫米到敦煌的39.9毫米。

古生代时，整个大西北的许多地区都是沼泽湖海，古生代结束时有大块陆地形成。以后是地球极不稳定的时期，地壳动荡，海陆更替，直到第四纪随着青藏高原的隆起，地处青藏、黄土、蒙古三大高原交汇地带的祁连古海也扶摇直上，成为巨大的祁连山褶皱带，并形成祁连山冰川。冰雪之水汩汩而出，滋润着柴达木地区与河西走廊。

兰州冻土研究所多年的研究资料说，祁连山冰川大部分处于后退状态，东部冷龙岭冰川在1956—1976年的20年间，年均后退12.5 ~ 22.5米，中西部的大雪山雪线为每年后退2 ~ 6.5米，不少冰川在近100 ~ 300年间已缩减了一半以上的面积。

冰川后退，雪线升高，祁连山系的一些大小河流逐渐演变成沉砂乱石。祁连山山水的年径流量由1950年的78.55亿立方米下降到目前的65.84亿立方米，减幅为16.2%。源出祁连山的石羊河水系近10年间以每秒钟8.5立方米的速度而惊人地减少，难怪我在河西走廊感觉到的除了干渴还是干渴。

与此同时，人口、畜群都在成倍地增长。河西人爱喝酒还想富起来便到处办酒厂，河西的水好，于是河西走廊一时有“河西酒廊”之称。

从祁连山眺望河西走廊，是一幅这样的让人心碎的环境恶化的画面：

沙漠向农区推进；

农区向牧区推进；

牧区向林区推进；

林区向冰川、雪线挺进。

所有的这一切推进，与时下报章上所说的人类文明的巨大进步等，是不是同一回事情呢？从生态环境的本质而言，这样的每一次推进都是强力破坏，都是对大地完整性的撕裂乃至粉碎。这一切推进的叠加，便是雪线上升、冰川后退，最后远离人类乃至消失！

到那时，你也许一切都有，独独没有地和水。

现在我们就应该明白："没有地和水，就是一切都没有。"

昆仑山和喜马拉雅山及其中间的青藏高原，是地球最高最巨大的隆起，也是陆地上最优美的线条之所在，神秘包裹着神圣。昆仑瑶池，蟠桃仙草，即在此地吗？

昆仑山是中国境内最长的山系，从帕米尔高原到四川和甘肃交界处的岷山，绵延横跨28个经度，长达2500千米，它由多列平行而高低不平的山脉组成。

新疆塔里木盆地南缘的西昆仑山，呈向南弯曲的弧形，在第三纪时是片高地，进入第四纪后急剧隆起，山前洼地中堆积的砾石层厚达2500米。西昆仑山最高峰为海拔7167千米，6000米以上的山地面积之广，超过西部任何其他山系。因此，尽管气候干燥，西昆仑山仍是巨大的冰川中心，拥有整个昆仑山系冰川的2/3，中国最大的古里雅平顶冰川亦在其中。中昆仑山则是别有一番情趣了，山系宽广但相当散漫，仿佛是当初神灵从喜马拉雅山独步下来，觉得一山为极顶太孤单，便让青藏高原隆起，隆起之后又觉得不太对称，再让昆仑山凌天接云。大功既成，神灵看着满意了，其余便随它去了。中昆仑山有几处海拔6000米以上的高峰，形成了若干小规模的冰川中心。东昆仑山山势更趋平缓，冰川较少，只是在黄河大弯曲内的阿尼玛卿山海拔6282米，这里降水远较西昆仑、中昆仑充沛而集中，成为一个注目的冰川中心。而位于四川松潘附近的雪宝顶，海拔5588米，是中国西部最东端的有小冰川发育的岿岿高山。

据焦克勤、张振栓等专家1985年的统计，昆仑山脉的冰川面积达

12482.20平方千米，占全国冰川面积的21.3%，是中国冰川最多的山脉，但是冰川利用及人们对其了解的程度远不如天山与祁连山。

这样的“远不如”也许是大好事，昆仑山的冰川因此而保存完好，暂无后退之忧。

昆仑山的神奇险峻阻挡了现代人的脚步。

昆仑山的冰川是我们后人的冰川。

昆仑山区的西端连接着帕米尔高原，中国境内的帕米尔高原东起叶尔羌河中游的南北向峡谷，西至边界，人们习惯称其为东帕米尔。高原面海拔5000米左右，冰川面积为2992.85平方千米，约占整个帕米尔冰川面积的1/5，分布在世界登山史上著名的两大高峰即慕士塔格山和公格尔山及阿克赛巴什山等山区。

慕士塔格山主峰高达7546米，集坚固、冷峻、高危于一峰，号称“冰山之父”。数百平方千米的冰体，自7000多米的山顶一直覆盖到5100米处，形同冰帽。更有冰舌从冰帽边缘伸向山麓，冰舌舔过之处便成了特殊的峡谷式溢出山谷冰川。慕士塔格山西坡，冰川长度超过10千米的就有4条，自南而北是喀喇昆仑冰川西可可西里冰川、切尔干布拉克冰川和洋布拉克冰川。东坡的东可可西里冰川是山区最大的山谷冰川，卫星照片判读为长216千米。冰川融水在南坡流入塔什库尔干河，北坡及西坡和东坡大部分融冰雪水流到了盖孜河。海拔7719米的公格尔山冰川区，其山势之宏伟要胜过慕士塔格山，最大的冰川为北坡喀拉亚依拉克冰川，面积94.94平方千米，冰川末端降至海拔3500米左右的盖孜河谷南侧。另一条大冰川为东坡的切末干冰川，冰舌为冰碛覆盖，融水注入库山河。公格尔山西北还有昆盖山，是帕米尔东部的另一重要冰川分布区，冰川常在夏季发生冰川泥石流，对盖孜河北岸的公路交通时有威胁。

帕米尔高原和西昆仑山之南，是喀喇昆仑山区。它由多列并行的雄伟而陡峻的高山组成，主脉沿中国与巴基斯坦边界伸展，乔戈里峰高达8611

米，为地球之上的第二高峰。高山、宽阔的纵谷再加上丰沛的降水，使喀喇昆仑山成为世界上山岳冰川最发达的山系。在全世界8条超过50千米长的中、低纬度大冰川中，就有6条发育在巴基斯坦境内的喀喇昆仑山。中国境内最大的音苏盖提冰川为42千米，面积为379.97平方千米，发育在乔戈里峰西北邻近处，冰舌末端止于海拔4000米左右的山谷中。有来自北、西和南三个方向积累区的补给使该冰川成为壮观的纵谷冰川，其冰川消融区表碛密布，裂隙密集，冰塔林晶莹闪烁，如仙如魅。

> 你知道和田美玉吗？你见过塔里木盆地南缘历史悠久、沙海茫茫中的绿洲吗？还有的曾经辉煌在西域的小镇、小国已经被深埋在百尺黄沙下了。无论昨天还是今天，在这一区域使绿洲得以存在、生命能有色泽的是和田河、叶尔羌河、盖孜河等河流，而补给这些河流以冰雪甘泉的正是喀喇昆仑山、西昆仑山和帕米尔高原的大大小小的冰川。
>
> 因为中国西部冰川是高贵的，所以中国西部的河流是高贵的。

羌塘高原区也称藏北高原，包括冈底斯山以北与昆仑山之间的广大地区，高原平均海拔约5000米，高原面既起起伏伏，又宽松舒缓，有若干不相连接大体作东西排列的海拔6000米以上的山峰屹立着，默默无言地互相对视。

由于处在青藏高原的腹地，降水稀少，冰川发育主要靠山的高度，冰川均以山峰为中心作斑状分布，北部数量较多。在超过6000米的山脊与山峰上，这些高高的冰川如斑如云，是真正的寂冥而深沉。唐古拉山区位于青海与西藏的交界线上，是羌塘高原南缘的一条主要山脉，最高峰各拉丹东峰海拔6621米，是山脉最大的冰川分布中心。

据张林源1981年的统计，唐古拉山脉共有冰川1936条，面积2082平方千米，其中以各拉丹东为主体的冰川面积占唐古拉山脉冰川总面积的54%。

各拉丹东雪山是气势不凡的。

就在长达60千米的主山脊范围内，它拥有20座横空出世的海拔超过6000米的高峰，各峰均为冰川覆盖然后连接成一个冰雪的峰峦群体，冰川面积达737.64平方千米。西侧的尕恰迪如岗冰川隔着纳钦曲，与各拉丹东冰川冰冷地互相遥望。唐古拉山最大的冰川，位于各拉丹东雪山西侧一座海拔6543米高峰下的姜根迪如冰川，它的末端下伸至5395米的山麓，融水注入纳钦曲。

各拉丹东雪山，你是流淌着母亲乳汁的神圣之山。

各拉丹东雪山姜根迪如，冰川融水的点点滴滴，涓涓细流，是万里长江的初始流出。

深入青藏高原腹地的昆仑山和唐古拉山之间，有十几条晶莹清澈的河流，其中较大的为楚玛尔河、沱沱河、当曲。根据"河源惟远"的原则，沱沱河应为长江正宗之源。再沿沱沱河上溯，又有东西两条支流。东支较西支为长，故长江的最初源头更确切地说是沱沱河东支。

沱沱河东西两支汇流后叫纳钦曲，下行24千米与右岸的切苏美曲汇合才称沱沱河。沱沱河继续自南向北流动，于葫芦湖附近接纳了江塔曲之后便转向东流，在囊极巴陇与当曲合二为一，自此称通天河。从江源到囊极巴陇的沱沱河是长江显现之初的第一流程，共375千米，谁也不能不承认，长江一现身就是卓尔不群、高贵非凡、从容自若的。凭借宽阔的谷地，平坦的地势，它流动在海拔4500米以上的高原之上，踌躇满志而厚积薄发。因为沙洲随起，汊道众多，水流时而分时而合，分分合合，因而被称为"辫状水系"。

江源从无春夏。

无止无境的严冬是江源的生命。

在久远的寒冷之后，江源已无所谓寒冷了。

你无法猜测那些白雪是去年之雪还是今年之雪或者是几十个世纪之

前的雪？当这些新雪、旧雪统统凝固时，至少在江源区，时间也凝固了。凝固中含有古往今来的冰雪覆盖区，发育出数十条现代冰川，冰塔如林，庄严肃穆，晶莹而剔透。孕育巨大生命的从不喧嚣从不张扬，不以有为有，不以存在为存在，寒冷也罢，积雪也罢，冰川也罢，冰川无所顾忌。如是白天，太阳的强烈辐射，唐古拉山、各拉丹东雪峰一样不为所动，而只是在冰面表层，发生有限的冰雪消融，点滴而下。此存在不经意地连接着彼存在了。

> 中国最长的一条大江就这样在冰雪之巅的严寒中，孕育、流出了。长江的初始环境，便是流出的细小缜密，断断续续，以及威严的高度。那流出是阳光下的一点一滴，是极为有限的消融冰雪，流动也无声无息，到夜晚则重新封冻。
>
> 流出凝固了。
>
> 流出开始了。
>
> 这点点滴滴便是长江之始。
>
> 那涓涓细流便是大浪之初。
>
> 之后的波涛万里，浪花如雪，涛声拍岸，都在这冰雪消融的流水之中了。

长江江源地区年平均降水量在200～400毫米，85%以上的降水集中在5—9月，且以降雪为主。沱沱河的年平均降雪日为350天，即从每年的8月16日开始，便雪花纷飞一直落到次年的8月1日。也就是说长江中下游经历的一年四季，春花秋月的那些日子，包括汛期雨季承接滂沱大雨时，江源地区只是下雪，那雪花堆砌在冰川上的声音，我们听见了吗？

江源地区也并非总是洁白无瑕、风平雪静。

每年11月至第二年的3月是风季，沱沱河沿岸每年平均大于8级风的日子超过100天。风起时，飞沙走石，尘土扬天，与茫茫大雪共飞旋，并形成沙暴。在这样一个极寒冷又时有风暴的江源环境里，树木难以生长，鸟类无处筑巢，鸟儿们便只好借居于老鼠的洞穴中，形成鼠鸟同居和平共处的自然生态。长江这个名字是长江干流的总称，不同的河段又有不同的名字，我们已经知道各拉丹东雪山下江源到囊极巴陇的沱沱河了，它全长375千米；从囊极巴陇到玉树的巴塘河口称为通天河，全长1188千米；再往下2308千米到宜宾，这一河段因多沙金而称为金沙江；在宜宾附近，岷江千里投奔而来，汇合之后始称长江；宜宾与宜昌之间1033千米，蜿蜒在四川盆地，故又称川江；湖北枝城到湖南城陵矶一段，长420千米，属古代荆州地面，称为荆江；镇江一带的长江干流因古有扬子津和扬子县之谓，后又得名为扬子江。

至此，长江就要奔流入海了。

长江，你曾回首各拉丹东雪山以及茫茫河源吗？

河源依旧是冰雪和风沙，沱沱河、通天河因为在高原顶部的最上游，流水温和而平静，但也是在积蓄。金沙江便是奔腾咆哮的了，切开横断山时，在650千米的流程中它下坠了1400米，平均为1千米坠落2米多。

> 落差是大自然的原动力，它大无畏地向下坠落。大自然在显现自己的这种精神时，是无所遮拦、不可阻挡的。
>
> 水往低处流，
>
> 水往低处流……

位于青藏高原南缘的喜马拉雅山，堪称是地球上最年轻而雄伟的山系，东西延伸2400千米，东起雅鲁藏布江大拐弯处的海拔7782米的南迦巴瓦峰，西止于印度河南侧8125米的南迦帕尔巴特峰。中印、中尼边界上的大喜马拉雅山为其主山脊，高5500 ~ 8000米以上，是主要冰川发育区。这里拥有海拔7000米以上的高峰40多座，8000米以上的高峰10座，中尼边界上的珠穆朗玛峰海拔8848.86米，为世界第一高峰，其周围群峰峻拔，连绵起伏。

现在我们看见了，珠穆朗玛峰并不是一峰独秀，而是万千高峰耸峙托起的。也许，这是地球在诸多伟大创造中极富启示的创造之一，在某地域，某个时期，当一个高峰出现时便有连绵的高峰结队而来。

有没有过竞争很难说，而互为衬托则是确切无疑的。

喜马拉雅山高则高矣，而它又是地球上最年轻的山系，此二则人所共知，但使之连接看看其中有什么道理却鲜有人知！地球以其自然的无比权威告诉我们：让年轻的更高大！

这里的新构造上升运动是如此强烈，以致末次冰期所形成的冰斗高度向主山脊方向上升，老的冰碛成为台地，台地之上又有新的冰川发育，新老层垒浑然一体。我们已经写过，喜马拉雅山的强烈抬升，非喜马拉雅山想升高即可升高的，这是地球在新生代一系列地质运动的杰作，是由自然力控制和安排的，在这之后，人类纪将要开始。具体地说，由于印度板块的向北挤压俯冲，而这种挤压俯冲是长时期的、坚韧持久的，所以喜马拉雅山不能不上升，并连带了广大的青藏高原及周边地域。最后形成了喜马拉雅山南俯北卧的大趋势，沿着低角度的断层面产生许多推覆构造体，而南北向的断层又把推复构造体割裂，使之成为一个个相对独立运动的断块，断块上升形成极高峰，顺理成章地成为冰川作用中心。

珠穆朗玛峰成为地球最高峰，是更新世间冰期以后地球上发生的最高大的事件，斯时也，第四纪已经开始，人类终将发现这个高度，这个不可企及的高度，它威严而冰冷地俯视天下。这一高度所涵盖的广大地区，是冰雪之源，是黄河、长江流出的初始地带，它和南北极一起组合成了一座座冰雪的山岭。

在青藏高原中、西部，喜马拉雅山和昆仑山之间的辽阔高原面上，有若干列绝对高度达 6000 米以上，而相对高度仅为 1000 ~ 2000 米的分散山岭，成为小规模的冰川中心，较南边的是冈底斯山，西缘有阿里喀喇昆仑山。在西藏东南部念青唐古拉山系的东段,及与喜马拉雅山东段之间的波密南山,尽管没有7000米以上的高峰,却因为特殊气候原因,也形成了亚洲最大的冰川中心之一。

读者朋友,现在让我们一起走近横断山区冰川。

“横断”一词源出我国最早的地理教科书编著者邹代钧笔下,邹老先生实在是功德无量的,虽然这一词语没有专门的注释,但所有地理学前辈在叙述本区山川形势时特别指出:亚洲的主要山脉大体上均呈现为东西走向,可谓整齐划一,而唯有这一地区异石突起、众峰并列、纵横贯切、为南北走向。“横断”所指,应该明明白白了——横而断之也。

横断山区的位置极为险要,它在怒江、澜沧江和长江上游的金沙江之间,山系以南北向平行奔驰于一狭窄的地带,高山峡谷相间,属地质学上的“三江褶皱带”,即是一般所指的狭义的横断山区。而更广大的横断山区还包括:东北部自金沙江以东至岷江、大渡河之间,即川西高原;东南部自怒江以东至元江之间。这两个地方峡谷与高山相间中的南北走向之势依然明显。在广义的横断山区范围内,山水相依,气势非凡,主要为六大山系和六大河流,自西向东作如下排列:

伯舒拉岭—高黎贡山;

怒江;

他念他翁山—怒山;

澜沧江;

宁静山—云岭—无量山—哀牢山;

金沙江;

沙鲁里山;

雅砻江;

大雪山—贡嘎山;

大渡河；

岷山—邛崃山—大凉山；

岷江。

在中国地图上，以4000米等高线勾画出的地势轮廓即为一般所指的青藏高原，其实它还包括了横断山的中北部。若把等高线降低为3000米，几乎全部横断山区均在青藏高原范围中了。因而，横断山区好比是青藏高原的边缘地带，或者说在青藏高原的边缘地带，地球特别设造了这一横断山区，意味深长，可圈可点。有趣的是横断山主体构造，大多属青藏高原地质体系的延伸部分，风云雨雪无不受青藏高原气团的影响。可是在生物地理学上，横断山区却有相当的独立性，是许多动植物种属的分布中心。推论其原因，很可能是青藏高原抬升后，横断山区所属的边缘设置仍然保留了相当程度的古环境，所以，物种遂得以保存。

横断山区地势的相对高差很大，植被的垂直分化明显，连同聚落的分布及土地利用，农牧业发展均呈垂直格局，因而“立体农业”的名词便源自横断山区，也只能源于这一地区。如果把“立体农业”一词稍加想象，还可衍生出“立体生态”“立体环境”来，是自然生态在任何一种地理条件下的美好的存在。

有关本地区的最早的自然地理的记载，见于《山海经》和《禹贡》中，但述及的也就是岷山。其后，在东汉的《汉书·沟洫志》《汉书·地理志》中，有了岷江水系、都江堰灌渠及金沙江水系的记述。因为横断山区的险峻在古代交通的不便，商贾旅人莫不视为畏途，所以自纪元之后1000多年间，人们对这里的了解远不如我国西北和青藏地区。

17世纪开始，有启蒙运动学者提倡实地的野外考察，徐霞客便是最杰出的代表。明崇祯九年丙子，即1636年，徐霞客自家乡江苏江阴出发，开始了历时四年的“万里遐征”，经江西、湖南、广西、贵州而云南。在云南境内所见所闻所录，是徐霞客此行收获最大的一部分，但旅程之艰难、险阻之从生也自不在话下。徐霞客两次穿越横断山区中南部，对所经之处的地形、水系、喀斯特地貌、植物与动物等均有生动描写。对腾冲境内的一座死火山——打鹰山——他写道："山顶之石，色赭赤而质轻浮，状如蜂房，为浮沫结成者，虽大至合抱，而两指可携，然其质仍坚，真劫灰之余也。"徐霞客实地考察了云南境内的金沙江，了解到长江接受的水远胜黄河，他不能不思考一个问题：长江究竟源出何处？在《溯江纪源》中，徐霞客明确指出相沿已久的长江源于岷江之说是错误的，长江正源应是金沙江，后来的事实也证明，只有沿金沙江上溯才能找到各拉丹东雪山下的真正的江源之地。徐霞客写道："岷江经成都至叙（即宜宾）不及千里，金沙江经丽江、云南乌蒙致叙，共二千余里""岷之入江，与渭（即渭河）之入河（即黄河），均为支流而已""故推江源者，必当以金沙江为首。"徐霞客对点苍山顶植被的记录，已经细致地观察到了局部小地形的影响而细致入微了："顶皆烧茅流土，无复棘翳，惟顶坳间，时丛木一区，棘翳随之。"棘翳者，树木灌丛之意。对动物的分布，徐霞客记道"顺宁（今凤庆）以南多象"，"鹤庆以北多牦牛"。等等。

19世纪初至20世纪初的100多年间，中国政局动荡，民生凋敝，经济落后，在半殖民地半封建的政治架构下，中国人对横断山区科学考察远远不及外国人。据粗略统计，自1868年法国传教士戴维到宝兴采集动物起，至1938年抗战时期美国芝加哥博物馆在汶川运走活熊猫的70年间，先后有法、俄、奥、瑞典、英、美、日等国组织考察队在横断山区或附近进行生物采集与各种调查。其中尤以英国人瓦特最为突出，他除了采集生物标本外，对地质、地形、水文、冰川气候与少数民族的经济民生均有研究，被称为在横断山区和东喜马拉雅山区的高山峡谷之乡度过毕生的人物。其专著《蓝罂粟之乡》《西藏神秘之河》《从中国到康底龙》均名噪一时，文字数以百万计。瓦特对北自巴塘南至高黎贡山的干旱河谷现象极有兴趣，并认为横断山区的地形类别为"V"形谷、"U"形谷和高原面的成层状分布。但今天看来，瓦特当时提出的动物分布，如象、小熊猫、叶猴、长臂猿不见于此线以东的说法是不正确的。

劳兹绘制的康定至巴塘地形地质剖面图，汉姆绘制的贡嘎山冰川分布图，迄今仍有重要价值。横断山的南北向水系及金沙江的“之”字形大弯曲，也都引起了外国专家、考察者的注意。

德国地理学家克勒托纳在广州中山大学创建了地理系，1930年率学生到云南，以大理为中心西行穿过横断山区至怒江，再北上至金沙江然后返回大理。克勒托纳在点苍山海拔3900米以上发现了冰川地形和第四纪冰川遗迹，他与当时的地理系助教林超首次提出“大理冰期”说，为中外学者首肯并广泛引用。克勒托纳还记述了考察地区的其他地质状况，如古生代石灰岩高原、怒江花岗岩体、滇西火山群等。克勒托纳提出滇西带地形，是褶皱后被夷平的地面，到第三纪后期，准平原面上升成高原，河流下切为峡谷。他的考察成果汇集在地理学界无人不知而人文学家极为陌生的专著《1931年云南地理考察报告》中。

克勒托纳功不可没。

近代国内学者对横断山区的考察起步较晚，一般认为始于20世纪20年代后期。抗日战争爆发后，四川、云南成为抗战大后方，国内地学专家集中于此，有些著作成为这一时期的代表，如任乃强1942年的《康藏史地大纲》，1935年的《西康图经·地文篇》；梅心如1934年的《西康》；李亦人1940年的《西康综览》；杨仲华1929年的《西康纪要》；1929年翁之藏的《西康之实况》；郭垣1940年的《云南省之自然富源》等。1934年由前中央大学地理系组织云南地理考察，由中国地学前辈黄国璋、严德及奥地利地理学家费师孟参加。刘慎谔1934年《中国北部及西部植物地理概论》、1944年的《云南植物地理学》；郑万钧1939年的《四川与西康东部之森林》；王启无1939年的《云南植物组合之研究》，均为国人纵论横断山区植物地理的优秀而难得的先河之作。

横断山区冰川集中分布的主要山地有伯舒拉岭、云南与西藏交界的梅里雪山和川西的贡嘎山。

梅里雪山是横断山脉最长和末端下伸最低的冰川，下限最低可降至2700米。梅里雪山是传说中的神圣之山，其真面目难得一见，1996年北京大学生组营前往调查地理，考察梅里雪山下的森林并呼吁拯救金丝猴时，曾数度云开日出以其肖然神圣昭示人间，珍爱生灵，不可造次，瞬间复又闭合，茫茫苍苍，不知其所始，不知其所终。

在地球上，中国和中国人可以说是离第三极最近的一个国度、一个族群。我们怎能不景行行止、心向往之呢？

第三极高则高矣、寒则寒矣，其极高与极寒却是在一个极为深厚而广大的山脉与冰川的集群中显现的，孤仞不可插天，独冰岂能久冷？

人类社会只能以一定的地理环境为依托、为基地，才谈得上创造、展开和繁衍生息。永久沉默的地理环境是永久沉默的真正伟大的启迪者，这是环境的生命，也就是说环境是有生命的。在地球历程中白雪皑皑的喜马拉雅山、青藏高原等均是年轻的后生小辈，但在人类眼里却是白发披肩、褶皱连横的老者。它坦荡、深沉、智慧、幽默，以不言之言告诉我们：不要说高大不嫌细小，是细小不弃高大……

地中海与古希腊神话

在海水尚未涌入地中海的悠久岁月中，燕子和许多其他鸟类养成了往北迁徙的习性。时至今日，这些习性依然驱使它们不畏艰险地飞越过这片充满惊涛骇浪的海域。正是这片波涛汹涌的大海，掩盖了古地中海底那个长久以来不为人知的奥秘。

——威尔斯

地球上的创造物，都是精心设计的，并且几乎完美无缺。大洋的大波大浪汹涌奔腾的时候，一些相比起来小小的海域也出现了。我们不能不相信：上帝的作坊里是容不得低劣和浪费的，地球上天设地造的存在物，都自有其存在的价值和必要性，所有的细节无不意味深长。

因而，我们要写地中海。

地中海，这个位于欧洲、亚洲、非洲之间的陆间海，自古以来就被称为"上帝遗忘在人间的'脚盆'"。其实，上帝的大智大能连一根小草都不会丢失，何况一处水域？更确切地说应该是造物主把这个"脚盆"特意留给人间了，好让人们在这个“脚盆”里学会游泳，并由此走向更加壮阔的波澜之中。

地中海确实很小，但它又埋伏着太多的奥秘。

地中海不仅仅小，而且在600万年前曾经干涸、干化，成为一片荒漠。如果允许我猜测上苍，那么在某种大构想中，地中海曾经一度被闲置、荒凉着。这时候，地球依然在选择，我们甚至可以想象说，地球在一定轨道上的似乎是不厌其烦、无休无止地转动，仿佛是一个大智大能者在决策之际的悠然思想、运筹帷幄。这个过程的详情不得而知，但可以肯定的是，地球上每发生一件事情时，从来就不是单一的，地球没有大事记也用不着备忘录，每一个细节都可以看作是一连串事件组成的网络的一部分，此一网络又和别的网络互相网络着。你从天上的云可以看见海里的水，你从海里的浪能够描画海岸线与沙滩的移动，你从一根羽毛上可以推断气流与风向等。问题在于，当我们回溯以往时，人类的极其短暂的资历使想象变得如此艰难和不可想象，因而很容易把一些事情分割、孤立，把种种想象当作真理、本质，并匆匆忙忙地宣布各种各样的发现和结论。

> 人类肯定有意识地夸大了自己，同时又至少无意之间小看了天地万物。

回头再看地中海。地中海有水了，重新碧波荡漾，“脚盆”里居然气象万千，这一切大概发生在500万年前。

新生代已经过去6000万年了。

地球已经进入了第四纪了。

虽然冰川来去，时寒时暖，海洋与陆地的格局已大体稳定，恐龙灭绝之后的动物界在环境渐渐恢复之后，更趋活跃，被子植物的领先地位依然不可动摇，谁也无法言说那时百花齐放的自由和艳丽。

500万年前的类人猿也已经颇有人模人样了。

这个时候，干化的地中海又有水了。

提出并证实地中海曾经干化的瑞士地质学家、海洋学家许靖华在《古海荒漠》中说,“在2000万年前,地中海是一条联通印度洋和大西洋的宽阔海路”,这样的情况并没有持续多久,地中海便开始了多事之秋,大约1500万年前,随着非洲和欧亚大陆的碰撞,以及发生在中东的造山运动,古地中海与印度洋的海路联系便中断了。从地中海岩心的化验和分析中得知,当时只留下两条狭窄海峡——西班牙南部贝蒂克海峡和北非里菲海峡作通道的古地中海,经历着的一场环境恶化的灾难:海水流动渐趋滞重、停顿,底栖生物从活跃走向衰败、死亡,海面上浮游种群不死不活地苟延残喘,只有幸免于盐度危机的耐盐种族继续演化繁衍。随着作为通道的两条海峡的最后封闭,这个内陆海变成了巨大的盐湖,盐湖的枯竭又使这个位于海平面3000米以下的中新世“死谷”上,动植物荡然无存,一派荒凉与无奈。

一切都只是因为地中海不再有水了。

大西洋就在不远处,那里风波滚滚,涛声不息。可是,其时的直布罗陀海峡是一道天然长堤,横亘在干涸的地中海与大西洋之间的咽喉地带。

请读者注意许靖华笔下经过科学考察和鉴定,得到的另外一幅图景的描述:“500万年前的上新世初叶,这道长堤决口,破堤而入的海水汹涌奔腾,冲过缺口,形成一个巨大的瀑布。这个直布罗陀大瀑布的水流量每年约为4万立方千米,比维多利亚瀑布壮观百倍,比尼亚加拉瀑布雄浑千倍。但即使是这样的大瀑布,也需要100多年才能把干涸的地中海重新灌满海水,这该是何等壮观的场面啊!”

地中海生机依旧了。

海洋学家认为,在旧石器时代,地中海要更小些,当时亚得里亚海和地中海南部地区曾是一片陆地,由于直布罗陀海峡的阻隔,大西洋的狂涛无法激荡起地中海的激情,它潮差不大,温和平静,岸线曲折,半岛与海岛星罗棋布,天然港湾也在静静地于涛声拍岸中等待着。

等待着人,等待着船。

关于地中海人为什么更早地走向海洋,创造了光辉至今不能磨灭的海洋文明的原因，曾经有过多种解释。其实，只有地中海本身才是问题的答案，地中海旱化以后的重新灌满海水，显然是有方向性的，其时其地其海，要发生什么了。《古代船舶》一书的作者托尔所言，极为形象地告诉我们地中海之所以是地中海的一个显著特点，他说："地中海是这样一个海，在这里用帆可能一连几天不能行驶，而用橹、桨却很容易渡过平静的水域。"地中海的这个既定的独特的条件，决定了地中海人从陆地走向海洋时的不可多得的捷径，那真是平静的海、幸运的人，仅仅从这一点而言，对于回望者来说，大的轮廓已经明明白白了。而在世界其他地方，惊讶地看着海洋咆哮的人们，不得不小心翼翼地后退，寻找高地或者河流。他们还要耐心地等待，等待船和帆的出现，在这之前，海洋既是不可思议的，又是难以亲近的。

地中海人又是怎样得天地风气之先、开海洋文明先河的呢？

1900年，英国学者伊文思和他的助手踏上了位于地中海西部、爱琴海南端的克里特岛。伊文思在克里特岛上断断续续地寻觅了30年，他的足迹可以说遍布海岛，古地中海的历史也渐渐清晰了。

公元前4500 ~ 3000年间，一些很可能是从爱琴海西岸渡海而来的小亚细亚人，只是为着新奇来到了克里特岛上，同时也带来了船。船的出现肯定不在地中海上，但是，船到了地中海才真正体现了船的价值。最早的船被造于新石器时代早期，那是挖空的一根木头，或者是吹气之后浮在水上的野兽皮革。古埃及人在造金字塔之前便先已造船了，不过他们似乎从未像后来造金字塔那样精心地造过船，他们的船是用西科莫尔树和相思树的枝条编织而成的，轻飘飘的材料使船只也变得轻飘飘的，古埃及的船只吃水太浅，是那一种两头翘起的新月形的船，看起来很动人，却经不起风浪。埃及有漫长的海岸线，可是埃及没有造船的雪松。

尼罗河直通地中海，古埃及人却由他们的法老带领朝内陆的南方而去了，他们精明地避开了撒哈拉大沙漠，也没有往北进入地中海与克里特岛人一争高下。

克里特岛人精于航海，而且是更会精打细算的海上生意人。他们的海上生涯因为地中海的相对平静，而很少有船倾人亡的危险，再加上克里特岛人的剽勇，他们的岛便成了欧、亚、非之间最初的海上贸易中转站，从中获得丰厚的商业和航运利益。克里特岛没有丰富的资源，这已经不是问题了，因为克里特岛人也许做成第一笔生意的时候，就明白了：你的可以成为我的。

他们从未想到过航海只是为了“兴渔盐之利”。

克里特岛人从精于造船的东地中海人手里买来船只，组成船队，统治克里特岛的米诺斯王威风凛凛地率领船队，巡游在地中海上，先以声势和实力作威吓，凡遇见商船能抢便抢，抢不成再做生意。克里特岛人实际是一些既臭名远扬又功勋卓著的最早的海盗兼商人，他们垄断掠夺、杀人越货岂非臭名远扬？他们又使航海活动最早摆脱了农业，成为一种独立的生产方式，并使自己成为一个独步汪洋的航海民族，当然又是功勋卓著的了。

> 地中海依然是温和的，但地中海上的航运商贸从一开始便充满着掠夺的火药味，冒险精神与竞争意识及商业利益，便成了后来被称为海洋文明的一种文明基调。
>
> 地中海，是海盗的摇篮。
>
> 地中海，是海洋文明的源头。

看来人类既然不能不走文明之路，那么就得宽容地对待地中海最早的海盗，正是他们证明了海洋文明的不可阻挡，以及此种文明形成时不可或缺的暴力及血腥。

公元前2000年左右，克里特岛人进入青铜时代，出现了奴隶制城邦。被称作克诺索斯的王宫并不像城市，而是居住着米诺斯王和他的臣民的大宫殿。设有城墙，拥有浴室，大大小小的厅堂，千回百折的长廊，流水环绕，鲜花盛开，建筑面积达2.5万平方米。米诺斯王在那里举行盛大的祭典及各种盛会，克里特人喜欢斗牛，妇女服装相当现代化，她们已穿紧身背心和百褶裙。克里特的壁画、雕塑、陶器、绘画、镶嵌工艺都美绝一时。

克里特人的克诺索斯，史书称之为“蓝天碧海之间的乐园”。

公元前1400年，迷宫似的克诺索斯不幸被毁，它的繁华和美丽永远付之流云了。考古学家们感到万幸的是这片巨大的废墟还在，少有人烟，不知道祸从何起。考古者发现了抢劫与火烧的狼藉，同时也有地震的痕迹。或许就连米诺斯王也不知道到底是怎样完蛋的，富裕了便要挨打，奢靡了便要遭殃，克诺索斯又是一例。

腓尼基人来了。

腓尼基人自称是被土地放逐到海上的人，这话说得多少有点矫情，但也还算实事求是。

腓尼基位于地中海东岸，傍依黎巴嫩山。腓尼基山多地少，山上又多雪松，腓尼基人以雪松为自豪，说这是上帝栽的树，因而称为“上帝之树”“神树”。这种树材质坚硬，纹路细密，有一种特殊的香味，它托起地中海沿岸难以计数的古建筑，不过对腓尼基人来说，更为重要的是雪松可以用来造船。

腓尼基的橄榄树和葡萄养不活腓尼基人。他们先是以渔业为主，然后把鱼类和橄榄油、葡萄、木材运往地中海沿岸进行物物交易，此种贸易所得远胜于出海捕鱼，腓尼基人很快便以此为谋生之途，冲进了地中海。

当时地中海还是克里特人的天下。腓尼基人吃过克里特人的苦头，但也得到了克里特人的真传。他们向比布尔人学造船技术，把船造得更大、更好；他们学克里特人的精明、横蛮，否则便不可能驰骋地中海。当克里特米诺斯王在王宫中寻欢作乐时，腓尼基人已经掌握了星际导航和用水深测定航线的方法。腓尼基人取而代之，成为地中海的不可一世者，他们一样抢掠，当然也做生意，俘虏中的强壮者充当划船手，但他们的脚是被铁链拴住的。

腓尼基人也是海盗，是更具有冒险精神，更敢于掠夺，更富有理想的海盗。

腓尼基一词从希腊语而来，意为“红的”“黝黑的”，这些饱经风霜漂泊海上有着黑红脸膛的腓尼基人，把克里特人的海洋文明又推向了一个新的层次。他们开始在船舷两侧安装草席舷墙，他们还在船头摆上雕塑饰物，他们的船是双层的甚至三层。腓尼基人的大船所到之处，海岸、码头、小镇顿时喧哗热闹，他们出售货物，其中自然有海上掠得的赃物，腓尼基的橄榄油一直是抢手货，还有雪松板材和玻璃制品，他们换得的是金子和银子，有时还有强壮的奴隶及美女。当腓尼基人的航船穿梭来往于地中海沿岸各港口之际，欧、亚、非的文化得到了交流，海洋文明的声韵也同时远播四方。

腓尼基人已经不满足于在地中海转悠了。

腓尼基的船长们说，地中海的每一片波涛，他们已经相识相知了。

腓尼基人知道冲出直布罗陀海峡的时刻已经到来，他们的船队进入了大西洋。大西洋，好大一个洋，好大的风好大的浪，腓尼基人喜欢，那才是大显身手的地方。他们沿岸向北，经过葡萄牙海岸、法兰西海岸，到达卡西里德群岛，或者掉转船头南下，走遍了非洲西海岸。

公元前500年，腓尼基在迦太基的殖民地上，出了一位名叫汉诺的航海家，汉诺的最光辉的纪录是率领60只大船组成的船队，穿过古称赫拉克勒斯的直布罗陀海峡，进入大西洋后再远航至非洲西部的摩洛哥，建立腓尼基驿站。汉诺并不以此为满足，还要率船队向前，直到塞内加尔河与冈比亚河的入海口，再溯流驶入非洲内陆。汉诺是其时其世堪称顶尖的航海家，但他的双手却又沾满了鲜血。在他航行途中曾到过一个海岛，岛上有湖，湖中又有一岛，居住着一些浑身长长毛的居民，“汉诺命人捕获了其中几个女岛民，他们把这些女岛民叫作‘雌大猩猩’。这些不屈的女岛民在汉诺的船上拼命反抗，汉诺一怒之下，命人活剥了她们的皮，这生满柔软毛发的皮被他供奉在朱诺神的庙里”（《海的文明》舟欲行）。

古希腊人是继克里特人、腓尼基人之后的地中海统治者。

古希腊的地理位置，并不仅仅是我们今天在地图上看到的巴尔干半岛南端的希腊半岛这块地方。古希腊人喜欢无穷无尽地思考，也喜欢领土扩张和海外移民，在东方和西方都有曾经属于古希腊的殖民地城邦。向东越过了爱琴海，向西直到现在的意大利南部即亚平宁半岛和西西里岛。概而言之,创造了海洋文明又一阶段和科学奇迹的古希腊,包括希腊半岛本土、爱琴海东岸爱奥尼亚地区、南部克里特岛以及南意大利地域。

古希腊人的航海活动,除了像克里特人、腓尼基人一样从事劫掠、贸易之外,更为注重的是领土扩张。他们中的相当一部分人似乎天生就喜欢到本土之外的地方闯荡;另外一些人则又显得格外安分守己,成天闭目遐想;古希腊人和大多数雅利安民族的族群一样,有为人尊重的唱者和诵者,这种又唱又诵的活动是重要的社会活动。

古希腊人对海洋文明的杰出贡献,是对腓尼基船的改造。

地中海上的船只大体经历了载人、装货,载更多的人、装更多的货这样几个阶段。及至腓尼基人冲出直布罗陀海峡,远航大西洋的时候,他们的船也是以载货为主,那时少有海战,一般的别处的航海者看见腓尼基船便能逃者逃,不能逃便投降,只因为自知不是对手。古希腊人用他们聪明的脑子,再三估摸了腓尼基船后,便发现了它的一个毛病:笨重。从船体开始,使之更显得流线型,并在坚固、灵巧上达到了新的水平。因而,地中海上的希腊船更教人望而生畏,因为它更适合于打家劫舍了。

不过,上述一切比起古希腊人创造的希腊神话,几乎可提可不提了。正是伟大的古希腊神话,以及古希腊史诗、古希腊雕塑,使地中海文明有了崭新的内涵,并成为激活古希腊科学精神灵感的来源之极重要的一端。

古希腊创造了无数的神。

世界各文明古国都有自己的神话,也都大体遵循着早期人类以想象去解释各种自然现象的创造之路又各呈特色,不过任何其他民族的神话均没有古希腊神话的完整、美丽。

他们不仅记录下这些神话,还唱或颂。

斯威布著楚图南译的《希腊的神话和传说》的开卷便是为人间窃火的《普罗米修斯》:

天地被创造了,大海涨落于两岸之间,鱼在水里游,鸟在空中飞,大地上拥挤着动物,这时候还没有灵魂能够支配周围的世界。先觉者普罗米修斯是宙斯放逐的神祇的后代,是地母该亚与乌刺诺斯所生的伊阿珀托斯的儿子,他降落了,他将改变这个世界。他知道天神的种子隐藏在泥土里,他撮起泥土以水湿润之,捏着捏着,他是最早的雕塑者,他以泥土雕塑的是世界支配者的人。为了给泥塑人形以生命,他又从各种动物的心灵深处摘取善与恶,放进人的胸膛里。普罗米修斯有一个朋友,即智慧女神雅典娜,她惊奇于这创造物,便把灵魂和带着芳香的神圣呼吸送给了这些泥塑人形。

最初的人类被创造了。

可是,在很长一段时间内,他们视而不见,听而不闻,他们无悲无喜无目的地移动着,如同梦中的人形,也好像土洞里的蚂蚁,不知道春夏秋天,就连面对鲜花也不为所动。普罗米修斯只好去点拨他们的灵魂,让眼睛发亮观察星辰的升起和降落,学会计数以及用符号交换心中所想,训练马匹拉车,发明船和帆在海上航行,并且学会调治药剂来治病。普罗米修斯还教人们预言未来,解释梦和各种异象。在这之前,人们对梦的惧怕已经无以复加,不知道梦从哪里来又往何处去?

天上的神祇们注意到这些新的创造物——人类了。宙斯表示很愿意保护人类,但人类必须要以服从为代价。这样,人与神便有了一次谈判或者说聚会,在希腊的墨科涅,某日,要讨论并决定人类的权利和义务。普罗米修斯作为人类的顾问也参加了那次会议,他设法使诸神不要给人类施加太重的负担。

普罗米修斯的机智驱使他想拿神祇们开开心,或者说捉弄他们。他代表人类宰杀了一头大公牛,分成两堆,一堆放上肉、内脏和脂肪,用牛皮盖着,顶上放着牛肚肠,这一堆要小些;另一堆都是光骨头,巧妙地用牛的板油包着蒙住,而这一堆却比较大些。宙斯其实已经明白了,却对普罗米修斯说:“你的分配看起来并不公平。”普罗米修斯以为宙斯上当了,心中暗喜道:“显赫的宙斯,你,万神之王,取去你随心所喜的吧。”宙斯故意用手去拿雪白的板油,剥开,是剔光了肉的骨头,他假装直到此时才发现受骗上当似的,勃然大怒!

为了惩罚普罗米修斯的恶作剧，宙斯拒绝给人类为了创造他们的文明所迫切需要的火。可是，普罗米修斯又想出一招，他摘取木本茴香的一枝，走向太阳，当它在天上轰然驶过时，普罗米修斯便将树枝伸到它的火焰里，然后手执燃烧的火种降到地上，顷刻就有第一堆丛林中的火柱升到天空。射得很远的火光，使宙斯的灵魂感到刺痛。

为了抵消火带给人类的利益，宙斯又命令火神赫淮斯托斯创造一个美丽少女的形象，并让她能说话，赋予千娇百媚，同时又让每一个天上的神祇都给了她些有害人类的赠礼，置于一只巨大的密封的盒子。宙斯给她取名为潘多拉，那意思是"有着一切天赋的女人"，潘多拉来到人间，打开盒子，飞出一大群灾害，悲惨充满大地、空中和海上，疾病在人类中间徘徊，死神以如飞的脚步前进。

潘多拉盒子打开后，按照宙斯的意志，外号叫作强力和暴力的两个仆人克拉托斯和比亚，把普罗米修斯拖到斯库提亚的荒原，用坚固的铁链将他锁在高加索山的悬崖绝壁上……

《普罗米修斯》之后，是《人类的世纪》：

神祇创造的第一纪人类是黄金的人类。这时克洛诺斯（即萨图恩）统治天国，他们无忧无虑地生活着，没有劳苦和忧愁，他们也不会变老，一生享受和平与快乐。天上的神祇也爱护他们，给他们丰收与牲畜。死期到来，就进入无扰的长眠。当命运女神判定他们离开大地，他们便在云雾中随处行走，给予赠礼，主持正义，并惩罚罪恶。

第二纪人类是白银的人类。他们在外貌和精神上都与第一个种族不同。他们的子孙的童年能保持百年，不会成熟，受着母亲们的照料和溺爱。当这样的孩子成长到壮年，留给他的已只有短短的一段生命，因为他们不能节制他们的感情，粗野而傲慢，不再向圣坛献祭。宙斯特别恼怒人类的不知虔敬及互相违戾，所以他要让这个种族从大地上消灭，又考虑到了白银种族并不是全然没有道德，所以不能不有某种光荣。宙斯决定：在他们终止人类生活的时候，他们可以作为魔鬼在地上漫游。

天父宙斯创造的第三纪种族，是青铜的人类。他们又完全不同于白银时代的人类了，残忍而粗暴，好战事，总是互相残杀。他们损害大地上的果实并饮食动物的血肉，他们的顽强的意志如同金刚石一样坚硬，从他们宽厚的双肩生出的是无可抗拒的巨臂，穿青铜的甲，住青铜的房子，还有青铜的工具。他们高大可怕，却总是争战，他们不能抗拒死亡，离开光明而晴朗的大地之后，就下降到了地府的黑暗之中。

古希腊诗人赫西俄德说到人类世纪的传说时，是这样深长慨叹的："啊，倘若我不生在现在的人类第五纪，那就让我死得更早或生得更晚罢！因为现在正是黑铁的世纪，这时的人类世界充满着罪恶。他们除了夜以继日地工作外，还夜以继日地忧虑，他们的烦恼没完没了，而烦恼中的最大者是他们自己带给自己的。父亲不爱儿子，儿子不爱父亲，宾客憎恨主人，朋友憎恨朋友，甚至于连弟兄们也不能赤诚相与如古代一样，父母的白发再也得不到尊敬，年老的人不得不听着可耻的言语并忍受打击。啊！无情的人类哟！难道你们忘记了神祇将给予的裁判，敢于辜负高年父母的抚育之恩吗？处处都是强权者得势，人们毁灭他们邻近的城市。守约、良善、公正的人得不到好报应，恶和硬心肠的渎神者备受光荣。善和文雅不再被人尊敬，恶人被许可伤害善良，说谎话，赌假咒，这就是这些人所以不幸福的原因。不睦和恶意的嫉妒追袭着他们，使他们双眉紧锁。直到此时还常来地上的至善而尊严的女神们，如今也悲哀地以白袍遮蒙她们美丽的肢体，回到永恒的神祇中去了，留给人类的除了悲惨以外没有别的，而这种悲惨却是看不见边际的！"

《皮拉和丢卡利翁》所记述的，是地上与人类惊心动魄的毁灭和又一次创生。

在青铜人类的世纪，宙斯听说了人类在世界上所做的坏事，便决定变形为人降临到地上查看，他发现事实要比传闻严重得多。某晚，宙斯来到以粗野、残暴闻名的国王吕卡翁的大客厅里，宙斯神异的先兆和表征证明了自己神圣的来历，人们都跪下向他膜拜。但吕卡翁却嘲笑这些人的虔诚,“让我们看看吧,”吕卡翁说,“究竟我们的这个客人是神祇还是凡人。”他暗自决定,在半夜动手趁宙斯熟睡时将他杀害。

现在,吕卡翁要待客了,但他残忍的行为激怒了宙斯。宙斯从餐桌上跳起来,投掷复仇的火焰于这不义的国王的宫殿。吕卡翁逃命到宫殿的外边,但他的第一声绝望的呼喊就变成了嗥叫,他的皮肤成为粗糙多毛的皮,他的手成为前腿,他成了一只喝血的狼。

宙斯回到天上的圣山与诸神商议,决定将可恶的人类种族除灭。议决之后,宙斯正想用闪电鞭挞整个大地,却又迅即住手了,他唯恐殃及天国,烧坏宇宙的枢轴。宙斯放下库克罗普斯为他炼铸的雷霆闪电,代之以暴雨和洪水。顿时,北风以及所有可以使天空明净的风统统锁闭在埃俄罗斯的岩洞里,独独把南风放出来,在漆黑的夜里掮动湿漉漉的翅膀飞到地上。浪涛流自它的白发,雾霭遮盖着它的前额,大水从它的胸脯涌出。它升到空中,紧握住浓云,揉搓着,挤着,挤出了雷霆和暴雨,地上的一切都淹没了,农人的希望也淹没了。

宙斯的兄弟,海神波塞冬也来参加这破坏的盛举,他召集天下河川道:泛滥你们的洪流!吞没房舍并冲破堤坝吧!同时,他又用他的三尖神叉撞击大地,为洪流开路。河川汹涌在空旷的草原,泛滥于田地,冲毁小树、庙宇和住宅。如果这里那里还留有隐隐显出的少数宫殿,巨浪也随时升到屋顶,将最高的楼塔卷入漩涡。顷刻间,水陆莫辨、大浪无边无际。

在福喀斯的陆地上有一座山,它的山峰高出于洪水之上,那是帕尔那索斯山。丢卡利翁得到了他父亲普罗米修斯关于洪水的警告,并为他造了一只小船,才得以和他的妻子皮拉乘船漂到这座山上。被创造的男人和女人再没有比这夫妻俩更善良和虔敬的。当宙斯从天上俯视,看见大地已成为无边的海洋,千千万万的生灵只剩下了皮拉和丢卡利翁,想到他们对神祇一贯的敬畏,他便呼唤北风驱逐乌云,再一次让大地看见苍天,让苍天看见大地。波塞冬也放下三尖神叉让浪涛退却。大海又现出海岸,河川又回到河床,树梢开始从深水里伸出,然后出现群山,最后平原扩展开来,开阔而干燥，大地复原。

丢卡利翁看看四周，陆地荒废而沉寂，如同坟墓一样。他不禁伤心落泪，对皮拉说："我的唯一的挚爱的伴侣哟，极目所至，我看不见一个活物，我们俩是幸存者，其余全部淹在洪水里了，而我们也还不能确保生命。每一片云彩都使我发抖，两个孤独的人在这荒凉的世界上能做什么呢？啊，我多么希望我的父亲普罗米修斯能将创造人类和吹圣灵与泥人的本领教给我呀！"

夫妻俩不禁相拥而泣。在被洪水冲刷而半已荒废的正义女神的圣坛前，他们跪下并祷告："告诉我们，女神呀，如何再创造已被消灭了的人类种族？啊！帮助世界重生吧！"

"从我的圣坛离开，"一个声音回答，"蒙着你们的头，解开你们身上的衣服，把你们的母亲的骨骼掷到你们的后面。"

这神秘的言语使他们沉思良久。皮拉打破了沉默："饶恕我，伟大的女神，"她说，"如果我战栗着不服从你，因为我踌躇着，不想以投掷母亲的骨骼而冒犯她的阴魂。"

还在沉思中的丢卡利翁心里忽然明亮了，仿佛有一线光辉闪过，他对皮拉说："除非我的理解有错误，神祇是永远不会叫我们做错事的。大地便是我们的母亲，她的骨骼便是石头，皮拉哟，要掷到我们身后去的正是石头哟。"

于是他们走到一旁，蒙着头，解开衣服，从肩头上向后掷石头。奇迹出现了，石头不再坚硬易碎，它们变大了，变柔软了，人的形体显现出来了。起初，这形体还是粗糙的，颇像大理石上雕凿而成的粗略的轮廓，石头上泥质湿润的部分变成肌肉，结实坚硬的部分变成骨骼，而纹理则成了人类的筋脉。就这样，由于神祇的相助，男的投掷的石头变成了男人，女的投掷的石头变成了女人。

希腊神话举不胜举，古希腊的神又是如此之多，这里再写几句海神波塞冬。他卷发浓须，体魄魁伟，手持三尖神叉可以劈风斩浪，震撼大地。他住在金碧辉煌的海洋宫殿中，巡游大海时坐铜蹄金鬃的骏马云车，海上的汹涌波涛就是他留下的教人望而生畏的踪迹。波塞冬生性暴烈乖戾,这是必然的,即使平静如地中海也是相对而言的,况且走出地中海还有大西洋。古希腊人把海洋的诸多特点均赋予了波塞冬,让他喜怒无常,力大无穷。同时,波塞冬身上也有了地中海上的水手们的一些众所周知的特点:每到一处便寻找女人,到处留情绯闻累累。波塞冬曾追求过41个女人,生下64个子女。

这是一个十分罗曼蒂克的海洋之神。

古希腊文明中堪称千古绝唱的,是那一位流浪在各个城邦、吟诵着、常常为衣食忧的盲诗人荷马的英雄史诗《伊里亚特》和《奥德修记》。德国学者谢里曼为荷马史诗感动,于1970年来到小亚细亚,进行考古发掘,结果真的发现了特洛伊城遗址,累累骸骨中,攻防双方的士兵均已作为牺牲者而永久沉寂了,想当年希腊远征军跨海远征特洛伊,十年激战,因为《伊里亚特》而名垂战史。战争这个怪物,总是在制造着人间悲剧和失败者,以及沾满鲜血的英雄,偶尔还能创造出史诗来。

古希腊真是一言难尽的。

他们称霸地中海,他们热衷于在海外建立殖民地,然后纷纷移民;他们在殖民地上修造精美的建筑与建制政权一样有兴趣;他们中的另外一些人——古希腊哲人——又似乎对这一切均不感兴趣,而只是探索生命灵魂的秘密。公元前6世纪的时候已经有了米利都的泰勒斯和赫拉克利特,以弗所的阿那克西曼德等。他们的目光已经开始充满疑虑的智慧,问世界本体是怎样来的,从何处来又到哪里去等。这些在公元前7世纪开始沉思默想的古希腊学者就是最初的哲学家,世上最初的"爱智者"。

吴国盛在《科学的历程》中说:

> 在古代世界所有的民族中,少有像希腊人那样对近代世界发生如此巨大的影响。不是在希腊人创造的物质文明方面——希腊人既没有留下造福于后人的伟大

> 工程，也没有贡献出什么杰出的技术文明——而是在精神文明方面。他们热爱自由，不肯屈服于暴君，其民主体制年轻而富有活力；他们热爱生活，天性乐观，每四年举行一次的奥林匹克竞技会是他们欢乐生活的写照；他们崇尚理性和智慧，热爱真理，对求知有一种异乎寻常的热忱。

当时地球上的古希腊，是地球希望之所在。

古希腊继承了东方两河流域、尼罗河流域的文化遗产，把地中海的海洋文明发扬光大到极致，这个所谓极致的重要标志不是船有多大、帆有几桅、航程有多远，而是爱智爱思的全新的精神、思想和艺术。当古希腊本土及殖民地上众多的美妙的城堡式建筑随着时移世易而凋敝时，希腊精神作为现代科学精神的起源之地，至今不朽。

> 你看维纳斯就知道了，你看迈锡尼的狮子之门就知道了，你看巴特农神庙就知道了，你看泥板上的毕达哥拉斯定律就知道了，所有的斑驳痕迹都是沧桑美丽、精神闪烁。

古希腊的精神还告诉我们，哲学和科学的出现得具备三个条件，其一是惊异，这惊异首先是对自然现象，其次是对社会现象，所表现出来的能够震撼心灵的惊奇与困惑，是求知的出发点，求知仅仅为了知而并非为了用，是对智慧的崇尚和热爱。其二是闲暇，闲暇才能有闲愁得闲思，“知识阶层不用为着生活而奔波劳碌，因为，整天从事繁重体力劳动没有闲暇的人，是无法从事求知这种脑力劳动的”（吴国盛语）。其三是自由，如果一个社会连思想的自由都没有，就不可能出现真正的哲学和科学，思想的自由才会导致出类拔萃的思想与思想家的涌现，并且可以互相质疑，质疑也不是目的，质疑仅仅是为了质疑如同思想仅仅是为了思想一样，总而言之，是非功利性的自由的学问。

这就是人们通常说的古希腊人对自然的理性思辨,它本身没有构成或者说古希腊人并不看重把这些思想变成物质力量,去支配和征服自然。古希腊精神的最可贵之处是:它努力去理解和说明地球及天宇,起源和终结,它们学派林立如同希腊的城邦,但它们的态度却是纯希腊式的:虔敬并充满理性。

最迟约在公元前624年,米利都的泰勒斯已经在孜孜不倦地夜观星象,并且随口说出了一句名言:万物源于水。

泰勒斯是米利都的一个名门望族之后,有腓尼基人的血统,年轻时曾游历过巴比伦和埃及。从埃及学到了测地术并带回希腊使之成为几何学;在巴比伦泰勒斯为天文学所陶醉,能够预言日食。这样一个世所公认的西方历史上的第一个自然哲学家的生卒年代,却是迷雾一团难以查考。现存不少资料大体认定的泰勒斯的生年的依据,是据说他曾经预言过一次日食,这样便推算出了该地区历史上发生的三次日食时间,一次是公元前610年9月30日,另一次是公元前597年7月21日,第三次是公元前584年5月28日。较多的历史学家相信最后一次正是泰勒斯预言到的那一次。即便如此,又怎样才能知道泰勒斯的生卒之年呢?因为这一问题对前苏格拉底时期的古希腊哲学家具有普遍性,因此哲学史家以“鼎盛年”的概念来加以估算,并把这一鼎盛之年的年龄定为40岁,由此推论泰勒斯生于公元前624年,但那肯定也只是大约而已了。也有希腊历史学家认为,泰勒斯生于第35届奥林匹克竞技会的第一年,即公元前640年。泰勒斯高寿,可能活到90岁了。

泰勒斯对水情有独钟。

这首先是因为地中海的熏染,也可能是他发现了一切生命与水之间的密切关系。水的湿气不仅滋养地上万物,也滋养着天上的日月星辰,乃至整个宇宙……

地球的先知年代

《辞海》云:《老子》,书名,亦称《道德经》《老子五千文》。道家主要经典。相传春秋末老聃著。但从书的思想内容和涉及的某些问题看来,该书可能编定于战国初期,基本上仍保留了老子本人的主要思想,注本有西汉河上公注、魏王弼注、明清之际王夫之《老子衍》、清魏源《老子本义》等。1973年,马王堆三号汉墓出土文物中,有《老子》的抄写本。

老子其人是个确确实实的人,《老子》其书也是中国真正的历史久远堪称精深博大的典籍;无论今天的人怎样数典忘祖,其书其人还将不朽下去。

老子隐而不显,留下的生平事迹寥寥可数。

老子是什么人?史家一直有争论,就其要者大约有四种说法:老子是与孔子同时或稍早的老聃;老子是楚人老莱子;老子是战国初期魏国将军李宗之父李耳,先于庄周后于孟子;老子是战国中期的周太史儋,此公后于庄周。

根据《史记》和近代学者的反复考证,老子即老聃的第一种说法是符合历史事实的。他出生于春秋末年,与孔子同时代,约在公元前6世纪。

司马迁的《史记·老子传》记道:

> 老子者,楚苦县厉乡曲仁里人也。名耳,字聃,姓李氏。周守藏室之史也。孔子适周,将问礼于老子。老子曰:子所言者,其人与骨皆已朽矣,独其言在耳。且君子得其时则驾,不得其时则蓬累而行。吾闻之,良贾深藏

若虚。君子盛德,容貌若愚。去子之骄气与多欲,态色与淫志,是皆无益子之身。吾所以告子,若是而已。孔子去,谓弟子曰:鸟吾知其能飞,鱼吾知其能游,兽吾知其能走。走者可以为罔,游者可以为纶,飞者可以为矰。至于龙,吾不能知其乘风云而上天,吾今日见老子其犹龙耶。

老子修道德。其学以自隐无名为务。居周久之,见周之衰,乃遂去,至关,关令尹喜曰:子将隐矣,强为我著书。于是老子乃著书上下篇,言道德之意五千余言而去,莫知其所终。

或曰:老莱子亦楚人也,著书十五篇,言道家之用,与孔子同时云。盖老子百有六十余岁,或言二百余岁。以其修道而养寿也。自孔子死之后,百二十九年,而史记周太史儋见秦献公曰:始秦与周合,合五百岁而后离,离七十岁而霸王者出矣。或曰:儋即老子,或曰:非也。世莫知其然否。

老子隐君子也。老子之子名宗,宗为魏将,封于段干。宗子注,注子宫,宫玄孙假,假仕于汉孝文帝。而假之子解,为胶西王卬太傅,因家于齐焉。

世之学老子者,则绌儒学,儒学亦绌老子,道不同不相为谋,岂谓是邪? 李耳无为自化,清静自正。

早在西汉初年,有关老子的传闻就真伪杂出了,所以难怪博学多闻如司马迁为老子立传时,也兼采不同传说,提到四个人名,让后世论家去争吵、证伪。如果从古书堆里认真钩沉线索,除《史记》之外,《礼记》《左传》《孔子家语》《庄子》《列子》等书,均有老子生平的片段。这片段是如何零碎、简练,不是忽略而是无奈,不是剪辑而是本真,不是不想记、不敢记、不值得详记,而是无可多记,不必多记。《道德经》五千言足矣！约略而较为可信的线索也不过是:老子大约生活于公元前571—前471年之间,也就是说是史前6世纪到史前5世纪的人,他肯定读过书而且读过不少书,否则不会去做周王室的图书管理人掌管史书。公元前516年,周王室内乱,王子朝携带大批典籍逃奔楚国,老子或因失察之罪,或者无书可管理而被免职,回到故里。随后,他看到东周王室日益衰微,便骑青牛西行去秦国,途经函谷关,拜访了至交老友关令尹喜,并告之从此归隐。尹喜要老子留下一点文字,老子先以述而不作拒绝,尹喜再三恳求之下,老子只好命笔,《道德经》因而问世。老子辞别尹喜,骑牛出关,游历了秦地山川隐居于扶风一带。

老子生平除去传说之外,真可谓寥寥无几,若以字算,千数而已,他的《道德经》也只有5000言,却流传至今,广及中外,其海外发行量位居中国传统文化经典之首。老子强调人与自然的和谐,人在自然中的"不争",尊重自然规律,引导人们探索自然和生命的奥秘,称之为中国古典哲学的伟大经典,丝毫不过分。美国著名物理学家卡普拉认为道家对自然界"所持的态度,从本质上讲是科学的"(《老子》,北京燕山出版社)。海德格尔、爱因斯坦、彭加勒、波普等大哲学家、大科学家,对《道德经》可谓心向往之。尤其是海德格尔,对老子的"道"曾经颇费思量,甚至可说有过心灵对话。

《道德经》在先秦诸子中,法家受其影响最甚。如申不害与韩非都"本于黄老"。司马迁评论说:"申子卑卑,施之于名实;韩子引绳墨,切事情,明是非,……皆原于道德之意,而老子深远矣。"老子的思想在西汉初年为名相萧何、曾参所用,"填以无为,从民之欲而不扰乱"(《汉书·刑法志》)。自汉武帝"独尊儒术,罢黜百家"之后,居统治地位的一直是儒学,但老子之学始终绵绵不绝,自韩非《解老》之后,注解老子之学的至少千家。东汉末年,道教出现,西蜀鹤鸣山中有名张陵者创五斗米道,又称天师道,奉老子为教主,《道德经》为经典。后来的教首张鲁在汉中设祭酒专职,专向道教中人宣讲《道德经》。至魏晋,玄学大盛,朝野争讲老子,但侧重点略有不同。在朝的如王强、何晏注重无为而治，何晏有《无为论》，称“天地万物皆以‘无为’为本。无也者，开物成务，无所不成者也”。王弼的《老子注》又名《道德真经注》，为史家公认的第一流注本，他论“天地不仁”是这样说的：“天地任自然，无为无造，万物自相治理，故不仁也。”在野的如竹林七子之一向秀，则钟情老子的自然之说：“有生则有情，称情则自然，若绝而外之，则与无生同。”向秀又称：“好荣恶辱，好逸恶劳，皆生于自然。”此一时期，另一种在后世流传广泛的《老子》论本，是《河上公章句》，它以简明之言为每一章标出主旨，全书多用道家养生之言，民间对这一版本尤为喜好。

老子生活的春秋之末，“人民病苦”“道殣相望”，而同时各路诸侯的封建高官所过的生活都是“宫室日更，淫乐不违”。贫而饥的老百姓，所面对的是富而奢的统治者，铤而走险、揭竿而起便在所难免，这些不堪贫困的造反者又被称为“盗”，“多盗”是所有诸侯国的普遍现象，是对残酷剥削和社会不公的一种反抗。而统治者则以加强“政刑”来消弭“盗寇”，“刑书”“刑罚”先后出现，为镇压百姓也。据史书记载，春秋之世290多年，诸侯列国之间攻城夺地、互相砍杀的战争达483次，民生之苦可想而知，周王室的“礼崩乐坏”也是势所必然的了。

面对此种社会现实，当时中国有两个人、两个大圣人，以自己的语言、思想和方式，思考天地万物、治国之道。这两个大圣人就是老子和孔子。

老子之学并不是突然间孤零零地横空出世的，其思想渊源来自更加久远的中华民族的传统文化《诗经》《周易》等。

老子之学可以用一个字一以贯之：“道。”

《道德经》5000多言，“道”出现74次，反复重复，在1章、4章、8章、9章、14章、15章、16章、18章、21章、25章、32章、37章、40章、42章、47章、51章、73章共计17章里，对“道”作了各个层面的表述。第1章开卷见“道”，第42章论“道生万物”，回答了地球、天宇、自然的本原问题。

道，可道，非常道；名，可名，非常名。无，名天地之始;有,名万物之母。故常无,欲以观其妙;常有,欲以观其微。此两者同出而异名,同谓之玄。玄之又玄,众妙之门。

老子还告诉我们,“天下万物生于有,有生于无。”“有物混成,先天地生。寂兮寥兮,独立而不改;周行而不殆,可以为天地母。吾不知其名字之曰‘道’,强为之名曰‘大’。大曰逝,逝曰远,远曰反。故道大,天大,地大,王亦大。域中有四大,而王居其一焉。人法地,地法天,天法道,道法自然。”

中国有自己的神话描述天地起源,那是盘古的一把斧头,首开混沌,劈出天地,而人类的诞生则是女娲之功。与外国神话相通的是大洪水,大洪水定困扰过我们的一辈又辈的先民,因而又有大禹治水。大禹也许是神,但已被人化;大禹或有其人,却已经神化。到得殷周时代,我们的先民曾笃信有天帝主宰世界、创造万物。然而老子却大声疾呼地说,天地万物本源在“道”。

道生一,一生二,二生三,三生万物。

道先于天地、创生万物的过程,在老子的《道德经》中,是如此简单、明晰,其过程神奇而有趣。

“道”又是何物而能创生万物呢?

“物物者非物”,那么,“非物”又是什么呢?是唯物的呢?还是唯心的?还是两者兼而有之?

老子明确地说:“道”又“视之不见”“听之不闻”“搏之不得”。进而说“道之为物,惟恍惟惚。惚兮恍兮,其中有象;恍兮惚兮,其中有物。窈兮冥兮,其中有精;其精甚真,其中有信”。

据此,我们可以这样设想:“道”深远幽暗、混沌博大、精微诚信、恍恍惚惚、无形无状、无始无终、质朴自然,无可名之,只好谓“道”。

“道”，应是凝聚了一切至真、至善、至美之智慧的，否则怎么能化生天地万物呢？“道”，应是浓缩了所有光明、黑暗、流变之规律的，否则怎么能以天之道而启迪人之道呢？

“道”之为“道”，只是“道”，无依无傍，妙不可言。“道”之为“道”，乃初始，“道”外无它，“道”即一切。“道”之为“道”，为无有，无有非无，无有非有。

“道”又是运行不止、无处不在、无时不应的。“道”有象有物、有情有信，“道”是物质，其物不可言说；“道”是心灵，其状不可描摹。

物理学家由此想到了天地之状，乃至霍金今天的“豌豆”说，霍金当然没有见过这宇宙初始之前的那粒“豌豆”，它浓缩着、期待着，为宇宙之母。不过依我看，天地之初还不是一粒“豌豆”，而是一粒“绿豆”，更小更紧密。霍金与我都只是想象，而均可归之于老子的“道”，没有比公元前6世纪的先知之言更加精彩动人的了。

老子还认为，“独立而不改”“周行而不殆”的“道”的运行，是一种循环运动，“周行”也，“反”也，“复”也。“道”的运行又是以自然为法则的，是自身规律使然，“道法自然”是老子思想的最精华处。“道”之所以无往不胜是因为“生而不有，为而不恃，长而不宰”。

“德”，又是什么呢？在老子看来，“道”创生万物，并赋予其本性，此本性即为“德”。没有“道”，就没有德；没有“德”，也无所谓“道”。“道”是“德”的原体，“德”为“道”的灵性。物有物之德，人有人之德，但均在“道”的一统之内。“天地不仁”“天道无亲”，这些话听起来似乎很绝情，况且还有“以万物为刍狗”，但老子说的是实话，是自然界只以规律支配，不亲不仁，无亲无仁，是“天法道”“道法自然”。不亲不仁的大地之上却有不可言说的山川、流水、草木、土地的和谐，何故？不亲不仁也！

老子生于忧患，处在乱世，他探索天地起源，论说“道”与“无”，并不是教人走向虚无，也不是主张所有的人远离国事和政治，而只是坐而论道。对自我，老子主张“养生”；对人与人的关系，老子主张“柔弱大事”；对政治，老子主张“无为而治”。

《道德经》13章说：“故贵以身为天下者，若可寄天下；爱以身为天下者，若可托天下。”这也是说，就连自身也不知珍爱的人，是断不可寄托天下之业的。44章说：“名与身孰亲？身与货孰多？得与亡孰病？甚爱必大费，多藏必厚亡。故知足不辱，知止不殆，可以长久。”一世之名、家财货存与身体比起来，算得了什么呢？相反，知足、知止倒可以长久。贵身自养，首先要摒弃、限制物质享乐：“五色令人目盲，五音令人耳聋，五味令人口爽，驰骋畋猎，令人心发狂，难得之货，令人行妨。是以圣人为腹不为目，故去彼取此。”老子认为，但求温饱的简单生活，才是美好生活、养生之道，而声色犬马之娱，盛宴驰猎之乐，在难得之货如金银财宝面前的去善为恶，夏桀、商纣可谓前车之鉴。

老子对水称之为“几于道”，这与古希腊的第一个自然哲学家泰勒斯的“万物源于水”，均是我们这个地球上同在大约公元前6世纪时发出的先知的声音，老子不知泰勒斯，泰勒斯也不知老子，先知之灵却声气相通。老子说：“上善若水，水善利万物而不争，处众人之所恶，故几于道。”“江海之所以能为百谷王者，以其善下之，故能为百谷王。”“天下柔弱莫过于水，而攻坚强者莫之能胜，以其无以易之。”

我们现在已经无法想象，老子是怎样在河边徘徊、驻足，面对着流水喃喃自语的。是怎样一条有名或无名的河水，从老子心上淌过，并且生出了湿漉漉的“柔弱不争”的伟大构想，是以“天下之至柔，驰骋天下之至坚”，且断言：“以其不争，故天下莫能与之争。”

柔弱是懦弱，可悲吗？非也。

柔弱是宽容、接纳、获取，是致虚守静，不敢为天下先，以静制动、以退为进，是“功遂身退”，天之道也。

据说，老子的老师常枞先生在病中教诲老子道：

> 回到故乡，或者经过故乡的时候，你要下车；
> 从高大、古老的树木下路过，你要弯腰轻轻而过；
> 面对大江巨川，你要垂首；看见小河流水，你要让路；
> 故旧根本，长者先辈，山川万物，是为大，吾为小。

老子诺诺："学生知道了。"

常枞又张开嘴巴让老子看，并问道："我的舌头还在吗？"

"还在。"

"我的牙齿还在吗？"

"没有了。"

"舌头之所以还在，因其柔弱。

"牙齿之所以落尽，因其刚强。

"柔弱而且不争，是以长久。

"天下万物莫不如此。"老子说。

"你可以骑青牛出关了。"老子在青牛背上便吟哦而去：

> 人之生也柔弱，其死也坚强。草木之生也柔弱，其死也枯槁。故坚强者死之徒，柔弱者生之徒。

孔子与老子同时代，且有过交往，儒道两家缘于这两位圣者，他们同为中华民族历史上的大圣、大哲，他们又有各自的学说、修养，他们所走的路或有不同，但都是留在这地球上的先知年代的先知的脚印。

大约在公元前526年前后，孔子来到周王朝都城洛邑，参观了祭天祭地的天坛和地坛，还看到一尊"三缄其口"的金人，金人背后有这样几句铭文："无多言，多言多败。无多事，多事多患。执雌持下，莫之能争。"

孔子请教老子周礼，老子详细告之，并有一番话相赠，太史公曾有记载，翻译成白话文，大意是：一个自认聪明、好议论别人长短的人，也就近乎死亡了。真正的智者不善辩不多言，因为他懂得多言多败的道理，深藏若无，甚至给人愚笨的感觉。希望你去掉自己身上的骄气，及爱好自我表现的毛病，因为这一些对你都没有好处。孔子告辞之后，对自己的弟子说：我知道鸟能飞，我知道鱼能游，我知道兽能走。走者可以用网捕捉，游者可以用钩钓取，飞鸟也可以用箭射获。至于龙，我就不知其何以乘风云，上青天了。今天我看见了老子，我知道老子就是龙。

孔子对老子的评价不可谓不高。

孔子洛邑问礼后，孜孜不倦，搜集整理了不少书册，他是一位极为尊重周天子的人，希望征战不再、国富民安，天下诸侯皆能奉周公之命而为百姓行事。当孔子听说王子朝把大批典籍劫往楚国，便忧愁重重，"想把自己搜集和整理的书册送到王都国家图书馆去，用自己的行动去维护周天子的地位和威信。"（《与老子对话》，刘言著）于是，孔子又想到了老子，带着弟子子路到了老子的故乡——厉乡曲仁里——今河南鹿邑县。其时老子已经免官，周室之乱，民生凋敝，正在冲击着他的思想，所谓周礼难道是不可怀疑的吗？

孔子是次到访，依旧是说六经，谈周礼，论仁义。

老子："仁义是人的本性吗？何为仁义呢？"

孔子："君子不仁成何君子？君子不义岂能立足？心正无邪，泛爱众人，利万民而无私，此为仁义。"

"天有何仁？地有何义？天地说自己何仁何义，多仁多义了吗？天地只是天地，天无言，地无言，山无言，水无言，冥冥之中唯有道，人居其中，国居其中，有道人兴国荣，无道人灭国亡。天地无仁爱之心，有自然之道，人不法天地自然，空言仁义，有祸无福。"

孔子不以为然。

公元前497年，孔子率弟子子路、颜回等离开鲁国，开始了长达十多年的颠沛流离的游说生涯。他到了卫国、宋国、晋国、郑国、蔡国、叶国、陈国等地，向各路诸侯宣讲六经，陈述自己的主张，虽然受到礼遇，却始终得不到信任和重用。孔子也有烦恼，甚至想过“乘桴浮于海”，流亡也、漂泊也，随便哪一片风涛把自己带往遥远之地。

一个坚信仁义之说，忠恕待人、克己复礼、爱人以德者为什么不被那些统治者接受呢？

孔子听说老子已成为得道真人，便再一次往访。

孔子身心疲惫地告诉老子：“我对《诗》《书》《礼》《乐》《易》《春秋》这六种典籍，可说熟读精研了，我用六经之理去告诉那些君王，说先王之道，周公业绩，可惜太艰难了。人真是那样难以被说服呢？还是道理难以明白？”

老子说：“幸而你没有遇到可以被说服的治世之君。你说的那些典籍，是历史留下的足迹，而并非根源，足迹是鞋踩在路上的痕迹，足迹非鞋非路更非道也，本性不可变，命运不可变，时间不停留，大道不壅塞。无道无可行也。”

孔子“入太庙，每事问”，对老子所称的“道”，自然有兴趣，可是道为何物呢？

老子：“非眼见之物也，乃想见之物，是物而非物，有物而无物。天下万物生于有，有生于无，无状之状，无物之象。致虚极，守静笃。知常客，客乃公，公乃全，全乃天，天乃道，道乃久。有道希言自然，希音大声，而飘风几见终朝？骤雨难以终日。重乃轻之根，静为躁之本。大国之君拥万辆兵车，何以轻浮躁动而使天下不治、王室崩坏呢？轻而失本，躁而失君，无道也。”

孔子毕其一生不弃仁义、向往大同，不为老子所动、所同。这实在是一件好事，公元前6世纪的地球之上，因而有了两个属于华夏民族的先知圣贤，而不是合二为一者。

孔子也曾对弟子感慨过：

天何言哉！四时行焉，百物生焉，天何言哉！

孔子道：

学而时习之,不亦说乎?

孔子道:

有朋自远方来,不亦乐乎?

孔子道:

人不知而不愠,不亦君子乎?

孔子的理想大同，对20世纪末年的人来说——不独是中国人——是如此熟悉,又是如此陌生,不过无论如何,只要你认真地一读再读,只要你想到这是2500年前古人的先知之音,你就没有任何理由不仍然为之激动:

大道之行也,天下为公。选贤与能,讲信修睦。故人不独亲其亲,不独子其子,使老有所终,壮有所用,幼有所长。鳏寡孤独废疾者皆有所养,男有分,女有归。货恶其弃于地也,不必藏于己;力恶其不出于身也,不必为己,是故谋闭而不兴,盗窃乱贼而不作,故外户而不闭,是为"大同"。

地球的先知年代啊!

以赛亚已经预言《新约》到来了,很快,施洗约翰将会在约旦河边呼喊:"天国近了,你们要悔改。"耶稣基督出生、行善、布道,然后被钉死在十字架上,为万民赎罪。在古希腊,泰勒斯以及差不多同时代的第一个预言"地球是圆形的"毕达哥拉斯之后,天才汹涌辈出,如巴门尼德、芝诺、德谟克利特、希波克拉底、苏格拉底、柏拉图、亚里士多德等等,可谓举不胜举了。

佛陀在前,耶稣在后,他们都提出了类似的一句话:"要爱你的仇敌。"在印度,佛陀"无缘大慈、众生平等"的影响难以尽述。公元前3世纪,阿育王这位以武力扬威南亚次大陆的摩揭陀国国王,一个胜利的征服者,却放弃战争与暴力，转向和平，他公开为自己亵渎和平而忏悔，他将一道诰文刻在岩石上，现在叫第13号诰文，原文尚存。诰文宣称永远不再为任何征战而拔剑，而"愿一切众生废除暴力，克己自制，实践沉静温和之教"。他不但自己摒弃战争，而且表示要"我的子子孙孙也不可认为新的征服是值得发动的……他们只许以德服人"。

"同体大悲""众生平等"，是说：人类自身所有成员之间的平等；人类与自然界其他生灵万物的平等；人类与天地的和谐共处、平等友爱。

> 此思此想，是何等的历史，又是何等的现代。然而，它毕竟是历史的，现代倘不是历史，何为现代？又何以有现代。
>
> 我们只能活在历史中。
>
> 但，我们经常忘记历史。

在中国，老子之后有庄子，孔子之后有孟子，老庄之学、孔孟之道以及别的各种门类、派别、诸子的学问，就这样薪火相传。需要重重写一笔的是公元前339年屈原出生，遂有《天问》，遂有以后灿若群星的诗人和文学家，使华夏古国成为文明古国。

孟子登泰山，胸襟大开谓："五百年必有王者兴，其间必有名世者。"

翻查历史，尧舜至汤，五百余岁；汤至文王，五百余岁；文王至老子、孔子，五百余岁。老子、孔子之后五百余岁，便是纪元开始了。庄子在《知北游》中指"道"为"本根"，这本根"昏然若亡而存，油然不形而神，万物畜而不知，此之谓本根"，然后，庄子简直是在言说地球及天体运行了："天不得不高，地不得不广，日月不得不行，万物不得不冒，此其道与？"

庄子，生于公元前369年，卒于公元前286年，"终身不仕，以快吾意"，居陋巷，织草鞋，曾经梦蝶。

庄子揭露过一个这样的社会：

窃钩者诛，窃国者侯。

庄子描述过一个这样的境界：

若夫乘天地之正，而御六气之辩，以游无穷者，彼且恶乎待哉？故曰：至人无己，神人无功，圣人无名。（《逍遥游》）

公元之初与中世纪

我们的时间只是一个小小的幻想花园,那是我们在那永恒无限的沙漠中开垦的花园。

——梅特林克

公元之初的地球上,某种巨大的富有深意的象征,在第四纪的山脉隆起、江河安澜之后,已经如同山脉与江河一样展现了,其中不乏具体事件与人物。我们说地球本身就是生命——那是何等伟大的生命;我们说地球从来富有智慧——那又是何等英明的智慧!但,即便如此,地球也可能多少有些出乎意外:在它历经真正的千难万险的数十亿年演变之后,使天高地广、草木丛生、山岭逶迤、江河奔流,人类大可以安居乐业并繁衍后代时,地球却从此开始了人为的动荡与黑暗。

同时,地球又不得不面对着地球之上因人类族群、文化背景不同的分野:东方与西方。这东方与西方忽阴忽晴,忽风忽雨,忽明忽暗,忽而兵戎相见,忽而玫瑰盛开,忽而白刀子,忽而红地毯。但东西方人类的一个总的趋向却是一致的:不再有预言的先知了,有精明的计算者、坚韧的观察者、灵巧的发明者,他们算计地球、丈量天空、分割海洋、发起战争、互相残杀等等,但即便如此,众生之中依然有着敬畏和虔诚而又探询着地球智慧的伟人与先行者。据我猜想,这就是为什么地球至今仍然不失耐心地养着人类的多种原因之一。

公元之初的500多年,人类文明在西方的急剧衰落可以从以下几个方面得到证实:

> 古罗马帝国后期,古典文化残存的辉煌也被埋葬了,西罗马帝国除了灭亡别无再生之途。柏拉图学院被封闭,亚历山大图书馆被烧毁,欧洲由此开始进入黑暗与迷茫年代。

以赛亚的预言应验了。

公元前1世纪,两个希伯来王国均被并入罗马帝国的版图,在罗马人的惨烈的统治之下,犹太人中出现了一位对人类的精神历史产生着重大影响的人物,他就是诞生于公元元年的耶稣基督,基督一词是希腊文“救世主”的音译。

人类古往今来找不出第二个如耶稣一样毕生毫无劣迹而又献出生命的人。作为被压迫的苦难深重的犹太民族的代言人、传道者,耶稣宣称的是上帝派救世主到人间解救苦难的人类的意旨和思想,反对罗马帝国的奴隶制度。他倡导和平、忏悔和对唯一的上帝的信服和颂扬,而反对一切偶像崇拜。在耶稣开始布道传教时,他并没有什么势力,不过是12门徒而已。但一个专制的社会——人类在这之前早已很快学会专制了——把任何一种新思想视为异端。耶稣与法利赛人的冲突惊动了罗马地方长官彼多拉。耶稣宣扬上帝的天国,以及世界上末日的来临,耶稣还说过:“你们曾听见这样的教诫:‘爱你的朋友,恨你的仇敌。’但是我告诉你们,要爱你的仇敌,并且为那些迫害你们的人祷告。”(《马太福音》)而在这之前,《利末记》写的是:“你们不可怀恨……不可报仇,不可埋怨本国人民,要爱自己的同胞,像爱自己一样。”显然,爱同胞与爱仇敌是大不一样的,而犹太人的仇敌到处都是,或者说视犹太人为仇敌者实在很多,因此耶稣确实是负有新的救世的使命,并且以新的思想、身体力行地成为人类之榜样。他含蓄而又明确地以自己的言行一致告诉人们:上帝的意旨并非只限于已有的律法,上帝的深广是意不可及、言不能指的深广。耶稣还告诉他的门徒,他是为受难和替众人救赎而来的,他将死,他被钉死在十字架上。有的资料还说他是自己驮着十字架走向死难之处的,在耶路撒冷。

耶稣死了,死而复生。如果耶稣没有在耶路撒冷被钉十字架而死,这个拿撒勒人也就是拿撒勒的名人而已,他的教诫也可能早被人遗忘。基督教因为耶稣的死和复活而崛起,成为地球上越来越强大的一种人类的信仰。

耶稣被钉死时,为公元30年。

基督教的另一重要创始人物保罗,继承了耶稣的事业,他强调耶稣不仅是犹太人的王,而且是全人类的救主,使耶稣的信息得以保全并弘扬。保罗视死如归地来到罗马传播福音,建立教会。这很容易使人联想到耶稣,他面对道德上的进退两难之境时对任何妥协的拒绝,以及对人类道德要求的普遍性的强调,其感染力不仅来自才智,也来自非凡的性格魅力。

那是多少阻碍与凶险啊,人们无法想象保罗是怎样风尘仆仆而又悄悄地到了罗马的。

保罗只说了一句话,保罗留下了一句堪称永远的宗教精神之典范的平淡无奇的一句话:就这样到了罗马。

公元之初的两个多世纪,罗马帝国视基督教为洪水猛兽,实行坚决的压制及对信徒的迫害。但是罗马帝国的铁血统治者,也许是地球上所有帝国中第一个被信仰和精神的伟力所击倒的,那是非同于物质的汹涌的推进,有时是沉默和渗透,是赞美上帝的诗与歌,是为了救赎的视死如归,是想象中的驾着天上的云再度来归的救世主。因而不可思议的事情发生了,到了君士坦丁时代,罗马帝国不得不承认基督教的合法性。公元325年,皇帝君士坦丁亲自主持了基督教世界的第一次世界主教会议。公元380年,罗马皇帝狄奥多西将基督教定为国教。

至此,以古希腊为代表的古典文化一时归于沉寂。

因为，发生和发展此种文化的环境与氛围，已经被罗马的将军们摧残殆尽了。

罗马帝国在皇帝图拉真（98—117年）统治时期，其版图包括了除今日德国和东欧南部部分外的整个欧洲。公元330年，君士坦丁大帝将罗马帝国的首都迁到了黑海与地中海之交的城市拜占庭，并改名君士坦丁堡（即今伊斯坦布尔）。是次迁都，是君士坦丁大帝考虑到罗马作为首都的致命弱点，即不能发挥海洋的作用，拜占庭的位置显然更为优越。不过君士坦丁大帝没有想到迁都之后的罗马帝国，对西部的控制更是鞭长莫及了。公元395年后，罗马正式分为东罗马帝国和西罗马帝国两部分，从某种意义上说西罗马才是真正的罗马帝国，因为它有帝国的大部分属地、有罗马的传统。东罗马后来干脆改称拜占庭帝国，古代希腊、罗马文化在这里保存下来。这一事实极为重要而有兴味，它告诉人们：

> 国家、版图的变化，在地球上并不是什么太了不起的事情，因为可以通过暴力获取。但所有强人与战争不能俘虏的是文化，而且很有可能文化将俘虏那些入侵者。
>
> 也因此，我们才可以说，地球上真正的伟大与不朽，是发生于天地之间的沉思默想。

拜占庭帝国保存了希腊文化，建造了不少精美的建筑，古希腊文明得以部分地延续，并发展出了史书所称的拜占庭文化。

真正的罗马帝国，即西罗马，却是一副末日景况了。

不甘被压迫的克尔特人、日耳曼人和斯拉夫人的入侵，使帝国分崩离析。没有谁为罗马帝国的从此破碎而惋惜，这是欧洲之所以成为丰富多彩的欧洲的一个过程，近代欧洲的各民族、各国家开始形成，拉丁语被改造和地方化，一元并非总是强大，多元并非总是弱小。

公元410年，别族军队攻陷罗马，洗劫三天三夜。

公元476年，西罗马帝国最后一个皇帝被废，名存实亡的大罗马帝国终于名实皆毁了。

在这之后，东罗马皇帝查士丁尼曾一度统一了古罗马帝国，从别族手中恢复了帝国大片领土，还使拜占庭文化兴盛一时。但，也正是查士丁尼于公元529年下令封闭了雅典的所有学校，包括柏拉图学院，这一柏拉图亲手创建、持续了900多年的、当时地球上独一无二的、历史最为悠久的希腊学术堡垒，被一个皇帝的强权用刺刀埋葬了。

埃及的亚历山大图书馆，是希腊文化最丰富最著名的集藏之地，也是古典学术存在的象征。公元前47年，罗马将军凯撒纵火烧毁了停泊在亚历山大港的埃及船队，大火熊熊殃及亚历山大图书馆，300多年来收集的70万卷图书付之一炬。幸运的是，有相当一部分藏书存放在塞拉皮斯神庙中，而得以保全。后来，另一位罗马将军安东尼又将国王放在罗马的私人藏书送给了埃及的女王，亚历山大至此依然是地球上藏书最多的城市之一。

亚历山大图书馆遭受的第二次劫难，是在公元392年罗马皇帝狄奥多西下令拆毁希腊神庙时，塞拉皮斯神庙被当时的教会纵火烧毁，30多万件希腊文手稿灰飞烟灭。

对亚历山大图书馆的最后毁灭是在公元640年，占领亚历山大城的进攻者的首领下令收缴全城所有的古希腊著作，并予以烧毁。亚历山大的图书烧了多久？众说不一，有资料说，仅仅是亚历山大城的公共浴室，有6个月时间是以羊皮纸取代木柴用来烧水的，这些羊皮纸上书写的是苏格拉底、柏拉图、阿基米德、阿波罗尼、欧几里得等先贤的著作，或者是几何线条和已完成及未完成的某些公式。

亚历山大城的陷落无关宏旨，亚历山大图书的劫难却预兆着欧洲的一个废墟年代的开始。

在曾经有文化的地方，一旦文化被埋葬，它便沦为荒凉的不毛之地。当然我们也可以这样说，野蛮的火焰似乎淹没了一切,但历史作为活的火种迟早会发出另一种光来。

地球期待着。

历史教科书一般都把从公元5世纪西罗马帝国灭亡，到15世纪意大利文艺复兴的1000年称为中世纪,或中古时期,更有谓之黑暗的中世纪。其实不能一概而论,欧洲无疑沉入黑暗中了,但黑暗的持续应是前500多年,既然辉煌不能永久,黑暗也不会永久,或者说辉煌到极致便是黑暗了,黑暗到极致又将是辉煌了。欧洲暗无天日的时候,地球的另外一些地方,如阿拉伯地区以及印度和中国,却并非如此。这些地方的人们以自己对天地自然的认识所形成的自己的方式,既无大起也无大落,既无大喜也无大悲地生活着,在地球上独树一帜,成为此一时期的历史的美谈。

阿拉伯人、印度人和中国人那时都不知道罗马。

“条条道路通罗马”,这是以后的人对以前的罗马的赞美。罗马的教训却属于全人类,罗马鼎盛时的辉煌成为废墟之后,罗马又重新回到地球的怀抱中了。

罗马告诉我们:人为的扩张、私欲与贪婪都会受到惩罚,即使这些扩张者、享受者曾经是成功者。罗马帝国的长期征战、滥杀无辜,好像是征服了、胜利了,其实是在积累仇恨、聚集反抗,惨无人道的奴隶制度更使这个帝国的每一幢高楼都在风雨飘摇之中。

谁制造血雨腥风,谁就逃不脱在血雨腥风中被埋葬的命运。

罗马的最后崩溃,一般的史学家均归因为“蛮族入侵”。首先这“蛮”字可做一番深究,用现在的话说,是落后、不发达民族,而且一定是被掠夺者、被压迫者。

进而,我们或许可以这样说,落后是先进所需要的,野蛮是文明所造成的。否则，先进怎么能成为先进、文明怎么能成为文明呢？

最合理的解释应该是：亡罗马者，非别族也，乃罗马也。

地球怀抱着的罗马废墟仅仅以凄凉来形容是远远不够的，它是如此的丰富，它是生命的另一种形态，它所明证的是一个大城的命运。罗马城兴盛时有近百万人口，如果没有殖民地，没有大量奴隶，没有细耕农业，没有导水管建筑工程，罗马城就一天也维持不下去。大城的命运从一个侧面说不在统治者手里，而在劳动者的掌握之中，因而罗马皇帝便需要一支军队，对外掠夺对内镇压的军队。随着罗马人口从60万、70万而逼近100万时，城里的混乱程度不断加剧，食物供应出现困难，城里的老百姓挨饿，就连皇宫里养着的狮子、老虎也饿得在半夜里大叫。住房问题越来越麻烦，就连奴隶们的膳宿费用都涨到不敢问津的程度。混乱与骚乱只一步之隔，为加强管理便扩充军队以维护能源补给线，同时官僚机构大增，加大专项管理的力度。这一切的后果是：罗马的奴隶再也供养不起罗马日益增多的统治者了，罗马的奴隶再也不愿意为罗马而战了！

然后是阿拉伯人征服巴勒斯坦和埃及，斯拉夫人占领巴尔干半岛，拜占庭帝国与西方的联系彻底中断。

欧洲一片黑暗，一盘散沙，这是一个庞然大物般的帝国解体之后的必然现象，唯其如此，新的架构也在酝酿中了，近代欧洲只是从这时才开始它的历史的。

公元5世纪时，阿拉伯半岛上的阿拉伯人还处在部落状态，逐水草而居，过着自由自在的游牧生活。毫无迹象表明，他们将要在地球上发挥重要作用。

直到8世纪，中亚的大片领土终为阿拉伯人所征服。8世纪中叶时，阿拉伯文化随着阿拉伯帝国的兴盛,也开始兴盛起来。

阿拉伯人的天性中有着对科学和文化的热爱与崇敬,当他们征服波斯后,对古希腊的学术遗产采取敬重的态度,并加以保持和继承。他们把从拜占庭获得的希腊图书,其中包括欧几里得的《几何原本》,视为珍贵财富。阿拉伯帝国的统治者不仅鼓励商业和贸易,而且也热心支持科学事业。在文学巨著《一千零一夜》中被推为理想君主的哈里发哈仑·拉希德(764—809年)奖励翻译希腊学术著作,首开希腊典籍翻译的风气。他的后任哈里发阿尔·马蒙(786—833年),是一个更富有想象力的颇有文化风度的君主,他在830年于巴格达专门出资创办了一所"智慧馆",馆中设有两座天文台、一座翻译馆和一座图书馆,形成了地球上由阿拉伯人推动并实行的其时举世无双的翻译运动。馆中有各种语言的专职翻译人员,实行招聘制,以希腊语、波斯语、叙利亚语翻译希腊典籍,还从梵文翻译印度的数学与医书。800年,《几何原本》被翻译成阿拉伯文,托勒密的《天文学大成》则于827年翻译完毕,名为《至大论》。翻译运动使阿拉伯人很快掌握了当时世界先进的科学知识,希腊之学也可以说是由阿拉伯帝国继承并推广的,巴格达成为当时地球上炫目的科学文化中心。

阿拉伯的炼金术曾经天下闻名,它不是骗术。在著名炼金术士贾比尔·伊本·哈扬的著作中,记有大量化学实验。排名第二的炼金术士阿尔·拉兹著有《秘密的秘密》一书,列有很多化学配方。这样,如果把阿拉伯炼金术称之为化学史上的一章,是公平的。西文中的不少化学名词实际上都是从阿拉伯文来的,如碱、酒精、糖等。

> 阿拉伯民族是个天性好奇的民族,阿拉伯不是好勇斗狠的代名词。我们可以想象炼金术士在一次次化学实验过程中专注的目光,阿拉伯人的眼睛很有魅力。

巴格达智慧馆中有一个名叫伊本·穆萨·约的年轻人,开始进行天文观测,后来整理印度数学,他生活在哈里发马蒙时代,可谓生逢其时。790

年，伊本·穆萨·约生于波斯北部的花拉子模，850 年去世。后人为了表示对他的尊敬，便用他的出生地花拉子模称呼他，这样花拉子模不仅是地名而且是人名，同时还是至今已成为人类共同财富的阿拉伯数学的代名词。

花拉子模在《复原和化简的科学》一书中，把印度的算术与代数介绍到了西方，我们从牙牙学语开始便念念有词的 1、2、3、4、5、6、7、8、9……便是花拉子模在书中介绍给西方和全人类的，它们是印度数字，但因为是通过花拉子模才知道的，所以迄今仍被称为阿拉伯数字。花拉子模所说的“复原”是个数学名词，意为保持方程两边的平衡，也就是今天我们解方程时的“移项”，这个词后来译成拉丁文便成了“代数”，代数之学其名其实均始于花拉子模。

花拉子模还是托勒密体系的研究者，他写过一本书叫《地球形状》，他还绘制过一部世界地图。花拉子模在数学上是一个如此出色的天才，不过他在计算地球周长时得出的数据为 6.4 万千米，他把地球估计得太大了。

1000 年前后，阿拉伯甚至还可以说拥有其时世界上最伟大的物理学家阿尔·哈雷。公元 965 年，他生于伊拉克的巴士拉，1039 年死于埃及开罗。他的著作仅仅就书名来看，便非同一般，比如 7 卷本的《论视觉》一书。人们一直以为人能看见万物是从眼睛里发出光经过物体反射所致，就连鼎鼎大名的托勒密也是这么认为的。阿尔·哈雷把在他之前的关于眼睛炯炯有神、目光如电等神话无情地代之以另外一种真实：所有人的眼睛其实都很平常、普通，它不能发射光线，一切的光线都来自太阳，人之能看见是因为被见之物反射了太阳光。

没有太阳，我们无一例外都是瞎子。

阿尔·哈雷还写过一本光是书名便让人叫绝的书：《论月光》，这是一种何等的超凡脱俗与胆略智慧，真是令人所不敢想象、难以形容，更别谈趋而近之了。吴国盛在《科学的历程》中写到，阿尔·哈雷与阿基米德一样，喜欢搞一点技术发明，他曾向埃及的当政者提出，可以发明一种治理尼罗河洪水的装置,但这个统治者是无法无天的暴君,他肯定阿尔·哈雷造不出这样的机器,便要求他马上造出来,一次成功,否则当即处死。惊恐之下,阿尔·哈雷不得不假装神经病,成了疯子,疯话连篇不知所云多年。

阿尔·哈雷的著作在文艺复兴时期被译成拉丁文。

天空立法者开普勒是站在阿尔·哈雷的肩膀上,指点天宇的。

阿拉伯哲学的代表人物是阿维罗意,他的阿拉伯名字叫伊本·拉希德,1126年出生于西班牙的科尔多瓦。他是法官,还做过御医,但他对哲学的兴趣超过一切。阿维罗意对亚里士多德的著作做过系统的整理和注释,且写了评注。他的哲学见解主要见于他的评论中,阿维罗意力图以希腊哲学大师的逻辑学为伊斯兰教提供哲学辩护,开创了伊斯兰教的经院哲学。阿维罗意可说是生不逢时,阿拉伯帝国已经无可挽救地走向衰落,在蒙古人的入侵与基督教文化的夹击之下,再加上阿拉伯人的内战之耗,阿拉伯文化的繁荣也成了明日黄花。而阿维罗意便既是阿拉伯哲学的高峰,又是终点,且为当政者所不容而被放逐到摩洛哥,直到终老他乡。

历史再而三地告诉我们:一个政权镇压人民、放逐文化精英之日,便是黯淡无光的开始。

中国的古文明是因中国地理环境的特殊而形成自己特色的,相对的隔绝与封闭,使地球上的这东方古国,始终笼罩在神秘的气氛中。这块土地上的我们的先民是极富想象力的,也是极务实的。中国先民的想象力是最早得到辉煌体现的,甲骨文便为其中之一,那是一直延续到当今世界地球之上语言、词汇最丰富,最具智慧,最有命名力,并且是完全独立的中文系统。自19世纪末以来,在河南安阳小屯村殷商废墟发现的刻有文字的龟甲和兽骨,数以10多万片计,世称甲骨文,中国最早的文字。甲骨文虽然在形态上与现在的汉字差别甚大,但它的意义和写法,与今字无异,倘用六书分类,六类的字在甲骨文中均已具备。殷墟的甲骨文中有一片是武丁时代牛肩胛骨卜辞,长22.5厘米,宽19厘米,实属最珍贵者。

为什么说中国文字的初始，是想象力的美妙产物呢？

不妨请读者一起欣赏几个甲骨文字，然后同声赞美我们的先人。

> 众人的“众”字，甲骨文为“”，太阳底下三个人，再看现在的简写的众字，与甲骨文甚为贴近了。再看“牧”字，甲骨文是这样写的“”，牧放牛羊之意跃然纸上。而“妾”字，在甲骨文中显然是个下跪的女人“”。我们甚至可以这样设想，在殷商时代的那些甲骨文上的刻字者们的艰难，又正是这种艰难激活了一笔一画之间的想象力，或许我们还可以据此认为：在中国由此开始的悠久的文学艺术的长河中，书法是开先河而扛鼎者，诗歌、绘画均是后来者了。
>
> 中国的文字，中国最早发明文字的、记下这些文字的人，是刻划者，一种特殊的必须具备天赋、带有艺术性的孜孜不倦的个体劳动，中国文化的底蕴、深奥、艰难、博大均在其中了。
>
> 中国文学的想象力首先源于中国文字的想象力。

中国先民还喜欢制造一些器物，商周两代是青铜器，瓷器到明朝成化年间已成为举世闻名的艺术珍宝。商周的青铜器以祭器为主，其造型和纹饰仍然透彻着想象的不可思议和原始、粗犷的美感相交织，但其中也不乏精细者，如龙虎尊、何尊、三羊铜罍等。很难解释的是商周青铜器纹饰中以“饕餮”最为多见，在神秘、狞厉中透出威武与恐吓。

在公元7世纪，当欧洲沦入黑暗时，中国正值盛唐。有唐代，不说其他，光是李白、杜甫为首的数以千百计的诗人的诗词作品，其构思独特、清丽辉煌、文章华彩实在是地球之上不可多得的了。到宋朝，科学技术达到了高峰，欧洲尚未开始文艺复兴。笔者已经写过公元前6世纪的老子、孔子及随后的庄子，老庄之学作为古典哲学使华夏民族的思想精神状态，在起步之时便达到了高不可攀的境地。极为缥缈、洒脱、恍惚的老庄之学，虽说代有传人、渗透不息，但它并没有使中国成为哲学大国，与国家生计相关的科学技术也是以农、医、天文、历算四学科为主，还有陶瓷、丝织与建筑三大技术。其实这很正常，它只是说明老庄就是老庄，那是真正的哲学，是唯心的精神的思考，但不会因此而造出机器来。

东西文明分歧，而东方文明则当首推中国为典型，其基础或者说根本，始终离不开农业。中华古文明在世界公认的几大文明中，是唯一延续保全到今天的文明。如前所述，古印度、古埃及、古希腊、古巴比伦文明，或者支离或者断层，或者绝灭。虽然中国也曾经历了朝代更替、战火绵延、被侵略、被分割、被屠杀，外战内战，层出不穷，但唯独中华文化一以贯之地独立发展，自成一统，独步天下。这一切除了中华文化自身的颠扑不破之外，还有赖于中国大地上的精耕细作、五谷杂粮的农学及中医药学，否则既难以繁衍生息又谈何万世永续？

中国文化典籍中的农书以《汜胜之书》、《齐民要术》、《陈旉农书》、《王祯农书》和《农政全书》最著名。但在简略叙述这些著作之前，我们无法忽略神农炎帝——无论是神话传说，还是实有其人其事，都以不同的视角说明，中华文明创始的过程是神奇而又庄严的。

略记神农的传说如下：

> 有丹雀衔九穗禾，其坠地者，帝乃拾之以植于田（《拾遗记》）。
>
> 神农时，天雨粟，神农耕而种之（《艺文类聚》）。
>
> 尝百草之滋味，水泉之甘苦，令民知所避就。当此之时一日而遇七十毒（《淮南子》）。
>
> 教之桑麻，以为布帛（《路史》）。
>
> 神农始立地形，甄度四海，远近山川林薮所至，东西九十万里，南北八十一万里（《绎史》）。

炎帝神农是神还是人，是一人还是二人，均无定见。而可以作为佐证的文字又都是对湮远岁月的追记，神话、传说与历史互相渗透。但稍加剥离便可看出中国古老神话是与饥饿、天灾、洪水相连在一起的，与希腊神话的从地中海飘然而起大异其趣，透露出来的历史信息应是：对华夏先民来说，一切都是那样艰难，生存问题始终是个核心问题，其肇创之卓绝，历时之长久，涉猎之深广，绝不可能是一二人、少数人可以毕其功于一役的。因而有形的、有限的流传，已是无形的、无限的存在之浓缩了，浓缩到了相当于新石器时代早中期的炎黄岁月，炎帝、黄帝走在华夏先民的前头，与幽深的历史隧道暂别，所面对的更加开阔更加迷惘也就是更加凶险。但是，有黄河水，有大片的地，去耕种吧，除此之外还能做什么呢？

郭沫若先生在《中国史稿》(第1册)中说："从渭河流域到黄河中游，是古羌人活动的地方。炎帝可能是古羌人氏部落的宗神，号神农氏，说明他们是主要从事农业的民族部落。"国学大师钱穆先生认为："黄帝、神农实为当时中原东西对峙之两部落，黄帝部落较在东，属沼泽低洼之地，而以游牧为主的神农部落较在西，属黄土河谷之地，而以耕稼为……故知中国古史上农业文化之开始，应在中原之西部，南至汉，北至……而姜姓部族神农氏之一支，尤应为古代农业发展之主体。"(《中华根与本》文怀沙)

炎帝神农的最伟大的作品，也许就是"制耒耜，教民耕作"。"耒"，是华夏先民最早使用的一种坚硬而柔韧的直木煣制成的单一垦殖农具，"它使胼手胝足的先民从指挖手刨的劳动方式中解脱出来，代之以轻便省力的柱洞成穴的播种方式，为我国古代农业的点耕阶段的出现，奠定了基础"(《中华根与本》文怀沙)。"斫木为耜"的"耜"比起"耒"又更进一步成为复合农具，它把经过刮削的石片或骨片加固在"耒"的一端，可以锄垦土壤，这标志着古代农业由点耕到锄耕的初级过渡。"耒耜耕耨，教民种五谷"，那真是功在千秋了，况且是耒耜的发明者？几千年中，从帝王到农夫，耒耜均被视为圣物，每年春耕时节，帝王都要乘耕车、执耒耜、具服载器，扶犁亲耕，这是对农业的重视，也是对神农的仰怀。

正是华夏先人、炎黄二帝的躬耕劳作，才有了公元5世纪时便已相当发达的中国农业，其理论则堪称农学。

《齐民要术》是完整保存下来的最古老的农书，作者是北魏高阳太守贾思勰，写于533—544年间，共10卷92篇，涉及作物栽培、耕作技术、农具使用、畜牧兽医和食物加工，可谓农学百科全书。《齐民要术》序言的开头便是："盖神农为耒耜以利天下"，还写到"一农不耕，民有饥者；一女不织，民有寒者。仓廪实知礼节，衣食足知荣辱"，"人生在勤，勤则不匮"，"力能胜贫，谨能胜祸"等不朽名言。

贾思勰在太守任上，实地考察了今华北一带的农具状况，并向不少农民询问农事经验。《齐民要术》真实地反映了我国黄河中下游地区当时的农业环境及生产水平。看来，这一地区的干旱少雨是古已有之的，保持土壤中的水分便成了当务之急，因而要进行合理的、深浅得当的平整土地与中耕，即现在农村所谓"保墒"。《齐民要术》较为详尽地记述了不同天时、地利情况下的不同耕作之法，以及种子的拣选、储存及种前处理、播种时机的掌握。《齐民要术》甚至对换茬、轮作与套作制均有研究，还论及果木的育苗、嫁接与动物饲养。其中醋与酱的制作及加工技术介绍，说明中国古人已经注意到了食物佐料，不过也有可能对一般农人而言醋与酱便是主要的下饭菜了。

南宋初年写成的《陈旉农书》，是江南水田的农学之书。作者陈旉其人饱读史书，却终身不仕，唯以种植药材、治理园圃为生，倒也落得清闲，世居扬州。《陈旉农书》显然是想填补《齐民要术》之缺，而南宋之际，江南农业及蚕桑均已相当发达，是为合时而著。全书分3卷，上卷写水稻的培植，兼及麻、粟、芝麻；中卷讲江南水田耕作所使用的唯一大型牲畜水牛的特性、喂养和使用；下卷专论蚕桑。

明代之末，政荒地乱，乏善可陈，唯徐光启（1562—1633年）的农业科学思想与实践，仍可万古流芳。徐光启是江苏人，出生于小地主家庭，曾经务农，广泛收集农书，总结农作物的种植经验，对种地甚有兴趣。1579年，徐光启在北京考中举人，之后又中进士，为明翰林院庶吉士。此公因好农事而对新鲜事物极富兴趣，便和外国传教士过从甚密，与利玛窦合作翻译了《几何原本》前6卷，为政敌所不容奏本攻击，大概也是里通外国之类。1617年，徐光启从冠盖如云的北京来到天津，在海河沿岸试验种植水稻。时人大为惊讶，一般认为水稻乃江南物种，北方不宜，即使种活了收成也不会高。徐光启从家乡请来种稻老农，一起研究种植技术，终于获得成功。晚年，徐光启辞官归乡，潜心编写《农政全书》，60卷50多万字，分农本、田制、农事、水利、农器、树艺、蚕桑、种植、牧养、荒政等12项。全书除徐光启历年研究、实践的结果6万字外，其余都是古代和当时农书的摘录与汇编。这一伟大工程耗尽了徐光启生命的最后岁月，临终前才初步编就。

中医药学是华夏古文明中最独特的一个体系。

为中医药学奠基的，一般认为是战国时代的《黄帝内经》，汉代的两大名医即外科华佗、内科张仲景与战国的扁鹊，人称中医三大祖师。

华佗字元化，今安徽省亳州市人，大约生于公元2世纪中叶，生平不详。他曾为关云长刮骨疗毒，据说还以针灸治好了曹操的头痛病。曹操想让华佗成为自己的私人医生，华佗不从而被曹操所杀，时在公元208年。当时之世，华佗最令人惊讶的绝活是用麻沸散麻醉病人后开膛剖腹，做腹腔外科手术。用麻沸散时须和酒一起服下，少顷便无知觉，再行手术。术后缝合涂上一种膏药，4 ~ 5天伤口愈合，一个月内行走自如恢复正常。在如此遥远的年代能做如此复杂的外科手术，实在匪夷所思，华佗被人崇拜是理所当然的。

华佗不仅外科手术技术高超，而且能针灸、识脉象、善处方、重医德。他认为他可以为曹操治病，也应该替世间更多的人治病，入狱之后初衷不改。在曹操的监牢里，华佗曾将毕生医术整理成《青囊经》，托狱卒保存以造福后人。狱卒怕受株连，不敢接受，华佗无奈付之一炬。

东汉末年还出了另一名医张仲景（约150—219年），今河南省南阳市人，曾官拜长沙太守。不久辞官，一心研究医学，于3世纪初写成著名的

《伤寒杂病论》。

药王孙思邈,陕西耀县(今陕西省铜川市耀州区)人,公元581年4月28日出生于孙家塬一个农民家庭,少年多病,为筹汤药之资而几罄家产。7岁就读,10岁攻经史诸子之学,好谈老庄,18岁立志从医济世。从此博览医书,常常不远千里寻师问方,五台山、太白山、峨眉山均留有他寻方采药的背影,后隐居太白山。孙思邈通晓针灸、养性、养生、食疗、预防、炼丹,并有多种著作传世。他自己也一变少年时的体弱多病而到100岁依然"视听不衰,神采丰茂",《太平广记》卷21载,孙思邈于"永淳元年卒,遗令薄葬,不藏冥器,不奠牲牢"。

孙思邈主张:"博及医源,精勤不倦,不得道听途说而言医道,不得小有创见便求殊荣。"而他自己,"白首之年,未尝释卷"。他曾论及"苍生大医",谓:"凡大医治病,必当安神定志,无欲无求。夫一人向隅,合家愁苦,推人及己,深心悽怆,则不论昼夜,无顾寒暑,一心赴救,此为苍生大医。若闻呼救而医者不为所动,安然欢娱,傲然自得,恃己所长,经略财物,是为含灵巨贼!"

孙思邈著有人称"中国现存最早的医学百科全书",著有《千金要方》《千金翼方》等80余种,尤以《老子注》《庄子注》令人叹服。孙思邈说"命至重、有贵千金",实与老庄同出一道。

孙思邈,苍生大医也,其道德人格堪称中华民族的典范,

从这点上也可以看出,当中世纪时,中华民族的精神风貌已经达到了何等高度。倘有读者问:到底高至何等呢?我想这样回答:无论为医为人,我们处于20世纪末年的人们,也只能是望孙思邈项背而自叹弗如。

那么,孙思邈又是如何"推步甲下,度量乾坤,测算阴阳拿捏分寸",进而观天地、论人事的呢?他说:

> 吾闻善言天者,必质之于人;善言人者,亦本之于天。天有四时五行,寒暑迭代,其转逆也,和而为雨,怒

而为风，凝而为霜雪，张而为虹霓，此天地之常数也。人有四肢五藏，一觉一寐，呼吸吐纳，精气往来，流而为荣卫，彰而为气色，发而为音声，此人之常数也。阳用其形，阴用其精，天人之所同也。及其失也，蒸则生热，否则生寒，结而为瘤赘，陷而为痈疽，奔而为喘乏，竭而为焦枯，诊发乎面，变动乎形。推此以及天地亦如此。故五纬盈缩，星辰错行，日月薄蚀，孛彗飞流，此天地之危诊也；寒暑不时，此天地之蒸否也；石立土踊，此天地之瘤赘也；山崩地陷，此天地之痈疽也；冲风暴雨，天地之喘气也；雨泽不降、川渎干涸，天地之焦枯也。良医导之以药石，救之以针剂，如圣人和之以至德，辅之于人事，故身有可愈之疾，天有可消之灾，通乎数也。

孙思邈笔下的天人共存、天人合一，是何等精彩。我们不妨再重复一遍，这种由天及人、由人及天的思辨精神，是1400年前中华古文明的精髓之一。而从独特的角度言说这种思想的，是一个号称药王的医生、隐居者。

孙思邈认为问诊号脉，处方配伍必须“胆欲大而心欲小，智欲圆而仁欲方”。而在诠释这两句话的内涵时，已俨然是个中古时期的哲学大师了：“心为五脏之君，君以恭慎为主，故心欲小；胆为五脏之将，将以果决为务，故胆欲大；智者动，像天，故欲圆；仁者静，像地，故欲方。《诗》曰：‘如临深渊，如履薄冰’，谓小心也；‘赳赳武夫，公侯干城’，谓大胆也；《传》曰：‘不为利回，不为义疚’，仁之方也；《易》曰：‘见机而作，不俟终日’，智之圆也。”

还是在欧洲中世纪最黑暗的年代里，429—500年间，有一个叫祖冲之的中国人，求出了精确到7位数的圆周率，即：$3.1415926<\pi<3.1415927$，这一数字在当时地球无疑是最精确的数字了，并保持有1000年的领先地位，直到15世纪后才由阿拉伯人超出。祖冲之还制定了《大明历》，他把岁

差现象纳入历法编制中，制定了每391年设144个闰月的置闰周期。祖冲之推算出回归年的长度为365.2428148日，与今天的推算值相差46秒，而交点月的长度的27.21223日，和时下的计算相差1秒。

中国长时期以来有“算经”“算术”“算学”，而没有“数学”，或者说不称之为“数学”。这一名词术语的差异，既有概念上的宽窄，更说明中国古人对解决实际应用的重视，而把抽象的理论性及逻辑的系统性放到了一边，大约这也就是实践出真知的一个范例吧。《九章算术》是中国数学的奠基之作，尤其是它采用的10进位值制算法，使当时世界没有比中国人更会算、更能算的了。所谓10进，就是以10为基数，逢10进1位。这一想法和做法现在看来是如此简单，可是在人类文明草创的年代却是何其不易。巴比伦人用60进位制，玛雅人用20进位制，古罗马人用5 ~ 10混合进位制，凡此种种都没有10进位制方便，但这也告诉我们，人类的始祖是怎样筚路蓝缕地探索和创造的，同采集与打制石器相比，那是另一种劳动、另一种创造，是脑力劳动和文化创造。造物主造万物造人，造人的时候便都有了一套计数工具——10个手指头。可以想见，远古的先民是怎样掰着手指头数数的，或者在一开始时只是竖起一个或几个手指头以示多少，然后才是计数。这很有趣也很方便，但也有不够数的时候，就会有人在地上摆一块小石头或一根小树枝，然后重新使用10个手指计数，基数与进位大概就是这样在反复演练之后产生的。

位值同样是十分了不起的创造，它能使同一数字符合因排列位置不同而代表不同的数值。《文史知识》1993年第12期金屯的文章有生动的表达。他以1993年这个数为例，同为9，但前者代表900，后者代表90，“如此一来人们就可以用有限的数字符号来表示无穷多的数目”(金屯语)。古埃及与希腊也用10进制，只是因为没有中国古算术的位值概念，书写与演算都变得十分麻烦。古埃及要表达1993这数字时，先画个像斧头一样的代表1000的符号，再画9个像绳索的代表100的符号，再画9个弯弓似的代表10号的符号，最后是3个代表1的符号，即：

古希腊人的兴趣显然是在另外一些领域，他们对数的表达则近乎笨拙：24个希腊字母外加3个腓尼基字母表示1～9这9个个位数、10～90这9个十位数，以及100～900这9个百位数，如有更大的数则在字母旁加标记来表示。古希腊大数学家阿基米德（公元前287—公元前212年）写过一本书，书名为《数砂者》，说的是如何表示在一个有限空间里所容砂粒的数目，阿基米德的想象力着实让人惊讶，只是数砂者真要计数时会累晕过去。

下图是美国人丹齐克在《数，科学的语言》中列出的几种古代记数法例子：

	1	2	3	4	5	9	10	12	23	60	100	1000	10000
苏美尔文 3400B.C.	[illegible]	[illegible]	[illegible]	[illegible]	[illegible]	[illegible]	[illegible]	[illegible]	[illegible]	[illegible]	[illegible]	[illegible]	[illegible]
埃及象形文字 3400B.C.	[illegible]	[illegible]	[illegible]	[illegible]	[illegible]	[illegible]	[illegible]	[illegible]	[illegible]	[illegible]	[illegible]	[illegible]	[illegible]
希腊文	α'	β'	γ'	δ'	ε'	θ'	ι'	ιβ'	κγ'	ξ'	ρ'	,α	,ι

在中国，相当完善的10进位值制计数法，出现在距今约三四千年的殷商甲骨文及稍后的钟鼎文中，这时不仅有了1～9的数字符号，而且有了十、百、千、万这些表示位值的文字，零则以空位表示。钱宝琮在《中国数学史》中所列出的甲骨文计数法如下：

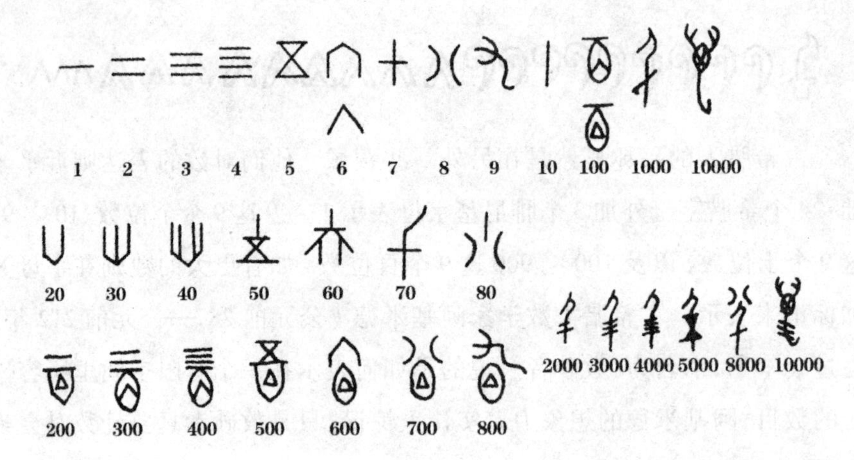

这些符号，有的与今天的文字相差无几了。使我们最为惊叹不已的，也许是华夏先人的想象的智慧，至于如何发明出来的，是一个或几个智者之所为，还是一群人商讨、谋划的结果，均不得而知，只能妄加猜度。有两点应该是确定的：其一是人类到了非计数不可的地步了，无论生活或者生产，都已经摆脱最简单的原始状态，有了相当的规模。其二，数的符号的发明其过程肯定艰难，但也给人们带来了乐趣，并刺激了大脑，最后使某个民族或部落中的会计数者得到众人的尊敬，因为他们不仅识数，而且会计数。这是脑力劳动的最初雏形。

春秋之末，中国又有叫作“算筹”的计数工具，是竹制或木制的小棍，亦称“策”。既用来计数，也用作运算工具。“算”字的古体作“蒜”，形同堆小棍子；也作“等”，《说文解字》称：“长六寸，计历数者，从竹，从弄。”别的古籍也都有算筹形制的记载，近些年时有算筹出土的消息，使用年代从战国到东汉均有。

用算筹表示的数字叫筹式，筹式分竖写、横写两种。即

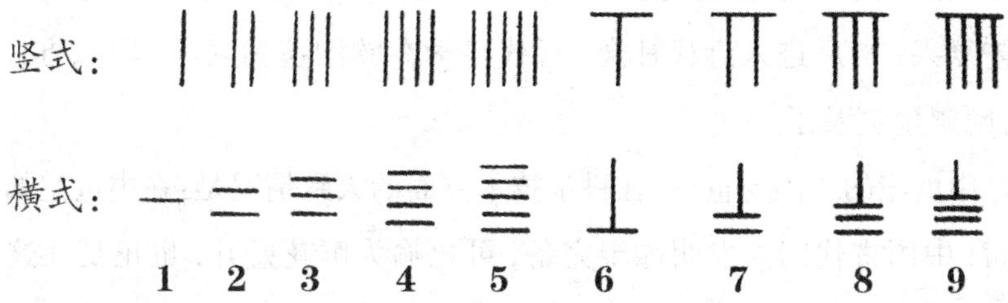

竖式：| || ||| |||| ||||| ⊤ ⊤⊤ ⊤⊤⊤ ⊤⊤⊤⊤

横式：一 二 三 ≡ ≣ ⊥ ⊥ ⊥ ⊥

1 2 3 4 5 6 7 8 9

成书于公元四五世纪的《孙子算法》计筹码的布列道："凡算之法，先识其位：一纵十横，百立千僵，千十相望，万百相当。"稍晚问世的《夏侯阳算经》则描述了筹码的形状："满六已上，五在上方，六不积算，五不单张。"

以算筹的纵横捭阖，作快捷运算的，《水浒》中有"神算子"，沈括《梦溪笔谈》中还记述了北宋民间历算家卫朴，"运筹如飞，人眼不能逐"。正是10进位值制及算筹的出现，以及运算者的天赋技巧，才能有祖冲之的准确到7位有效数的圆周率，秦九韶能解出高达10次的数字方程来。而珠算的出现，又在筹算之上，一把算盘在中世纪的地球上，其价值当可与现代的计算机一争高下。到宋元，中国算学达到高峰，秦九韶、李冶、杨辉、朱世杰世称宋元四大名算家，代表了当时中国也是世界的最高水平。其时，在11—14世纪的300年间。

离中世纪的结束已经为期不远了。

当公元前221年，地处中国西部的秦国国王嬴政征服六国，废分封，设郡县，统货币、度量衡、文字，修万里长城，为统一奠定了基础，开创了中国2000多年中央高度集权制的封建专制政治格局。自秦以降，在2000多年的历史中，正是这种皇权政治保证了在大部分时间里中国版图的统一，中国经济、科学和文学的稳定发展。中国历史上大体统一的封建王朝为：汉朝——公元前206—220年；晋朝——265—420年；隋朝——581—618年；唐朝——618—907年；宋朝——960—1279年；元朝——1206—1368年；明朝——1368—1644年；清朝——1616—1911年。这一简略的时间年表告诉我们，欧洲在5世纪步入黑暗年代的200多年后，中国正值盛唐，并且随后在宋朝达到了科学技术的发展高峰。而此后，欧洲正在黑暗中挣扎着开始文艺复兴，然后进入近代社会，近代科学在欧洲蓬勃兴起，而东方包括中国，则望尘莫及了。

中世纪的中国与世界，在科学技术方面的大致情况是：在中世纪的1000年间，中国古代四大发明臻于完备，可比喻为鲜花盛开；也正是在这1000年间四大发明西传，并在近代西方社会结出了累累硕果。马克思说：

> 火药、罗盘和印刷术，这是预兆资产阶级社会到来的三项伟大发明。火药把骑士阶层炸得粉碎，罗盘打开了世界市场，并建立了殖民地，而印刷术却变成了新教的工具，并且一般地说变成了科学复兴的手段，变成创造精神发展的必要前提的最强大的推动力。

笔者认为，我们有必要把纸的发明及其对人类文明所产生的深远影响，放在最显著的位置上。

有纸的年代是从没有纸的年代过渡而来的。文化的创生、积累与传播，始终在呼唤、寻觅着书写或记录材料。这个过程又是如此漫长而艰难，以至完全有理由使人推测，地球上曾经经历了一个思想和智慧飞跃发展，而书写的材料却远远跟不上的年代，同时我们又不妨这样假定：这一切是为了让文明的积淀更加深重广大，以厚积薄发而特别设定的。所有创造古老文明的人类祖先都在寻找着可以书写的物质，这是人类文明草创时期富有而饥渴的年代。古埃及人用的是被称为纸莎草的植物纸草，希腊人最豪华，用羊皮加工后作书写材料，巴比伦人则用泥板，印度用白树皮或多罗树的树叶，俄罗斯人用桦树皮等。上述种种，除开希腊羊皮外，其实离后来中国人发明的纸，都只有一步之遥了，至少可以这样说：人们已经找到了造纸的原料，并把这些原料当作书写的材料了。

> 这一切都是地球早已准备好的，这个世界远不是在

人类肚饿的时候才有果实，当然也不是中国人造纸之际才生出原料来。

地球万有。

人非万能。

不过，我们的老祖宗也有点怪，他们一开始寻找书写材料时，与古埃及和古印度人迥然不同。他们寻找的是坚硬得多的龟骨与兽骨，因而称为甲骨文，后来铸在青铜器上，又称金文、钟鼎文。也许他们并不是更聪明而是更有远见，这与中国人的精神状态有什么关系，当由别的专家去论述了。这个过程后来又变成木简与竹简，相比起来可写的字要多了，也轻便一些了。也许最要紧的是从竹木简开始，中国书法这一伟大而独特的艺术便在酝酿中了。据传说，西汉时有名叫东方朔者上书汉武帝，用了3000根竹简，艰难困苦地运到宫廷，汉武帝用两个多月时间才读完。总而言之竹简还是太笨重了。与竹木简同时使用的还有丝帛，倒是极轻巧，却太昂贵。既不能普及更谈不上传播，既谈不上传播就不可能久存。

中国发明纸的工艺，很可能得益于制作丝帛的工艺工程，蚕桑丝绸的制作中间会留下一层薄薄的丝绵絮片，然后有脑子灵活的人用来写字，是为絮纸。这种絮纸和大麻、芝麻秆制作麻料衣服过程中偶然发现的可以写字的纤维纸，应是纸的最初形态。1957年，中国考古学家在陕西灞桥的古墓中发掘出一些纸的残片，名为灞桥纸，年代约在公元前140—87年间，是迄今世界上已发现的最古老的纸张。

公元89年，蔡伦用树皮、麻头、破布和旧渔网煮烂，变成浆状物，再在席子上摊成薄片，于阳光下晒干，即成纸张。公元105年，蔡伦将这一种造纸术报告了汉和帝，汉和帝大悦，封蔡伦为“龙亭侯”，在全国推广，此种纸也被称为“蔡侯纸”。

蔡伦之后，到东汉末年洛阳又有一个造纸能手名左伯，他在蔡伦造纸的工艺流程中悉心改进，使纸匀洁、白净、色泽鲜明，人称“左伯纸”。到唐朝，已经出现了多种名贵纸张，如中国北方的桑皮纸，四川蜀纸，江南竹纸，安徽宣纸等。

地球上一纸风行的年代，真正到来了。

轻轻的、薄薄的、白白的、神奇的纸，使文字、文化的普及成为可能并显得甚至有点轻而易举了，而这种巨大的推动作用首先是通过纸与造纸术的传播实现的。3 世纪，中国纸已通过波斯商贾传到了今伊拉克。唐初即 7 世纪时，阿拉伯帝国扩张到与我国西部接壤时，唐朝的各种名贵纸张便传到了阿拉伯。大唐帝国感觉到了阿拉伯人的来势汹汹，751 年在今吉尔吉斯斯坦境内与阿拉伯（史称大食）开战，大将高仙芝率领的中国军队大败，不少士兵被俘，俘虏中有懂得造纸工艺的，自此中国造纸术进入阿拉伯世界。8 世纪末，麦加、巴格达建立造纸厂，而最为兴旺的是大马士革造纸业，欧洲的客商来购纸的络绎不绝。造纸方法完全沿袭中国，即先将纤维用水浸、用石灰水泡煮、捣碎、洗涤、荡帘、干燥、砑光等。10 世纪开始，造纸术沿地中海传入欧洲各国；11 世纪末，比利牛斯山麓建立了第一座基督教的造纸工厂；西班牙和法国于 12 世纪、意大利和德国于 13 世纪相继建立纸厂；16 世纪纸厂遍及欧洲。

人们将要在纸上画画、写诗、谱曲，勾画建筑的图形，在再晚些时候，还将出现进一步改变世界的公式与机器模型。从中我们可以窥知：纸的发明与西传，使被中世纪开头 500 年压抑之下的欧洲，开始释放惊人的智慧与才华，人类文明因为纸的普及而像阳光一般普照了。

同时，我们还可以看到，当纸由人把握着参与地球文明的进程时，它的用途也在激剧变化中，开始它主要用于赞颂天地、神灵、人物、风景；后来则用于改变与改造人类的生产力及世界模式。

世界上因为纸是中国发明的，所以也唯有中国印刷术的出现，大体与纸业同步。尽管图像的出现早在远古的东西方都已很普遍了，但欧洲在等待纸与造纸术的到来，没有纸印什么呢？所以迟至14世纪才开始用印刷术印刷图像，15世纪有活字印刷。

中国在隋朝便发明了雕版印刷，时为隋文帝开皇十三年（593年）。所谓雕版就是在木板上刻反字，然后刷墨印到纸上，这也是一个绝活。唐朝时，洛阳与成都可以称为当时中国的两个刻书中心，大量农书、医书、历书、字帖由这两个中心流传到全国各地。佛教传到中国后，刻书和印书业者全力以赴刻制佛教经卷，及当时对中国人而言陌生又新鲜的佛像。1900年在敦煌发现的唐代刻印的一部《金刚经》，长1丈4尺，宽1尺，由6块长方形木板精雕而成。标明日期为"咸通九年（即868年）四月十五日"，这是目前世界上最早印有出版日期的印刷品。欧洲发现的最早印有确切日期的印刷品，是德国南部的圣·克利斯朵夫画像，日期为1423年。

雕版印刷术到宋朝时已到了精美的程度，宋代刻本已成为我国的文化至宝，留存至今的约有700多种。971年在成都刻印的全部《大藏经》共1046部，5048卷，雕版达13万块，耗时12年！

宋庆历年间（1041—1048年），发明了活字印刷术。

毕昇是个手工刻字工人，他用胶泥刻字，再以微火烧烤使之坚硬，成为活字。然后排版，按文章索字，用松香、蜡将排好的活字胶结成版，即可印刷。到元代，又出现了金属活字，木活字，并发明轮转排字架。

中国的雕版印刷于12世纪传到埃及，12世纪前后传到阿拉伯，再传欧洲。1450年，德国古腾堡仿照中国活字印刷术，开始了欧洲活字印刷的历史。

> 纸与印刷术的发明及西传，加快了对欧洲来说黑暗的中世纪的结束，但仅此还不够，还需要另外一种爆发性的力量，那就是火药，中国人也已经造好了。

中国人很早就掌握了伐木烧炭的技术，这样一个伐木烧炭过程反复使用、代代相传，实际上已给出了火药的信息。公元前后又发现了天然硫矿与硝石，就剩下炼丹术士来配伍了。炼丹术士追求长生不老之丹，确实荒谬，自战国以后，因为中国皇帝对长生不老的向往，炼丹术士便得到了皇帝内廷的支持，从而成为皇家事业，炼丹者因而有饭吃，炼丹业因此兴旺繁荣。不过，从另一方面言之，炼丹的过程也就是化学实验的过程，炼丹术士的日常工夫便是捣鼓着材料、实验并在炉中熬炼，偶有爆炸发生，不老丹没有炼成，却炼出了火药。孙思邈也是著名炼丹大师，不过他的主要目的大约是为了炼丹治病，有意思的是在他著的《丹经》中，第一次记载了配制火药的基本方法，将硫黄与硝石混合，加进点着火的皂角子即发生火焰。不过，因缺了炭与硫黄和硝石的混合，所以威力不大。到唐朝末期，三者相混的黑色火药出现，且用于兵器。969年，冯义异、岳义方发明火药箭，用于实战，首开火箭的想象及使用。1000年，唐福又创火球与火蒺藜两种火器，其动力都是由火药助推，然后呼啸而去，落地而炸，类乎炸弹了。到北宋时，火药已普遍使用。1083年，北宋与西夏交战，一次发出火箭25万支。南宋时又发明了“霹雳炮”“震天雷”“飞火箭枪”，同时又有大量娱乐用的爆竹、焰火面市，在临安的“勾栏”附近燃放，使娱乐场所更显得轻松快活，至此，南宋也就快偏安不下去了。

> 火药的强大爆炸力，使宋王朝一时威风八面，也象征着中国古代科技在中世纪时便达到至高无上的顶峰。
>
> 可是，火药的超常能量，并没有能够拦阻宋王朝灭亡的狂澜之既倒。科技先进又怎么样？

中国的火药配制技术于8世纪首先传到了阿拉伯和波斯，阿拉伯人称硝为“中国雪”，波斯人则称之为“中国盐”。13世纪传到埃及，14世纪传到欧洲。

中国的火药一传到欧洲，便格外显得身手不凡了。这很可能是因为欧洲的平民百姓很快把火药的制作与作用，掌握到了自己手里，而横行霸道的封建骑士阶层却还以为天下无事时，火药便炸响了，粉碎了。以后西方殖民者再用火药来炸中国，轰毁圆明园，这是另外一本书的内容了。总之，火药从此开始使战争更残酷、更激烈，地球也更无宁日，人们设计的炸弹优劣的唯一标准是：对人的杀伤力如何，谁拥有更强更多的火药，谁就可能是胜者而称霸，血肉横飞，天下大乱。

指南针的基本原理是磁针的指极性，中国人认识到这一点是在公元前3世纪的战国时期，《韩非子·有度》中说："先王立司南以端朝夕"，可以为证。1世纪初，东汉王充在《论衡》中有司南的解释："司南之勺，投之于地，其柢指南。"这表明当时被称为司南的这个东西很可能是用天然磁石制成的、状如汤勺之物，有长柄和圆底，静止时勺柄指向南方。再置之于标有方位刻度的底盘之上，因而也称罗盘。

沈括真是个集当时科技知识之大成者，他在《梦溪笔谈》中说，在磁石上磨过的小铁针有稳固磁性，可以替代天然磁石以制作指南针。沈括还总结了磁针装置的四种方法，即：水浮、指爪、碗唇与缕悬。沈括自己制作指南针，同时发现了磁针"常微偏东，不全南也"。这是磁学的重大发现，即磁偏角现象，欧洲在400年后才有此一现象的记载。

成书于1119年的《萍洲可谈》为朱彧所作，他追述的是他父亲朱服的见闻："舟师识地理，夜者观星，昼者望日，阴晦者观指南针。"指南针的发明使中国航海事业在中世纪达到了世界最高水平。842年，李邻德就曾驾木帆船从我国浙江省宁波市经山东省、辽宁省和朝鲜到达日本。1281年，郑震率商船从泉州出发，经三个月到达今斯里兰卡。明代郑和于15世纪初七下西洋，其船队大小船只达200多艘，水手兵丁2万余人，超过100米长度的大船有50多艘。航海仪器包括罗盘、测深器与牵星板，牵星板是为计算夜航时的地理纬度而观测星辰的仪器，中国的文化使这一仪器有了极富诗情想象的名字。

宋之时期，中国航海业活跃，广州、泉州、宁波、杭州都是对外港口，指南针因此西传。11世纪，阿拉伯人捷足先得；12世纪传到欧洲，并导致欧洲人对“新大陆”的发现,然后是数以亿计的欧洲人口大迁徙,海上殖民者的乘风破浪。

中世纪的尾声就要到来了。

当中世纪开始,欧洲沦入黑暗,这地球上,西方不亮东方亮。当中世纪结束,先进的开始落后,东方不亮西方亮了。不过,笔者想要指出:所谓先进与落后,只是就科技而言的。如同欧洲黑暗时古希腊的文化与精神不可能被埋葬一样,谁能断言在落后的中国,文字、文化也是落后的呢?

孰为先进?孰为落后?

当先进不断地破坏生存环境,乃至可以毁灭整个地球之后,改写人类文明史的一天应该为期不远了。

您说呢?地球。

漂移大陆

有一天我向海洋里，
（不记得在什么地方）
作为对虚无的献礼，
倒掉了宝贵的佳酿。

……丢了酒，却醉了波涛！
我看到咸空里腾跃
深湛的联翩形象……

——保尔·瓦雷里

也许，海洋无休止的运动，以及它的永不疲倦地推涌着的波涛，已经把地球深藏不露的若干秘密，在无意中有所吐露了。不过，海洋是如此巨大，人们除了面对它的广博、倾听它的涛声之外，几乎很难留意它的细节，也来不及思考海洋之于地球意味着什么，或者说为什么地球表面70.8%竟然都是海洋？假如没有如此充盈的海水滋润，地球又是什么样子呢？

我们的地球确实多水，而且仍然缺水。

我们的地球的极大部分面貌，由一层层波涛覆盖着。与此相比，地球陆地上显现的山高地广均可说是小小不言。

仅仅就人类知道的海洋而言，就已经够神奇了。

在许许多多方面，水——液体水的特性，是明明白白为了生物能在地球上生存而设计、创造的。水有不同寻常的储热能力，海洋使地球上的夏天不至太热、冬天不至太冷。水的另外一种特性更加神奇也更容易被忽略，它和大部分别的液体不同，即在凝固时不会收缩，相反水在结冰时却膨胀。仅此一点，对生命又有什么关系呢？生物学家说，这可非同小可，它意味着冰不会下沉而是上浮，浮出水面能接受阳光的部分会融化，使其在扩展上受到限制，因此在严寒的南极与北极深处的海水，依然没有全部冻结，生活在海底的生物，不致冻死。

水比已知的任何液体能溶解的物质都要多，如果不是因为水的此种天然特性，所有的生物都绝对难以在地球上生存，地球还在，但死气沉沉。也因此，所有活的生物体，无论大小都是化学工厂，进行种类繁多的化学反应，许许多多的反应有水才能发生，水溶解反应物质，集合它们的分子。在组成生命的人体组织的许多化合物中，水是至关重要的。人体之中有约70%是水，这个数字惊人地与海洋在地球表面所占的比例大致相同。

所有的生物都离不开水，包括陆地上的动植物，而极大部分的水来源于海洋。

幸亏地球有海洋。

幸亏地球有如此广大、如此深沉的海洋。

> 海洋的使命是无穷无尽的，它孕育生命、化生万物之后，也从未有过哪怕稍稍的松懈，因为那些离它而去的、在它之中的万类万物，仍然需要它的滋润和照料。
>
> 我们看见的是景物的海洋。
>
> 我们看不见的是生命的海洋。

太平洋、印度洋、大西洋、北冰洋等加上它们周边的小海及海湾，形成了地球上除开大气之外的一个最为浩大的水的系统，互为连接，互通声气。海洋学家曾估算这些大洋的水分子的数字是：6×10^{46}个水分子。水分子如此之多，又是如此之小。一个水分子的直径只有一根头发丝的1/70亿。极大的海洋与极小的水分子都使人瞠目结舌，至大无大，至小无小，海洋因大而小，因小而大，对于我们来说永远看不见的却是海洋之小。海洋容有约13.75亿立方千米的水，把海面之上的陆地全部加起来，也不过是这个数目的十几分之一。如果把高达8848.86米的珠穆朗玛峰投入西太平洋深达11000多米的马里亚纳海沟，珠峰便沉沦到无影无踪。倘若将地球上的大山小山高低坎坷一概拉平，所有的土地都不会露出水面，海洋会把整个地球淹没。

浩瀚海洋富有的是各种溶解了的盐和矿物质，以及来自大气层中的氧、二氧化碳和氮。海水的平均盐度约为35‰，把整个海洋中的盐提炼出来盖在地球陆地上，陆上盐层厚度将超过150米，地球就是个白色盐球了。

令科学家最困惑也最感兴趣的，是海洋底部的景观，以及它的无休止的运动。

地球的表面是由各大洲的陆地与海洋盆地组合而成的，海底的运动又意味着什么呢？在叙述这一切之前，我们要先说魏格纳，及他的大陆漂移的当时惊世骇俗的理论。

魏格纳1880年出生于柏林，先后在柏林大学、海德堡大学、因斯布鲁克大学学习。他曾经着迷于高空气象，1906年，魏格纳坐高空气球升空，创造了在高空停留52个小时的世界纪录。后来他又作为格陵兰岛探险队的一员两次深入北极，这次探险给他印象至深的，是岛上巨大冰川的缓慢移动。

1910年的一天，魏格纳因身体不适而躺着休息，一切都很放松，就连他任教的马尔堡物理学院走廊里的脚步声也听不见了。他看着墙上的那一张世界地图，已经不知道凝视过多少遍了，不知道为什么，魏格纳总是为地图吸引，仿佛这里藏有什么秘密。曾经一闪而过的惊讶和疑问，这一次是重重地落到了这一张世界地图上大西洋的两岸，即东侧欧洲、非洲大陆的西缘，怎么会与西侧北美洲、南美洲大陆的东缘的轮廓线如此吻合呢？亲爱的读者，这里所说的吻合不是形容而是真正的吻合：沿北美的东海岸到特立尼达和多巴哥的凹形地势，正好能填进欧洲西海岸的凸形大陆；南美洲圣罗克角附近的巴西海岸的大直角突出，又恰巧可以镶嵌到非洲几内亚湾喀麦隆海岸附近的凹陷部分；由此向南，巴西海岸的几乎每个突出的部位，都能在非洲海岸找到与之相对应的形状差不多的海湾。

这是怎样的吻合啊！

魏格纳顿时精神抖擞，首先他排除了巧合的可能性，因为不可能在漫长曲折的大西洋两岸，会有如此之多、如此之妙的巧合。除此之外，那又怎样才能使之如此吻合呢？一个简单不过的例子是把一张纸随意撕成两半，然后拼接，那就是吻合，那才能吻合。有一种想法——那是连魏格纳自己也觉得实在惊人的念头——掠过脑海：大西洋两侧的大陆，原来是块完整的大地，后来因为某种巨大的力量而撕裂、分开，形成彼此间相隔一个宽约6400千米的大西洋，被撕裂的大陆遂成为两条岸线，虽已分裂，仍能吻合，遥遥相望，情意绵绵。

就在产生这惊人念头的第二年，魏格纳又见到一篇文章说，根据古生物分布情况的比较，"南美洲与非洲曾经有过陆地相连接"。这说法使魏格纳振奋，并且浮想联翩，促成他从气象学的研究转移到海陆起源上。魏格纳搜集了各种资料，从大地测量、地质构造、地球物理到古生物、古气象等，进行综合分析，他得出了对他和地球人类而言都至关重要的一个结论：

> 地球上的各大陆曾经是联结在一块的，后来才逐步分离，漂移到现在的位置。也就是说大陆是漂移的。

1912年1月6日，德国法兰克福地质学院。

魏格纳走上讲台，他从容而自信，侃侃而谈，作了题为"大陆与海洋的起源"的讲演，提出了大陆漂移的假设。会场上满座皆惊，然后不少人报以掌声，魏格纳给地学界注入了新鲜活跃的思想，魏格纳的想象有着冲击波一样的力量。至少，人们动心了，人们不得不思考一些既十分古老又十分新鲜的话题，比如，我们的地球是怎样成为今天这个样子的？

大陆漂移说的传播、争论被第一次世界大战的枪炮声中断了。魏格纳应征入伍到前线打仗，身负重伤后在家休养，他趁此机会继续思考、论证大陆漂移说，1915 年他写的《海陆的起源》一书出版。比起在法兰克福地质学院的演讲，魏格纳现在可以更充分地描述漂移的大陆，及大陆是如何漂移的了。魏格纳认为在古生代末期，地球陆地是个连成一片的超级古大陆，叫作“潘加亚大陆”，亦即“盘古大陆”“联合大陆”“泛大陆”，周围都是汪洋大海，是为“泛大洋”。从中生代开始，经过两三千万年，泛大陆解体，分离成冈瓦纳大陆和“劳亚大陆”，冈瓦纳大陆也叫南方大陆，包括现在的南美洲、非洲、澳大利亚和印度半岛；劳亚大陆也叫北方大陆，包括北美洲以及除开印度半岛与阿拉伯半岛之外的欧亚大陆。以后，各大陆进一步分离、漂移，先是在北美洲和欧亚之间、南美洲与非洲之间产生大裂缝，形成大西洋；继之南方大陆又开裂，形成印度洋。印度陆块向北漂去，并与亚洲大陆碰撞、挤压。如此这般，约在 300 万年前，大陆漂移就形成了今天地球上的海陆格局，泛大陆分离成几个大陆及无数岛屿，泛大洋成了几个大洋与诸多小海。

对于大陆漂移这一伟大构想，魏格纳又是如何论证的呢？

首先是大西洋两岸的海岸轮廓线相似之极，且还有资料证明，不仅岸线就连海水下的大陆架也是如此，地质构造也可以互相连接。

古生物方面的资料也是激动人心的。当时已有研究成果认定，南半球的几个大陆上，石炭纪时期的爬行动物中有 64%的种是共同的。当推测认为南半球的大陆已经分离开的三叠纪时期，共同的爬行动物种数下降到 34%。古生代晚期，美洲东部和非洲西部生活着一种相同的爬行动物，名叫中龙。如果中龙可以横渡大西洋，那么它们的踪迹就应遍布世界各地，可是化石告诉我们：除开这两个地区，中龙没有在任何地方爬行过。还有一处生活在二叠纪的叫舌羊齿的植物群，在南半球的几个大陆上均有发现，却无法在地球的别处找到。

只有一种合情合理的解释,魏格纳说,地球的历程在进入中生代之前,南半球的几个大陆,如南美洲与非洲,是不分彼此浑然一体的。

古气候资料还证实,在古生代的石炭、二叠纪时期,北半球没有冰川遗迹可寻,而南半球的几个大陆,如阿根廷、非洲南部和澳大利亚南部、印度却存在广泛的冰川活动。魏格纳雄辩地提出:倘若大陆从未移动过,那就只能认定当时整个南半球均被冰川覆盖了,事实上这是不可能的。有资料认为,当时南半球各大陆上的冰川堆积是相连的,如果设想南半球各大陆曾经聚首在一起,后来带着各自的冰川漂移而去,不仅引人入胜而且顺理成章。魏格纳还惊喜地发现,反映古赤道气候的由热带植物形成的煤层,如今跑到了接近极地的高纬度地区;而反映古极地气候的冰川堆积,却来到了现在的赤道地区,这同样说明,大陆在地质历史时期无疑发生了相对于地极的移动。

魏格纳所持的另一个证据是地球物理方面的。当时的地球物理学家已经有了地壳构成的清晰图景:相对来说薄薄的沉积盖层之下是花岗岩层,亦即硅铝层;再往下是玄武岩层,亦即硅镁层。而大洋洋底的地壳往往是没有硅铝层的。限于当时的认知局限,魏格纳认为硅铝层的大陆壳是刚性的,而硅镁层的洋壳具有塑性,因而密度小的大陆壳浮在密度大的大洋壳上。

魏格纳的大陆漂移说犹如巨石击水引起了冲天波涛,首先因为魏格纳是个挑战者,他毫不犹豫地向当时地学界占主导地位的大陆固定论,发起了冲击。为此欢欣鼓舞的是年轻的地质学家们,学界的死板、陈腐使他们很难有脱颖而出的机会,现在魏格纳振臂一呼,新鲜的空气仿佛也随之而来了。当时魏格纳在汉堡附近的德国海洋气象局工作,地球上各处的追随者纷至沓来,一时几成朝拜的圣地。《海陆的起源》也一版再版,并翻译成多种文字。

大陆漂移说的提出引发了一场持续10年的论战。

魏格纳学说中最致命的弱点是没有一个漂移动力的说明,即令人信服的漂移机制问题。魏格纳所称的这些动力来自地球自转的离心力、日月的引潮力,实在太弱,远远不足以推动陆块漂离游移。魏格纳自己也意识到了这一点,在强调上述动力经过亿万斯年的累积也会出现可观效应的同时,也不得不承认:“形成大陆漂移的动力问题一直处在游移不定的状态中,还不能得出一个能满足各种细节的完整答案。”地学家的不少权威狠狠抓住这一可以致命的弱点,猛烈攻击。魏格纳一时有点招架不住,毕竟他本人不是专业的地质学家,是由气象学客串来的,又把地学界搅得天昏地暗。欧洲的门户之见也是深重的。

1926年,美国石油地质学会在纽约举办大陆漂移说讨论会。魏格纳本人没有出席,只是提交了一篇《有关我的大陆漂移的两点说明》的短短的报告。会上分成两派,争论激烈,与会者14人,都是鼎鼎大名的地质学家,5人支持魏格纳,2人有保留地支持,7人反对。大会主席瓦特舒特对此做了一个具有远见卓识的总结,对魏格纳的理论作了难能可贵的保护,他认为:大陆漂移说对古生物分布及大西洋两岸地质吻合的解释,比别的学说好,同时也存在论据不充分、漂移机制仍没有明确等欠缺。瓦特舒特还指出,不能说漂移说毫无根据,武断地否定这一假说是不妥当的。

魏格纳没有丝毫的动摇,而是根据反对者批评中那些合理的成分,来补充自己的理论。他决心寻找并获取大陆漂移的直接证据,再次走进格陵兰岛,在冰天雪地中反复测量它的经度。魏格纳发现,格陵兰岛相对于欧洲大陆依然在缓慢漂移中,其漂移速度约1米每年。1930年11月,魏格纳第四次重返格陵兰岛,极端恶劣的环境使同行者中有的人望而却步,中途折返了。魏格纳一往无前,他并不认为他是在接近灾难,而是在接近一个辉煌的目标。11月1日,他度过了50岁生日,当天气温是-65℃,按照日程,次日魏格纳应返回基地,可是他再也没有回来。

> 魏格纳倒下了，在极地的冰雪中，洁白得沉重，寒冷到彻骨，从此他将不再争论，信不信由你，他只是将灵魂依附漂移的大陆漂移而去了。

次年4月，搜索队找到了魏格纳的遗体。

魏格纳辞世，大陆漂移说痛失领袖。20世纪30年代后，一个如此富有生命力和想象力的伟大学说开始沉寂，可是它不会消散，正如同大陆并非因此就能固定一样。

人们不得不再一次虔敬地审视地球。

人们不得不承认，直到20世纪30年代关于地球的若干最基本方面的认识仍然是模糊不清的，甚至是一错再错的。

地球真是太巨大了。

地球真是太神奇了。

地球在空间上极为广阔，地球在时间上极为久远，而区区人类的历史不过几百万年，是地球历史的千分之一，而文字记载的历史不过6000年，是真正的"弹指一挥间"。

笔者在这本书的开始用不少笔墨写了人类对地球的认识过程，渐变论与灾变论也好，水成派与火成派也好，都是对地球的探索和触摸，同时我们也看见地球是如何的难以认识。有一些可称为天才的理论家却只是因为太过自信，而不得不在活生生的地球面前成为僵硬的教条。实际上地学界的权威们始终不敢面对、从而也无法解释这样一些问题：

> 当地球大陆形成，它们的位置有没有发生过一种或几种方式的运动？人们显而易见的陆地的升降，即沧海桑田之变，已经没有异议。可是它是否发生过水平位移呢？可以想象这样的水平位移一旦发生便是大规模的、真正轰轰烈烈的，它涉及地球面貌的基本轮廓，也就是

说无论升降运动还是水平位移，都是牵一发而动千钧的，地也、海也、山也、物种也、气象也，概而言之其影响所及可谓包罗万象。

这是大地构造的最微妙处。

客观地说，魏格纳并不是第一个提出大陆漂移之可能的人。

17世纪有美国的培根，18世纪有法国的布丰，19世纪有法国的佩利格里尼及奥地利的休斯，20世纪有美国的贝克和泰勒，笔者孤陋寡闻，也许还有别人也未可知，上述这些科学家均在不同程度上指出了、提到了大陆漂移的思想。

尤其是休斯在4卷本《地球的面貌》一书中指出：晚白垩纪之前有一个古地中海，把印度、非洲、亚洲、欧洲分成了南北两个大陆。他不止一次地论证了地球陆块水平运动的可能性与重要性，并极有见地地提出：地球构造历史的研究，要作为古大陆分裂的历史来研究。

贝克在1905年提出：两亿年前所有的大陆都曾围绕南极大陆，而相连一体。

1910年，泰勒在《美国地质学会会志》载文，强调了大陆水平运动的思想。他以地球上雄伟的第三纪弧形山脉为例证，认为大陆普遍存在着向赤道的漂移。

无疑，魏格纳继承了前人，对大陆漂移思想系统做了总结，并有专著加以论述，从而提出、坚持，且为了论证这一思想而献身的是魏格纳，所以他被公认是大陆漂移说的创始人。

大陆漂移说的命运，在它的旗手倒在格陵兰岛之后，因为大陆固定论的反击而偃旗息鼓了。

魏格纳的学说甚至被说成是灵机一动的虚构，而不是科学的推断，对魏格纳大陆漂移说的最著名的嘲弄是“玩耍儿童七巧板的发明”。

使大陆漂移说再度复兴的，首先是古地磁学的研究。结果表明，地球的磁极不断变迁，北美和欧洲各有一条形状相同但方向不同的磁极迁移曲线，可是地球只有一个磁场，双重曲线的存在除了大陆漂移之外，没有任何别的解释。

古地磁学之外，在20世纪60年代对地球科学的变革做出贡献的人中，贡献卓著者是普林斯顿大学的赫斯，以及美国海洋研究所的迪茨。正是他们对海洋地质的研究，既纠正了魏格纳，又支持了大陆漂移说，并让大陆固定论从此寿终正寝。魏格纳的漂移学说假定，海底是完全平坦的，大陆漂移是在平坦海底的基础上进行的，显然这是为当时条件所限制的不正确的判断。

第二次世界大战期间，赫斯供职于美国海军，他考察并发现了海底地貌的大致真相，有海底平顶山，在海沟附近且有向大陆一侧倾斜的趋势，显示出沿着深海沟的坡面滑下去的可能。

海底远比人们过去设想的更为崎岖曲折、坎坷不平。海底既不平坦也不平静，海底有高耸峻峭的山岭，深深陷入的峡谷，还有火山等等，这一切的海底景观都置身在永恒的黑暗之中，显得更加庄严肃穆，透露着不可言状的深邃。深深的海槽足可以吞没六个美国大峡谷，悬崖陡壁绵延不绝；海底的三角洲比美国密西西比三角洲、中国长江三角洲还要宽广；海底的大山雄伟壮丽，犹如阵列……

海洋的领域大致可分为四大区域，从任何一处海滩向外走便是陆架；海陆之间生物活跃、生机勃发的是浅海；其次是大陆坡，这是大陆的真正边缘；沿坡而下，大陆坡的底部有一个缓缓下伸的裙状冲击地带，是为陆基。真正的万丈深渊是从陆基往下，那就是深海区了。

陆架从海岸往下倾斜，到达大约180米的深处。陆架上铺着厚厚的来自陆地的冲积物，有泥沙也有垃圾还有各种有机渣滓，对海洋的污染，有相当一部分是从陆架开始的。陆架本身似乎给人以徘徊不定的感觉，而事实上在地质历史的某时期，它们很可能曾是陆地，它们还保留着十分古老的河床的痕迹，如果借助回声探测仪，还能找到古海滩及礁石丛，有的石堆甚至可以证实:冰川曾经碾压而过,由此轰隆隆地入海。

热带地区的大陆架上,有漂亮的珊瑚礁石,那是腔肠动物珊瑚虫的石灰质硬壳堆砌而成的。当一个珊瑚虫定居在一块礁石上时,便分泌出一层碳化钙质的壳,然后再生出一枝芽,长成另一个珊瑚虫,这样渐渐形成珊瑚群。而等到这一珊瑚群死后,它的石质壳就给礁石加厚了一层。珊瑚礁的形成必定是在温暖、洁净、清浅的海水中,没有沉积与污染,否则柔弱的珊瑚虫很容易窒息而死。中国南沙群岛、佛罗里达以及红海的海岸之外,均有风情万种的珊瑚礁。地球上已知的最大最有名的珊瑚礁石,是澳大利亚昆士兰海岸外的大堡礁。看这些礁石,就像读一本美妙的抒情诗集,或者是画册,无法想象珊瑚虫是怎样、因何要造出如此美丽的礁石来,这些被称为水下森林的珊瑚,有的如花,有的如树,有的好比蘑菇,有的是活生生的缩小了的中国古建筑中的庙宇、宝塔……

> 珊瑚虫是一种美丽的牺牲,它有过构思吗?它画过图纸吗?它量过尺寸吗?一切均不得而知。毫无疑问的只是:珊瑚虫不会模仿人类,人类或许模仿过珊瑚虫。

大陆坡是已经裂开的陆块的边缘。

如果在海岸区有山峰相逼而陆架又很狭小,如世界闻名的智利海岸,大陆坡斜度就相当大了。南美海岸一处隐没在水下的名胜,是从安第斯山脉最高峰阿空加瓜一路向下,直到深达海面以下 8 千米的秘鲁—智利海沟底。在 161 千米的水平距离上,从山巅到海底下落 14.5 千米以上,以这样的比例下降这样长的距离,不知所为何来?

> 坠落是天然合理的,地球上到处都有悠然坠落的自然精神。

赫斯勘查过的大陆坡有深深切入的峡谷,是什么力量将它们刻蚀而成的呢?直到 20 世纪 50 年代,科学家们才发现这是由一种被称为浊流者刻划而成的。浊流可以形象地称之为海底的“雪崩”，当淤泥浊水沿大陆坡滚滚而下，一次地震或陆架上不稳定的沉积过重，都会使淤泥突然加速翻滚、势不可挡飞速下坡，又切又刻又拉，冲刷出一个峡谷来。浊流可长驱直泻几百千米，声势浩大而富有创造力。

浊流挟裹的最粗糙的沉淀物质会冲到陆坡底部，成扇状倾斜铺开，这就是陆基所在了。浊流此时稍得宽余，毕竟重负已释，把最后的剩余物质卸下，成为厚厚的淤泥，宽广舒展地期待着。将来的某一天，人类可能会在这里再造家园，从河流的三角洲来到海洋的三角洲。

陆基之外就是深海。

海洋的四大区域中，深海占海洋总面积的 5 / 7，是整个地球表面的一半，也是毫不夸张的广大的黑暗领地。人类已经确切地知道，深海一片漆黑，且冷，为 3.9℃，压力又非常之大，海面以下 3658 米处每平方厘米的受压力是 373 公斤。

地球历史上，20 世纪的 50 年代、60 年代，是又一个发现的年代，继 15、16 世纪人类对地球表面进行大规模丈量、勘查之后，对海洋的认识也渐渐由表及里了。从石油勘探中借用的地震测量，测出地球岩石圈在海底是如此之薄，只有大约 6.4 千米厚，而陆地岩石圈的平均厚度为 40 千米。地震测量在断定洋中山脉的性质与幅员上，也贡献良多。洋中山脉，也称大洋中脊，是当代地理学上的最伟大的发现。洋中山脉贯穿各大洋的海底，长达 75600 千米，在山脊的顶上有一连串巨大的纵裂，称为洋中断裂，宽度在 13 ~ 48 千米。洋中断裂的一个惊人的现象，是海洋学家乘坐阿尔文号潜水器，在厄瓜多尔西海岸外勘查加拉帕戈斯断裂带时发现的：

> 加拉帕戈斯断裂带是海下寒冷无光的深渊之中，有充满活力的温暖得出奇的绿洲，到处都是生物，许多是人类闻所未闻见所未见的。断裂带上面的温水带有乳蓝色，里面有大量细菌和硫的细粒。有笠贝和贻贝类动

物，有奇形怪状的螃蟹爬行，有巨蚌大如餐盘铺满海底，游水的鱼是粉红色的。

这些生命靠的是断裂地带的温泉水，有机体的繁荣所依靠的是来自地球内部的能量，而不是太阳。

海底是如此年轻而富有朝气！

海底地壳在不断地动荡与变化之中，大海从未有过宁静。

赫斯与迪茨先后在1960年、1962年提出了海底扩张说。他们令人信服地指出，因为洋中断裂，地幔中炽热的熔岩便从这些裂缝中溢出，向两侧分流，凝结成新的海洋地壳，并推动原先的海底向两边扩张，于是大陆和海底一起随着地幔流体漂移。

海底扩张说不仅支持了大陆漂移说，而且将漂移的传送带由海底深入到地幔对流体，漂移机制这困扰到魏格纳生命最后一刻的问题，也迎刃而解了。这就是说，大陆壳不是在洋底上漂移，而是同下面的岩石圈部分一起，被曳而移之。这很像今天航空港传送带上的行李，被运动着的传送带运走一样，不过事实上要惊险且有声有色得多。

20世纪60年代，欧美地学界异常活跃，大陆漂移说、海底扩张说一时成为地学界、海洋学界广泛讨论的热门话题。到1968年，这些曾被权威们拒绝、看似不可思议的学说，因为它们接近事物的本源，而无法阻挡地被绝大多数人接受了。人们开始热烈地谈论大陆和海底扩张，以及30多年前在格陵兰岛冰雪中倒下的魏格纳。海底扩张说是那样神奇，它的出现把自大陆漂移说提出以来地学中的几个环节，一个接一个联系起来了，并最终形成了一个新的完整系统的学说，就是板块构造学说，也叫全球构造学说。大陆漂移研究的是大陆，海底扩张关注的是海洋，板块构造学说则兼顾大陆与海洋两个缺一不可的方面，认识地球构造，从宏观上阐述此种构造运动的学说。

加拿大地质学家威尔逊在1965年最早提出了“板块”一词。同年，他与赫斯一起访问剑桥大学，与剑桥的地质学家们讨论了大陆漂移、海底扩张的理论发展问题，板块构造学说由此脱颖而出。

板块构造学说认为，整个地球表面是由几个坚硬的板块构成的。因为地球内部温度和密度的不均匀分布，地幔内的物质发生热对流，于是带动各大板块发生相对运动，或者拉开，或者碰撞，或者挤压，造成山脉，引起地震，并为火山提供岩浆。1968年，法国人勒比雄进而提出全球六大板块说，即欧亚板块、非洲板块、美洲板块、印度板块、南极洲板块和太平洋板块。板块构造说还认为，“板块是地球岩石圈构造的基本自然单元，厚约100千米，一般都包含有陆壳和洋壳，漂浮在地幔的‘软流圈’上，每年移动1～10厘米。”（《人类怎样认识了地球》林冬、王曙）每个板块的内部都相当稳定而且具有很大的强度，板块的边界是地球上最迷人的边界，构造运动活跃而强劲，正是在各个板块的分而又合，合而又分的过程中，勾勒了地球的面貌。

威尔逊在1967年出版的《地球科学的革命》中说：

> 地学进行重大的科学革命的时机已经成熟。至少，它现在的状况很像是哥白尼和伽利略的思想，被广泛接受之前的天文学；原子、分子被引入之前的化学；进化论之前的生物学；量子力学之前的物理学所处的境况。

1968年8月11日，格洛玛·挑战者号深海钻探船首航墨西哥，到1983年11月，完成了96个航次，航程超过60万千米，钻探站位624个，钻井遍布除北冰洋以外的各大洋，回收岩芯9.5万多米。

大洋钻探证实：大陆是古老的，海洋是年轻的。海洋也不能一概而论，海底比海水年轻。大陆上已发现的最古老的岩石不超过38亿年，而钻探所获岩芯的最老者还不到1.7亿年。

地球有古老的海洋。

地球也在产生着年轻的海洋。

大约1.27亿年前，印度半岛从澳大利亚—南极洲分离而去，印度洋开始形成；大约0.53亿年前，澳大利亚又和南极洲脱离，孕育出南大洋。

深海钻探还获取了海洋深处隐藏着的秘而不宣的信息，使我们知道中生代以来板块运动的历程大致如下：1.65亿年前，非洲与北美洲告别，出现北大西洋；大约距今1.25亿年～1.10亿年时，非洲又和南美洲脱离，才有了南大西洋；0.95亿年前，欧洲板块与北美洲分开；到新生代第三纪，欧洲、非洲进一步靠拢，古特提斯海从此不再，残留部分成了东地中海等等。

格洛玛·挑战者号还获得了大洋海底沉积物的完整剖面，那里铺陈着近两亿年来古海洋的演变史，威尔逊据此提出了大洋盆地演化旋回设想，并将海洋的演化分成6个阶段，它们是：

海洋胚胎期；
海洋青年期；
海洋成熟期；
海洋衰退期；
海洋终结期；
海洋残痕期。

这多少有点令人伤感。20世纪末年，为科技成果而自豪到狂妄，又面临资源紧缺，因而再一次大规模向海洋进军的人类，可曾想到过海洋也会衰退终结？那残痕又是什么样的呢？如果斯言不谬，那么当海洋衰退时，地球又当如何？当海洋终结时，地球能够不终结吗？倘若海洋的命运便是地球的命运，那么地球又会留下什么样的残痕呢？

太遥远的过去、太遥远的未来啊！

还是让我们回到板块学说，告诉人们今日地球基本面貌的若干动向：大西洋在不断扩大；太平洋在不断缩小；红海、东非裂谷与加利福尼亚海湾不断开裂，孕育着新的大洋……

海底扩张就在我们眼前。

板块漂移就在我们脚下。

1978年11月6日，非洲东北部红海亚丁湾西岸，同索马里和埃塞俄比亚相邻的吉布提，突然间山崩地裂，一连串的地震竟然有900次之多！几分钟内，火山拔地而起，非洲大陆与阿拉伯半岛之间的红海，移开了1米多！

红海想干什么？

红海要成为大洋。

板块运动作为地球地质运动的基本方式被确认，地学的新阶段实际上已经开始。回头几千年间，人类对大地构造的认识都是从陆地推向海洋，而海洋又深不可测，因此举步维艰。板块构造学说更多的是从海洋深底得到启迪，在海洋地壳和大陆地壳结合研究、推导的基础上提出的。它的出现使大陆固定、海洋永存的观念走到了尽头，展示着另外一种景象：大陆漂移，海底扩张，板块运动。大陆有分有合，海洋有生有灭。天地万物，生也有时，终也有时；合也有时，分也有时。

再过5000万年，有地学家说南美洲和北美洲将大踏步地向西移动，澳大利亚全体北移到一个新的位置。

1980年，北京，有17个国家的科学家参加的青藏高原科学讨论会上，中国科学家发言说，经过多年的勘查研究，青藏高原确实是印度板块向北漂移与亚欧板块碰撞的产物。直到今天，印度板块北移的势头仍然不减，青藏高原仍以每年10毫米的速率在继续上升中。

但是，仍然有必要指出，板块构造学绝不是完美无缺的，我们对地球的认识愈是稍有深入，便愈应该承认人类的能力肤浅而有限。

大地是怎样构造的？板块是谁移动的？万能或全能者，肯定不是人，那么又是谁？

我们可以虔敬地询问、感觉大地。

我们不是大地的主人，我们是大地的仆人。

这个时刻，亲爱的朋友，你能感觉到漂移吗？

漂移和晃动，那来自海上的呼唤，会使我们陶醉在梦想与母亲的怀抱中。

有人说，自从生命在水中初生，海洋就是个不停地晃动的摇篮。

地球是摇篮，地球是以海洋的庄严妙相、深邃广大为摇篮的。群山庄严地耸立护卫着摇篮，草木与花朵簇拥着摇篮，云彩遮盖着摇篮，阳光照耀着摇篮。那海里的今天的贝类和游鱼，便是生命的写照和提醒，沙滩拽出的白色飘带温柔地让岸线嵌进陆地，芦苇与水草的根蔓正在地下勾连织网，来自远古，去向渺茫。

除了探索地球的秘密以外，科学与科学家什么时候才能真正讨论这样一些问题呢：

> 人类怎样爱护地球？珍惜摇篮？地球会不会飘逝而去？

中国地形

天地与我并生，万物与我为一；

乘夫莽眇之鸟，以出六极之外；而游无何有之乡，以处圹埌之野；

天不得不高，地不得不广，日月不得不行，万物不得不昌，此其道欤？

——庄周

地球上最大的大陆——亚欧大陆的东部斜面上，一个面向着世界最大的大洋——太平洋的国度——就是中国。中国地理大势从地球上最高的高原青藏高原开始，自西向东逐级下降，由宽广的大陆架把中国大陆和太平洋的大洋盆地相连接。

中国的地形气度不凡，是地球特别设造和恩赐的地理大势。概言之：高峻博大，气势磅礴，包罗万象，应有尽有。

中国地形的最形象、最自豪的体现者，莫过于长江、黄河。它们分别从西部青藏高原的唐古拉山和巴颜喀拉山发源，先以涓滴之流汇合千溪百涧，然后东流经众多个省、自治区、直辖市，滔滔乎涌入东海和渤海。不知河源究竟在何处的时候，我们的先人就说了“河出昆仑”，昆仑山在西面，高也大也，不在西面的极高处怎么能一路向东流去？西高东低，江河为证。近代以来，我们有条件踏访山川，丈量河源了，便知道中国的地形不仅西高东低，而且各种地形类型大致围绕被称为“世界屋脊”的青藏高原，如阶梯一般向着太平洋作半圆形逐级降低，并由两条山岭组成地形界线，把中国大陆地形明显地分出三级阶梯。

这是巨大的有迹可循而无路可走的阶梯。

无论拾级而上还是沿级而下，均不胜艰难崎岖。高大总是与嶙峋相嵌相接。

青藏高原平均海拔超过4000米，面积为230万平方千米，是中国地形的最高一级阶梯。它虎踞龙盘，已经让人望而生畏，却又在高原上横卧着一列列连绵雪峰、凌云接天的巨大山脉，自北而南为昆仑山、唐古拉山、巴颜喀拉山、念青唐古拉山、冈底斯山和喜马拉雅山。

越过青藏高原北缘昆仑山、祁连山及东缘的岷山、邛崃山、横断山一线，仿佛在一声号令之下地势便下降到了海拔1000 ~ 2000米，这便是第二级阶梯。这一级阶梯的范围从大兴安岭至太行山，经巫山向南到武陵山、雪峰山一线为界，分布着一系列海拔1500米上下的山岭，还有高原和盆地。自北而南有阿尔泰山、天山、秦岭；内蒙古高原、黄土高原、云贵高原；准噶尔盆地、塔里木盆地和四川盆地。

翻过大兴安岭至雪峰山一线，举目向东直到弯弯曲曲如花边饰带样的海岸线，是茫无际涯的海拔500米以下的丘陵和平原，是为第三级阶梯。它给人以开阔和丰腴之感，可以极目远眺，可以开怀呼吸，你甚至能感觉到从海上卷来的湿润的气息。那是东北平原、华北平原、长江中下游平原。长江以南还有一片广阔的低山丘陵，称为东南丘陵。

从海岸线向东，听着涛声，踏着沙滩，便是波涛汹涌不绝、岛屿星罗棋布、水深大都不足200米的浅海大陆架区。这一区域资源丰富、风光别具，考虑到未来世纪人类生存发展的需求,其重要性正在并还将不断提升。笔者认为,不会超过21世纪的前30年,中国国家地理的教科书上将会把这一浅海大陆架区,正式列为中国地形的第四级阶梯。

中国西高东低,面向太平洋逐级下降的地形特点,使来自东南方向的暖湿海洋气流能够深入内地,东部平原、丘陵地区能得到充沛的降水,尤其是降水最充沛期与高温期在时间上大体一致,是中华民族几千年来得以以农立国的重要气候条件。中国的地形使中国的主要河流,如黄河、长江,形成了巨大的多级陆差,奔流入海。灌溉了大量农田,滋润着草木万物,也沟通了中国的海陆交通。

中国的地形类型,从成因到形态可谓多种多样、千姿百态。

我们首先要写到中国的大山,无论从地理学的角度还是诗人的想象,山脉是大地地形的骨架,它的高耸、隆起、起起伏伏,所谓云山雾罩决定或影响着江河的流向、地形的排列、雨水的多寡乃至气候差异。

山,那是真正的高大,而且从来不会因高大而孤独。严格地说,在山区,我们看见的是一个或几个山峰,而不是山的整体——山脉。也就是说,山山岭岭这四个字实实在在地告诉我们:山,总是山连着山;岭,总是岭接着岭。一起高大,一起绵延,几百千米乃至几千千米的磅礴逶迤,人不知怎样形容才好,想起了人体的四肢百骸、经脉网络,便称之为山脉。山脉也需细看,往往不是一条山岭组成,而是由几条山岭架构而成。山岭之间又自有一番风景,或谷地、或洼地、或台地。从地理意义上说一个山脉的时候,实际上就包括了诸多山脉,乃至山岭与山岭之间各色各样的低洼连接地带了。

中国的山脉错综复杂,主要走向可以归纳为东西走向、东北—西南走向和南北走向三种类型,以东西走向为主。

山脉形势,就是中国地形大势,也是我们这个民族
从远古走来的不同凡响的态势。

东西走向的山脉中，我们先望一眼天山和阴山，天山是横亘于亚洲中部的巨大山系，东西绵延2500千米。位于中国新疆中部的天山山脉海拔一般都在3000～5000米，许多山岭是由断层作用上升造成的，如博格达山。山脉中间夹峙着众多断块陷落盆地，如西段的伊犁谷地和东段的吐鲁番盆地。吐鲁番盆地中的湖面比海平面低154米，艾丁湖最深处在海平面以下283米。

天山西部高峻，主峰汗腾格里峰海拔6995米。东段较为低缓，有的山口成为南疆与北疆交通之口，如乌鲁木齐与吐鲁番盆地间的达坂城隘口。从乌鲁木齐再往东，山脉便渐渐为沙漠所淹没了。天山山脉一直东延至甘肃与合黎山、龙首山等河西走廊北侧的山地相连接，只是这些山脉断断续续，山势也较低，且荒凉。至此，可能会发出高山之末的感慨。不过当这样的山地延伸到内蒙古自治区中部时，便被称为阴山了，另有一番别样情致。

阴山不算高，比天山低了很多，海拔只在2000米左右。可是，它却高出河套平原1000多米，因而仰望阴山时，仍有岿然崛起之慨叹。北行约50千米后山势趋于平缓、再平缓，然后没入蒙古高原。

阴山山脉是中国历史上游牧区域和农耕区域的分界线。

“万里长城”便是沿着东西走向的阴山山脉筑造的。

环列青藏高原北缘的昆仑山，西起帕米尔向东一直延伸到四川盆地后与秦岭比肩而立。然后再延伸到黄海之滨，深入并潜越海底后又在日本出现，日本人称之为“中国山脉”，这一列山脉似乎更喜欢浪迹天涯，在地球的相同纬度上——包括大洋中——都能寻觅到它的足迹。

中国境内的昆仑山长约2500千米，是亚洲最长的东西向山脉，号称“亚洲脊梁”。昆仑山向东延伸分出三支，一为阿尔金山，东延是祁连山；一为其曼塔格山；一为可可西里山，东延为巴颜喀拉山。阿尔金山、祁连山威武雄壮地组成了青藏高原的北部边缘地带，巴颜喀拉山是黄河和长江的分水岭，在每年开春以后的阳光照射下，高山冰雪融化之后汇成的溪流，是西北荒漠干旱地带宝贵到无与伦比的源头活水。

秦岭横贯中国中部,东西长约1500千米,平均宽度约300千米。秦岭山脉,从广义的角度看除秦岭自身外,尚包括西面的岷山,东面的伏牛山,南面的米仓山、大巴山和武当山等。秦岭主体在陕西境内,最高峰太白山海拔3767米。

秦岭北坡是条巨大的断层,大地构造运动在这里升降分明:秦岭循断层上升,渭河谷地循断层下降,站在西安一带塬上远望秦岭山脉,会使人想起高大、威猛而又忠于职守、默不作声的兵马俑。自西向东,排列整齐,悬崖绝壁,古树枯藤是它们手执的武器。俄顷,这样的阵式又化成了一道高墙,森严壁垒于中国的腹部。为了阻挡西北风南下,它也不得不拦截了东南风带来的云和雨。

> 秦岭作为中国南北之间的一条重要界线,突现在大地上。岭北为暖温带和温带;岭南则有柑橘、茶叶等亚热带作物;南坡的河流浩浩荡荡、源远流长;北坡的河流则短小精干。

秦岭山脉中断于河南西部的南阳一带,再往东又蓦然出现在湖北、河南与安徽三省边界,是为桐柏山、大别山。到了湖北广济(现武穴市)北面,走向略呈西北—东南向,山势已远远说不上高大,这些丘陵与桐柏山、大别山连接后,形成了一条向南突出的弧形山脉,也称淮阳山脉。

越城、都庞、萌渚、骑田、大庾为南岭山脉,也称五岭。西自广西北部,横贯广西、湖南、广东、江西四省边界,东西绵延1000多千米,是中国东南丘陵的典型,也是长江水系和珠江水系的分水岭。南岭有三大隘口,一是江西与广东间的梅关,二是湖南与广东间的折岭路,三是广西东北部的兴安隘,连接了湘江与桂江上游谷地。早在2000多年前的秦代,这里便开凿了人工运河灵渠,使珠江和长江两水系得以沟通,也叫兴安运河。

五岭不算特别高峻,地形呈残缺、破碎状,不过在中国南方它依然是天然屏障,一条重要的地理界线。五岭以南,气候终年温暖,庄稼终年生长,到处草绿莺飞。五岭以北的冬季就相当寒冷了，结冰降雪，别一番天地。所谓“一样春风有两般，南枝盛开北枝寒”，即指此而言。

喜马拉雅山。藏语“喜马拉雅”是“冰雪之乡”的意思，这一世界上最雄伟高峻的山脉，耸立在青藏高原南部边缘，西起帕米尔，东到雅鲁藏布江大拐弯处，全长2500千米，绵延在中国西藏和印度、尼泊尔、不丹之间。喜马拉雅山脉平均海拔超过6000米，7000米以上的高峰有40座，亚东以西，8000米以上的高峰为11座，位于中国和尼泊尔边界的珠穆朗玛峰海拔8848.13米。中国科学考察队在喜马拉雅山分水岭南侧海拔4800米的聂拉木县土隆地区，采到生活在1.6亿年前的巨大鱼龙化石，定名为西藏喜马拉雅鱼龙。不用多言，仅这鱼龙化石就说明如今的喜马拉雅地区，在1.6亿年前，曾是苍茫大海，有鱼龙称霸其间，由于地壳运动不可思议地由沧海变成了今日的状态。

> 喜马拉雅山脉一个接着一个的冰雪山岭，是山的本质，有浪的形态，怀水的眷恋。

喜马拉雅山的垂直自然带，是地球赋予这最高峰的一种特别的景观，从海拔2000 ~ 8000米的山峰，其水平距离几十千米间，自然景观却迅速而从容地更替，使观者目不暇接：低处是常绿阔叶林带，深山茂林，不见天日，温湿之气，如缕不绝；到海拔3000米处，阔叶林由稀疏而消失，代之以耐寒的针叶树，气温递减，冷意顿生；再往上到海拔4000米处，是灌木丛，以丛生、低矮来抵挡严寒；更高便是草甸和地衣，已经相当萧瑟；海拔5000米以上是终年积雪，冰川之所在了。

东北—西南走向的山脉，主要分布于中国北部，在构造上代表古代的大背斜，李四光称这些山脉为华夏式山脉，可以分为三列。

台湾山脉是华夏式山脉中最东一列，为年轻褶皱山。它由5列宽阔平行的山脉组成，从东而西依次为台东山脉、中央山脉、雪山山脉、玉山山脉和阿里山山脉。山地面积为台湾岛总面积的 2/3,中央山脉是骨干,纵贯全岛南北而把台湾分成两半。台湾山脉山势艰险,是台湾岛的最大特色。海拔超过 3000 米的高峰有 62 个,其中 22 座山峰高 3500 米以上,玉山为最高峰,也是中国东部地区的顶峰,海拔 3950 米。沿阿里山山脉与玉山山脉之间的断层带,山间盆地与大小湖泊点缀其间,日月潭即是地理学上的断层湖,台湾岛东海岸形势险要之极,北起三貂角南到鹅銮鼻,一条海上断层崖壁立耸峙,望之森然。在群山之间,有温泉,还有火山遗迹。火山熄灭了,喷火的岁月已经成为历史,太平洋的波涛却冲激至今,涛声之于台湾岛,是须更不曾间断的浑厚而美妙的天籁之乐。

小兴安岭、长白山地、山东丘陵、浙闽丘陵是又一列华夏式山脉。小兴安岭和长白山地的平均高度均在海拔 500 ~ 1000 米,山顶也较平缓,山谷宽阔,山上原先是重重密密的林海。长白山地的最高峰为白云峰,海拔 2744 米,是中国东部大陆上的最高峰,往南绵延至辽东半岛,称为千山山脉。

山东丘陵地势较低,唯胶东的崂山海拔 1130 米,鲁中的泰山海拔 1532 米。泰山是个循地层上升的地块,突起于群山之上,雄浑厚重,为五岳之尊。

浙闽丘陵地势便要高一些了,500 米以上的中等山、低山占了两省总面积的一半以上。武夷山、戴云山、天目山、括苍山等,海拔均在 1000 ~ 1500 米。天目山主峰龙王山海拔 1587 米,括苍山的百山祖海拔高达 1859 米。

中国东部以名山胜景著称的尚有不少,虽然从高度而言与中国西部的高山不可同日而语,但因为气候温暖,满山葱郁,且又有深山古刹、晨钟暮鼓的宗教氛围,闻名遐迩。如泰山、华山、衡山、恒山和嵩山,史称"五岳"。庐山、黄山、莫干山、雁荡山均以风景优美著称,且各有绝妙处,如匡庐之秀,黄山云雾,莫干翠竹,雁荡奇峰,等等。

大兴安岭、太行山、雪峰山这列山脉北起大兴安岭,南接北京西山,再向南延到太行山,然后奔突千里延伸至四川东部的巫山与湖南西部的雪峰山。有的高达 3000 米,耸立在大平原的西缘,成为中国东部平原与西部高原盆地之间的分界。

大兴安岭是内蒙古高原的东缘山地，从黑龙江绵延到张家口附近，长达1700千米，东西宽200～300千米，海拔1000～1400米。大兴安岭曾与小兴安岭一样，是中国的主要林区，尤以松木著称，杉林之中还有娴静秀美的桦林。在连续的砍伐之后，这里的森林已经颓败。

太行山由北往南绵延于河北、河南和山西省的边界上，长400千米，最高的山脊海拔1500～2000米。如果你在华北平原的一个清晨或傍晚仰望太行山，会有山峦岿岿之感；但从山西高原看太行山，就没有那么激动人心了，是低缓高坡的重重叠叠。

湖北、四川间的巫山，湖南、贵州间的雪峰山也是华夏式山脉的一部分。巫山的经历是更加不一般的，当长江从四川盆地呼啸着夺路而出，不知道花了多少年水滴石穿的工夫，那波涛活活把巫山又切又咬穿山劈岭而过，雕刻出雄奇壮丽的长江三峡。雪峰山由太古代和古生代的石英砂岩、板岩、千枚岩和砾岩组成，山势陡峭，有不少1500～2000米的高峰，向东北趋于平缓成为丘陵，烟溪一带海拔仅300～400米，正好成为资水与沅江之间的交通要道。

南北走向的山脉主要有贺兰山、六盘山、横断山等，尤以横断山脉表现最为显著。

贺兰山耸立在银川平原西侧，南北延伸270千米，平均海拔2800～3000米，最高峰为3600米。森林稀少，石骨凸凹，横切山地的沟谷是东西交通的孔道。

六盘山又称陇山，位于甘肃东部和宁夏南部，平均海拔2500米，骤然跃起于陕北高原和陇中高原上。主峰高3500米，山路崎岖，如登顶峰需经六盘山道，六盘山因此而得名。六盘山区的新构造运动强烈，地震频繁。1920年有海原、固原地震，因此造成的堤坝小湖至今犹存。1935年10月，毛主席率红军长征途中登临六盘山，写有辞章，谓："六盘山上高峰，红旗漫卷西风。"

四川和云南西部有好几列南北走向、东西并列的大山，自东而西有大雪山、怒山、玉龙山和高黎贡山等，一般都在海拔4000米以上，玉龙雪山高达5590米。这些高山较为年轻，岩石坚实有力，显得血气方刚，山岭直插九天，山势特别险峻。山岭之间的深谷中是激流冲突，浪拍崖壁，从而雄峙南北，阻隔东西，是为横断。这些山岭峰峦重重叠叠，又齐头并进南下，把怒江、澜沧江和金沙江分界而立，同声相应，奋力南下，不舍昼夜，奔腾于丛山峻岭之间，悬崖陡壁之下。

这就是中国闻名世界的纵谷地带。

由于河谷被深深地切割，两岸崖险坡陡，岩石位移和崩坍时有发生，并有倒石堆和泥石流。

险峻与独特及美和灾难总是如影随形，相伴相生。

中国的山脉除了上述三大类型外，还有横亘于中国、俄罗斯、蒙古国三国交界处的阿尔泰山，它延伸达2000多千米，在中国境内部分位于新疆北部，呈西北—东南走向。

中国是一个多山的国家。

中国的山区是如此辽阔。

中国的大山给中华民族以高度，中国的山区是中华儿女在今后的岁月里，宝贵的生存空间。

中国山区丘陵约占全国土地总面积的43%，高原占26%，盆地占19%，平原占12%，如果把高山、中山、低山、丘陵和崎岖不平的高原都包括在山区之内，它的面积为中国土地总面积的2/3以上。

这样一则耳熟能详的统计资料，所包含的信息却是具有现代意义的：在愈来愈严峻的中国人口压力之下，如果我们再忽视山区，几乎就等于放弃了未来。

中国的平原、高原与盆地。

中国主要平原的面积，以东北平原最大。同时，东北平原还有以下几个特点：地势最高，土质最肥。

平原是广阔而坦荡的。

挺拔与险峻和教人捉摸不定的丘陵地带的起起伏伏，都不在视野之中了。在人类的炊烟从平原上升起之前，这些地域几乎全部是森林和草原的天下，还有充盈的河湖之水，以及沼泽。各种野兽驰骋往来，天上的翅膀起起落落，炎夏时节，沼泽地带则为盘旋的蜻蜓忙碌地占据，花朵无声地开放。

平原土壤的色彩也是各具特色的。

它们表示了自己曾经走过的历史。

早更新世，东北平原沿山麓堆积冲积物，并向平原中部过渡，由灰白色砂石层成为黏土。中更新世沉积了厚厚的河湖黏土层，有淡水螺、贝类化石。到晚更新世，东北平原沉积了淡黄色、黄色亚黏土、灰绿色亚黏土。这些色泽不同的第四纪沉积物记录的是气候温湿与干寒的变化过程。间冰期时，东北平原以浩大的阔叶树为代表的针阔叶混交林而展现在大地之上，山麓地带则为草地与疏树草原。冰期带来的变化是焕然一新的，东北平原北部成为苔原地带，向南出现灌木丛草甸和针叶林带。

从东北平原沿辽西走廊向西南，过山海关就是华北平原。它西起太行山、伏牛山，东到黄海、渤海和山东丘陵，北依燕山，西南至桐柏山、大别山，东南伸入安徽、江苏等省市境内，总面积为31万平方千米。华北平原是中国早期直立猿人的聚居地，1929年，裴文中等专家在北京周口店发掘出了北京猿人的头骨化石。华北平原的第四纪沉积是如此深厚，可达400～600米，就是这坚实丰厚成了后来人的家园的基础。自下而上，可以看出四个地层，杂色厚层黏土的砂层；棕红色亚黏土的沙砾石层；棕黄色亚黏土的细砂层；灰黄色淤泥层。这些地层埋没着、堆砌着，不知为什么以这样的顺序排列。

> 我们可以想象的是，这些地层是地球历程的几页，它不需要文字，它的标记就是砾石与树木、贝类的化石。它无意留芳，却又是必然的存在，当一个从地质意义上来说漫长而遥远的过程开始之后，这个过程是不断演变的，而不是随时扬弃消散的，充满着过渡，甚至是无穷无尽的过渡，过渡是层与层、岸与岸、生命与生命的连接。
>
> 浩茫天下，对于人类来说永远不可能完全读明白的，也永远不可能读完的只是一部大书：大地之书。

关于华北平原的沉积，在如此深厚之中，我们已经知道且未必准确的，也就是几粒砾石而已：当第四纪最温暖时期，这里为阔叶林和森林草原覆盖。末次冰期时，华北平原中的北京小平原很可能是草原与荒漠草原景观，而在第四纪之前，北京小平原曾经有大片的阔叶、针叶林混交共存，林海苍茫，绿无际涯。

> 平原是大地的铺陈者，它使高山、丘陵、河流与海洋互为连接、互相衬托，它以平展的广阔的抚慰，使地球上的安居成为可能。

1.3 亿年前，中国东部曾发生过称为燕山运动的强烈地质演化，在这一地壳运动进程中，使今天的河北西部界沿抬升成为太行山脉，东部断层下陷，为海水浸漫，有一段时间，海岸线直逼太行山麓。距今约 7000 万年时，在喜马拉雅运动中，河北西部山地再次抬升，东部继续下沉，如此这般的又升又降，迄今仍未停息。

黄河、淮河、海河、滦河等诸河流从西部和北部的山地、高原上滚滚而来，挟带着黄土高原的大量泥沙在太行山前堆积，形成一系列冲积扇和地势较高、坡度较大的冲积扇带，其中以黄河创造的冲积扇规模最为巨大、扩展也迅速，整个华北平原的地势是以黄河冲积扇为中心，向北、向南、向东作微微倾斜之延展。

冲积扇带的外缘是地势更加低平些的冲积平原，一般海拔只有30米左右。冲积平原的外围是滨海平原，海拔在5米以下，为海浪所簇拥，其岸线的变化，以及海滩上沙粒的搬移，对滨海平原的形成与发育均有影响。

尽管地壳下沉，黄河、海河、淮河所带来的大量泥沙的充填，使海岸线节节后退渐行渐远，一个巨大的冲积平原形成了。

华北平原在北宋年间还是塘泊连绵，多低洼地，有的至今尚存，如白洋淀、文安洼与大洼等。这是冲积扇与冲积扇之间，河流与河流之间，相互作用所致。黄河冲积扇边缘与山东丘陵触摸处，是另一个低洼中心，有微山湖、东平湖等湖泊群。

因着上述地形特点，洪涝、干旱、风沙、盐碱，是华北平原上常见的自然灾害，并愈演愈烈。

长江中下游平原是另一番景象了。

长江出三峡以后进入中游，江面开阔，地势骤降，流速也渐缓，沿江两岸山地松散，宽窄不一。中游地区的平原于群山环抱的盆地之中，是为两湖平原、鄱阳平原；从九江到南京、镇江，是苏皖平原；自镇江以下，辽远空阔，便是长江三角洲了。长江中下游平原主要由长江及其支流所挟带的泥沙冲积而成，总面积为20多万平方千米，海拔在50米以下。平原上河港连绵纵横、湖泊成群结队，从古到今皆被称为水乡泽国、江南风光。地质专家称，距今两三千万年以前，长江自镇江以下的河口如喇叭形的三角港湾，水面烟波浩渺。在潮水的顶托下，长江的泥沙大部分被沉积下来，先是在南北两岸各堆积成一条沙堤。北岸的一条从扬州附近向东达南通附近，南岸的一条沙堤从江阴附近向东南延伸，直到金山的漕泾，与杭州湾北岸的沙堤相连接，把三角形港湾围成一个基本上与外海隔开的潟湖，这就是古太湖。泥沙淤积，陆地扩张，古太湖不断缩小，分割成现在的淀山湖、阳澄湖等小湖。长江的泥沙继续在沿海一带堆积，在相沿、相叠、相交的海陆更替中，形成新的三角洲。如今在上海市西部，北起嘉定外冈，经闵行区的马桥至金山的漕泾一带，如果你眼睛向下，留意土地，还能见到一条断续的有残缺贝壳的古沙地带，这就是5000年以前的东海岸线。

> 高楼大厦算什么？高楼大厦的历史是几天？几年？即便在大上海的熙熙攘攘中，你一脚踩下去，也许就踩到了5000年以前的古迹。那古迹不是人造的建筑，只是旧沙子、古贝壳，破碎而顽强地标识着大地演化的一句短语。

长江南岸以太湖为中心的太湖平原，是长江三角洲的主体，这块平原状如盘碟，古沙堤及其以东的陆地是它的边沿，在古太湖基础上淤积的陆地与残留的湖泊，是它的底部。

也许最令人触景生情的，是长江三角洲散落着的孤山残丘，在空旷的平原大野上兀自独立，仿佛是一些曾经高大的造访者，却又归去无期了。如无锡的惠山，苏州天平山，常熟虞山，南通狼山，松江佘山等等。

珠江三角洲是由西江、北江和东江带来的泥沙冲积而成的。从三水、石龙以下直达南海，面积10900平方千米。珠江三角洲原先是一个岩岛杂陈的人海港湾，泥沙的堆积竟如此之快，磨刀门的灯笼沙每年外延80～100米，焦门的万顷沙每年向前伸展110米。这里的冲积土层不厚，一般为20～30米，但有小山独丘、岩石嶙峋，且数量众多，使珠江三角洲低平的地势稍有起伏。

珠江下游为弱潮河口。

中国的高原主要分布在大兴安岭—太行山—雪峰山一线以西地区。根据形态差异，高原可分为平坦高原与分割高原两种，根据成因不同，还可以把高原归纳为隆起高原、熔岩高原与黄土高原等类型，但一个基本的条件是：高原应是海拔超过500米的连片完整的高地。

青藏高原是世界上最高的高原，包括西藏、青海、四川西部和新疆南部山地等极为辽阔的地区，面积230万平方千米，平均海拔4500米。

高，是青藏高原的一个总体特征，它是一系列高大山脉组成的高山的“大本营”，地质学上称之为“山原”。或者可以说，中国西部的诸多大山，是从这里出发的，一则耸天一则绵延，在耸天时绵延，在绵延中耸天。青藏高原地形的另一特点是湖泊众多，这是因为高原上两组不同走向的山岭互有交错，便把高原分割成了许多盆地、宽谷与湖泊。青海湖是典型的断层陷落湖，面积为4456平方千米，高出海平面3175米，是中国最大的咸水湖，其鸟岛闻名世界，是野生鸟类的水上天堂。其次是西藏自治区境内的纳木湖，面积约2000平方千米，高出海平面4718米，是世界上最高的大湖。

青藏高原还是中亚、南亚、东南亚许多大江大河的发源地。

青藏高原上有一条很长的山间河谷盆地，即藏南谷地。在高原东南部，有南北走向的深深下切的峡谷，这些峡谷地区有完好的原始森林。

青藏高原边缘地区分布的河谷中的河谷、河流两岸阶地与山前冲积扇叠置等现象告诉我们，这是上升中的明证，而这一地区频繁发生的地震和众多地热泉，则又是地质过程尚未停止的反映。水利部门对金沙江的测量表明，1956—1966年，上升幅度最大的达到30 ~ 50毫米，最小的河段也有几毫米。高原持续隆起，自然环境还会有一些什么变化，这是人们最为关心的。

近代以来，西北地区又急剧干旱，毛马素重又沦为沙漠，罗布泊、艾比湖、居延海等沙漠湖泊先后干枯衰竭而亡。时至今日，西北风沙线向前推进的速度有增无减，中国每年有2000多平方千米的土地沦为荒漠。

地质学家和环境学家均认为：这一严重荒漠化的最重要原因，是人类大量砍伐森林及破坏草场植被所致。

谈到中国西北沙漠瀚海的时候，别忘记这里也有过湿润，而且是在全新世，距今只1万年不到。在那些已经重新被沙漠覆盖了的废弃的村落里，我们还能发掘到历史的碎片。

看那些牛羊的粪粒，以及干化了的芦苇，你能听见

镶嵌在沙漠中的古草原上的雷鸣之夜吗？

黄土高原的堆积最迟是在早更新世，甚至是上新世晚期就开始了。

黄土高原是绵绵无尽的沙尘暴搬运的结果，风展现了它无比巨大的威力，干旱荒漠是一点也经受不起风的诱惑的，那些粉尘随风而去，然后当风势过后便纷纷扬扬地坠落，散漫地堆积，日复一日，年复一年，聚粉尘、黄土而成为景观独特的世界最大之黄土高原。

黄土高原是渐渐堆积的，这个过程由弱到强。

由于上新世晚期风的搬运能力还不是十分强大，堆积范围只限于秦岭以北、汾河以西地区，这时候气温较高，降水量也较现在要多，午城黄土中土壤密集，黄土层较薄。

西北地区更加强烈的干旱导致沙漠、戈壁的扩大，黄土高原的粉尘堆积便也随之往东南方向逶迤而去。离石黄土的南界达到北纬30°，其时风的地质营力已经非同往昔而大为强劲了。

一切并没有到此为止。

西北地区的干旱程度还在严重地继续着。

极度干旱是死亡的代名词，一切可以保护地表、使沙丘得到固定的坚定的沙生植物，到再也不能维持生计时，表明干旱的深度及广度又到达了一个新的阶段。在晚更新世，黄土堆积的物源区达至最广阔的范围，极度干旱在几乎没有任何障蔽的沙漠区，又必然会使风力更强更无可抵挡，于是黄土粉尘的搬运频率便也空前繁忙，其区域便也空前广大。此一时期形成的马兰黄土朝向西北和东南两个方位扩展，其声势之大超覆以前所有的黄土堆积之上，山西、陕北、甘肃干旱的黄土自成系统，别有风貌。到全新世，黄土高原上堆积的黄土已经有1米之厚了，其中发育了黑垆土，这是曾经比较湿润年代残留的怀旧之物。

> 黄土就是这样堆积的，沙漠就是这样扩展的。历史典籍上曾记载有雨土现象，这几天北京下了一场大泥雨，沉雷隆隆，空气郁闷。第二天正在开花的海棠、桃树上泥迹斑驳，高楼大厦的明窗幕墙上，都像刷了一层烂泥似的。1998年4月20日晚间的电视新闻又说，新疆发生大沙尘暴，从电视画面上看见的是席卷一切的滚滚沙尘，如风如云如浪如山掠过乌鲁木齐市……
>
> 地质学家告诉我：雨土和沙尘暴，便是粉尘吹扬、黄土堆积的过程。

确切地再现黄土高原在几万年前后的历史画面，几乎是不可能的。但黄土层中所保存的信息以及各种勘查表明，黄土高原在形成之后仍然有大面积的森林与草场，否则我们的先民便不会选择这一区域生息发展繁衍后人。

有诗人说，看见黄土高原就想哭。

哭我们的先人，使这一块地方成了华夏文明的发祥地之一。哭过去的岁月，风与流水的剥蚀把这闪烁着灵光瑞气的高原切割成了千沟万壑，看不见草看不见树的黄土高原啊！

黄土高原的形成是华夏古文明创立的一块可以瞻前顾后的地基，我们这样说的时候当然不能忘记：

> 还有一条黄河，还有一条穿插、迂回在黄土高原间的大河，没有这条河，干涸的高原怎么可能会留下湿漉漉的先人的脚印，以及同样湿漉漉的村落的遗址、种子的遗存呢？可是，现在黄河断流了！

中国黄土的分布面积，比世界上任何一个国家都大，形成了发育最完美、规模最宏伟的黄土地形，中国西北的黄土高原是地球上规模最大的黄土高原，而华北的黄土平原又是地球上面积最大的黄土平原。中国黄土总面积达63.1万平方千米，占全国土地面积的6%。中国黄土主要分布的地理位置在北纬40°以南的地区，位于大陆内部，西北戈壁荒漠及半荒漠区的边缘。其区域主要是西北广大地区的黄土高原、华北平原和东北南部。黄土高原的面积占全国黄土总面积的70%以上，其黄土层一般厚达100米，陕北和陇东的局部地区达150米，陇西则超过200米。

黄土是距今约200万年的第四纪地质时期的土状堆积，典型的黄土为黄灰色或棕黄色的尘土和粉沙细粒组成，富含钙质或黄土结核，多孔隙，有明显的垂直节理，层理不清晰，透水性强，并具有独特的沉陷性质。

沟谷与沟间地形，是黄土区的主要地貌类型。

黄土盆地大都呈槽状，中间广平，面积大小不一，多半成群分布。

黄土丘陵是沟谷流水切割后的剩余部分，形状与大小千差万别，中国西北人民就其不同形态所取的各种名称，十分形象，如把长条状的丘陵叫作“梁”，顶平的叫“平梁”；独立浑圆顶部呈穹形的叫“峁”；塬于沟间较大的残余平地叫“坪”；梁、峁之间的鞍地叫“崾崄”；两个黄土沟之间的长条平梁叫“黄土墙”；等等。

黄土地区常见的沟壑，大部分是流水线状侵蚀的结果。黄土沟壑根据规模大小，分为纹沟、细沟、浅沟、切沟、宽沟和深沟等。纹沟在形成初始似乎只是一些纹理而已，不易察觉，细沟和浅沟也很容易犁平，当发育成切沟或宽沟之后，结构便复杂了，沟体被深切扩大，有的可以深达300 ~ 500米，而宽度约等于深度的2 ~ 3倍。

当流水使黄土物质移动成为可能时，就是水土流失与崩塌、滑坡出现之时。

黄土高原是集中国黄土之大成者，黄土高原与黄河流域又是中华民族先祖的主要活动场所，华夏文明的发祥之地。今天的黄土高原包括陕西、甘肃、宁夏、山西、河南、青海和内蒙古7个省、自治区的大部或一部分，共有200多个县，总面积59.9万平方千米，耕地1.8亿亩，人口为7000万。在如此广大的幅员内，水土流失区占了绝大部分，为43万平方千米，每年要从地面冲掉0.5厘米的肥沃土壤。黄土高原年平均侵蚀模数——即每年在单位面积内的泥沙流失量——为每平方千米5000 ~ 15000吨。陕西和山西北部的一些地区的泥沙流失量甚至为每平方千米15000 ~ 30000吨。

黄河每年冲走的泥沙为16亿吨以上。

内蒙古高原位于中国北部，东起大兴安岭，西到甘肃河西走廊北山西端，南界祁连山麓，北抵国境线。东西长2000千米，面积100多万平方千米，是中国第二大高原。

从张家口西北望，高壁陡起，海拔可达1500米，比清河谷地高出700多米。“张家口”的蒙古语叫“喀儿根”，隘、关口、大门之意。这里是华北与内蒙古的交通要道。从张家口向西北约50千米，便是海拔1500米的高山顶，再向北，地势虽有起伏却已经缓和，苍茫天地，浩然一色，这里已经是内蒙古高原了。

内蒙古高原与青藏高原一样，是在近代地质历史时期中抬升而形成的。但是，就抬升的强度而言，内蒙古高原要温和多了，而且整个地块发生了莫名其妙的拗曲，形成了小角度的陡坡与宽浅的盆地，而东部和南部则微微翘起，翘得最高的便成为山地。镶嵌在高原东部边缘的大兴安岭和中部的阴山，便是翘而成山的典型。宽浅的大盆地有呼伦贝尔盆地、二连盆地和居延盆地等。从盆地边沿到底部中心，几百千米的距离高差仅为200多米。

内蒙古高原在中国版图上显得更为突出的，是它的牛羊和牧草，它是中国最大的天然牧场。高原西部气候更干燥一些，大都为沙漠戈壁，草场稀少。由西向东，呼伦贝尔、锡林郭勒大草原的景色渐渐变得浓郁，牧草旺盛，空气开始湿润。

云贵高原包括贵州全省，云南省哀牢山以东地区，广西的北部以及四川、湖北、湖南交界地区，是中国南北走向与东北—西南走向的两组山脉的交汇点，因而地势起伏多样。

云贵高原还是长江、西江和元江三大水系的分水岭。这些河流的许多支流如长江水系的金沙江、赤水河、乌江、沅江;西江水系的南盘江、北盘江等,长期以来在完成各自流程的同时,锲而不舍地切割地面,雕刻崖壁,使高原的大部分地区均为深山峡谷,峰峦险峻。金沙江的虎跳涧大峡谷深达3000米,乌江河谷也有500米左右的深度。北盘江打帮河上源的黄果树大瀑布,从几十米高的陡壁悬崖上直泻犀牛潭,展现着自然界气势磅礴的坠落精神。

云贵高原,实际上已是山地性的高原了。

云贵高原连绵起伏的山岭间,有地面比较平坦的"坝子",土深草肥,人口密集,城镇集中。高原上还有断层湖,如滇池与洱海,这两个湖傍着两个名城——昆明与大理。

云贵高原上还有典型的喀斯特地貌,在石灰岩分布地区,到处可以看到石林、洞穴、地下河与横渡峪谷的"天生桥",或者奇异,或者神妙,或者深邃,是鬼斧神工之作。

中国的盆地中面积超过10万平方千米的有塔里木盆地、准噶尔盆地、柴达木盆地和四川盆地。

早在5亿年前,今天的塔里木与准噶尔是汪洋大海中的两片古陆,寂寂无闻中过了2亿多年。地层急剧变动,海底隆起高山,到第四纪时这一过程进一步加剧之后大体稳定,塔里木与准噶尔便成了众山环抱中的两大盆地,为天山所隔。可以这样说,这两个盆地是古老的,而簇拥它们的群山则是年轻的。

塔里木的维吾尔语意为"无缰之马",是喻其形状?言其广大?待考。它位于天山之南、昆仑山和帕米尔高原之间。这是一个巨大的内陆盆地,东西长1500千米,宽约600千米,盆底面积53万平方千米,是中国第一大盆地。盆底地面由西向东倾斜,西部海拔为1300米,到罗布泊时仅700米略多了。

塔里木盆地有明显的环状地理带，其变化规律是：高山带、山麓砾石戈壁带、绿洲带、沙漠及盐湖带。这些环状地带所显露的自然景观截然不同而又互为陪衬。高山顶部及其间是冰川雪峰，雪线之下有森林，森林之下的地上有牧草。砾石带的水却全部渗入砾石地面之下，自己乐于荒凉。绿洲带是家园所在，果实飘香。沙漠与盐湖荒无人烟，罗布泊干涸之后已成为聚集风沙的风库与沙库，其东为戈壁，其西为流沙。戈壁沉寂，流沙滚动，少有沙生植物生长。

准噶尔盆地在天山和阿尔泰山之间，西北、东北、南面为大山所困，似不等边三角形，面积38万平方千米。它的地形结构与塔里木盆地相似，只是四周山岭缺口较多，而盆地内部的生态群落较为复杂，有草原、沙漠、盐湖、沼泽等。沙漠在盆地中部及东部，称为古尔班通古特沙漠，盆地西部降水量较多，有草原与沼泽。

准噶尔盆地的克拉玛依有油田，北部阿尔泰山产黄金。

准噶尔盆地几无绿洲。

柴达木盆地位于青海省阿尔金山、祁连山、昆仑山之间，东西长800千米，南北宽350千米，面积22万平方千米。这是青藏高原上陷落最深的一个盆地，盆地中央的察尔汗盐池是中国最大的盐湖，储盐量250亿吨，可供中国人食用8000年。盐湖也是一种奇迹，其表面的盐盖坚硬无比，可以厚达15米，贯穿盆地南北的公路有31千米路面，就铺筑在察尔汗盐湖的盐盖上，有不少房屋是盐块砌垒而成的。盆地中的盐结晶多彩多姿，是柴达木的光彩。柴达木还有石油、石棉及各种矿藏。

柴达木的一盆盐，可以使我们想到很多很多。

> 除了母亲以外，谁会这样周到细微地关心我们呢？
>
> 有山有水有五谷，有甜的果实，这还不够，五味之中盐是绝对不可缺少的，因而又有了柴达木盆地。

四川盆地号称"天府之国"，这里江水滔滔，山林葱郁，这一丘陵状盆地面积为20万平方千米。这里开发早,农业发达,有水利之便,曾经是中国历史上帝王、兵家必争之地,一个风云抖动的大舞台。

地理学家认为,这是一个标准的构造盆地,四周有邛崃山、龙门山、大巴山、巫山及大娄山环绕,海拔1000 ~ 3000米,多紫红色砂页岩,因而中国的古人也称之为"紫色盆地""红色盆地"。距今1.35亿年前,四川盆地还是一个内陆大湖,后来在地壳运动中周遭上升为山地,东缘的巫山因为地势较低,一湖之水从巫山汩汩溢出,湖底逐渐干涸而成为盆地。成都平原位于盆地西部,2200多年前,古代杰出的水利专家李冰父子便在岷江上游修建了都江堰水利工程。四川盆地迭经巨变,它从陆地到海盆,从海盆到湖盆,再由湖盆而盆地,其沉积丰富且多样。

四川盆地水土流失严重。

"岩溶地貌"一词,现在世界地学界均以南斯拉夫典型的石灰岩地貌区喀斯特高原的地名来命名,即喀斯特地貌。

中国喀斯特地形分布广泛,从青藏高原到台湾岛,从大兴安岭到南海诸岛,均有不俗的展现,如阳朔山水,路南石林,济南趵突泉,桂林芦笛岩等等,不一而足。

桂林漓江边上的喀斯特地形,是发育得格外神妙、特别完好的。奇峰矗立,奇形怪状,有似巨笋的,有似莲花的,有似慈祥老人的,有似指路神仙的,有的像大雁成行,还有的如宝剑倚天,千峰竞秀,俱皆倒映漓江中。在这些山峰分布区内,洞穴、石芽、地下河遍布其间。而这些外表奇特的山峰内部,更是别有洞天,深藏不露。桂林七星岩洞长有2千米,曲径通幽,美不胜收,人间所有它皆有,人间所无它也有。石林石笋平地窜起,钟乳石又悬空倒挂,人们根据人的经验为各种形象命名。但七星岩洞中的各种各样地貌在形成之初,却没有任何蓝本可以参照,只是自由自在,想是什么便成什么,想要什么便有什么。这是创造之初的创造,这才是创造。

从桂林到阳朔,可谓一路皆是"喀斯特"。

桂林市中心有独秀峰，还有象鼻山、叠彩山、七星山等。中国出露地表的石灰岩区总面积为130万平方千米，约占全国总面积的13.5%，被埋藏于地下的则更为广泛，有的地方累计厚达几千米、上万米。整个西南地区，喀斯特地形连成大片，面积共达55万平方千米。广西的喀斯特地形占全区总面积的60%，贵州和云南东南部的石灰岩分布，也占了该地区总面积的50%。

同是喀斯特地形，云贵高原区与广西却有显著的差异。云贵高原的地质条件要比广西复杂许多，在几百万年前新生代第三纪时，这里也曾发育有热带、亚热带的峰林与孤峰平原等喀斯特地形。第三纪以后，云贵高原大幅度隆起，成为海拔1000～2000米以上的高原，远离了广西漓江两岸所具备的湿热的亚热带气候条件，以溶解为主的喀斯特作用也就不太明显，而剥蚀作用相对突出，溶洞少，欠陡峭，山峰显得浑圆、低缓，缺了一点灵秀之气，显得老成持重。

风力作用下的沙漠地形。

习惯上称之为"三北"的中国西北、华北及东北有大片沙丘覆盖的沙质荒漠和砾石散落的戈壁滩，以及地理学上称之为岩漠、石质荒漠的裸露的山地。其分布主要位于北纬35°～北纬50°、东经75°～东经125°之间。总面积为130.8万平方千米，占国土面积的13.5%。荒漠地区以流动性沙丘为主的沙漠，又占全国沙漠的70%以上。

中国著名的大漠有：塔克拉玛干沙漠、古尔班通古特沙漠、柴达木盆地沙漠、库姆塔格沙漠、巴丹吉林沙漠、腾格里沙漠、毛乌素沙地、乌兰布和沙漠、库布齐沙漠、小腾格里沙地、科尔沁沙地、呼伦贝尔沙地。塔克拉玛干沙漠为最大，面积为32万平方千米。

沙漠既是干燥气候的产物，也是干燥气候的象征，地球上有山以后便有了沙漠，这是丰富的沙质来源。另有一些沙漠，则是因为人为影响，如河水断流、植被破坏、垦牧过度造成的。

中国沙漠是孤独而躁动的。它们深居内陆，连绵成片，远离海洋，不知湿润为何物，周围则是高原和大山的重重叠叠的阻挡。这样的阻挡挡住的是海风的吹入，挡不住的是沙漠向农区绿洲的推进。因而日照强烈，温差很大，风沙尘暴，干旱燥热便成了所有沙漠的共同特征。

沙丘是沙漠地表的最基本形态。

最常见的是金黄色沙丘堆成的新月形沙丘，好比连绵无尽的一弯新月，闪烁金黄色。它的形成是因为从沙丘背部和两侧吹来的风，把沙粒从背风坡顺沙丘两侧搬运，逐渐形成两弯沙角所致。

新月形沙丘随风移动，却看似无声无息，高几米到几十米，宽可达 100 ~ 300 米，在沙漠腹地的沙源丰富处，这些大小不一的沙丘会互相连接，是为新月形沙丘链。这一沙丘链使随风而动的沙丘互相牵动，有了整体性。

被称为“垄岗沙”或“纵向沙丘”的沙垄，也是广泛分布的一种沙丘。它平行伸展，可长达几百米至几千米，高达几十米，顶部微呈穹形，两侧坡面大致对称。已知最长的沙垄可达 45 千米。此外，在多种风向之下或下伏地面起伏不平的地带，发育有金字塔沙丘，还有穹状沙丘、鱼鳞状沙丘等。

沙丘的随风移动，是沙漠扩大化的一种基本方式，迄今为止有效的固沙办法只有种草植树，在植物根部的牵系稳定之下，沙丘便会顺服，静若处子。

戈壁是一种基本上没有细沙而砾石杂陈的干燥区地形。在极端炎热，四季及昼夜温差大的气候条件下，岩石最终不堪风吹日晒之久，热胀冷缩至极点而发生崩解，产生了大小不等的砾石与沙粒，后来沙粒细质又随沙尘暴不知去向后形成。这些砾石还会被风搬移，只是不为人知，除非它有足够的质量，通常情况下偶尔从戈壁走过的人，会惊讶于这些曾经高大的砾石，竟如此平静，表现为沉思默想的荒凉。有的戈壁是光秃的石质地面，有风蚀的洼地，此为石质戈壁，也称岩漠。还有的全部被砾石覆盖，是为砾漠。

中国的戈壁滩多为砾石滩。

中国西部的风是塑造沙漠地形的动力，沙石则是工具。除开沙丘，还有风蚀洼地、风蚀槽、风蚀脊、风蚀柱以及风蚀蘑菇、蜂窝石等各种沙漠风蚀地貌。

开始于1979年的中国三北防护林体系工程，在艰苦奋斗20年间寻找着，创造着森林、植被与沙漠的相对平衡，阻挡中国风沙线的推进，以期改善土地荒漠化的严峻趋势。

冰川地形。

冰斗是山岳冰川最典型的冰蚀地貌形态。冰斗发育之初，一般在谷源或谷坡上，由于冰融风化的破坏以及冰斗冰川本身的刨蚀与掘蚀，不断地扩张加深。典型的冰斗呈圆椅形，三面环以岩壁，开口处为岩槛，底部是洼地。冰斗主要发育于雪线附近。

当冰斗扩大，斗壁后退，相邻冰斗间的岭脊成为刀刃状山脊时，称为刃脊；由几个冰斗夹峙的山峰成为金字塔形的角峰；一些原始的凹地很容易成为聚结冰雪之所，人称冰窖；如果冰雪消融，冰窖会变成大大小小的高山之湖。

冰川槽谷是另一种冰蚀地貌，它的形态颇像英文字母U，也称U形谷或幽谷。

冰川消退后，除了各种冰蚀地貌因此暴露外，冰川携带的大量砾石、泥沙等冰碛物会散落、堆积，形成冰碛地貌。冰川消退时最先堆积的，称为终碛；位于冰川底部的叫底碛；两侧的为侧碛；原先的表碛、内碛和中碛堆积到底碛之上的，是为基碛。大陆冰川地貌分布最广的冰碛物，便是基碛和终碛，有的地方会形成基碛丘陵和终碛堤。

我们已经写过第四纪地球广布的冰川，中国广袤的大地上是否也同样如此，科学界持论颇不为一。李四光认为，中国第四纪时有过四次冰期和三次间冰期。

海浪作用下的海岸地形。

中国大陆部分的海岸线从鸭绿江口起，向南直到广东的北仑河口止，长约18000多千米。海浪是海岸线的塑造者，在突出的海岬地区因为岸陡水深，幅聚的冲击浪使岩石崩解碎裂，可以造成一系列的海蚀地貌；而海湾的情况就很不一样了，波浪扩散，波能减弱，泥沙首先在海湾顶部形成海滨沙滩，然后是沙滩变宽，海岸推移，港湾堆积地形由此而生。

海蚀地貌中的海蚀崖，是海浪打击力的集中表现，它能使悬崖形成凹槽，岩石悬空，然后跌落，最后成为壁立。旅顺口外的峭壁、山东半岛的成山头，其峥嵘突兀令人望而却步。海蚀崖后退时，崖前会出现一个平台，此即海蚀台。海蚀崖坡底的凹槽，称海蚀穴，更深一些的叫海蚀洞，岩洞顶被波涛击穿，便形成海蚀窗。浙江普陀的潮音洞、梵音洞、洛伽洞，均是海蚀洞，波浪进出，其声悦耳。如果岬角两侧同时形成的海蚀洞不断扩大、贯而通之后，便形成海蚀拱桥。海蚀台上有更加坚硬的岩体居然不为风浪所动，便是海蚀柱，海南岛天涯海角处便有这样的柱石耸立着。

海积地形是进入海岸带的松散物质，在波浪推动下进行运动，又在波浪消散后堆积的海岸地貌。

中国海岸类型错综，从构造上看是上升和下沉相间，从物质组成上说为山地基岩与平原砂质交替。倘以成因为主，中国的海岸可以概括为四大类型，即：侵蚀为主的海岸、堆积为主的海岸、生物海岸与断层海岸。

地理环境的诸要素中，以地理纬度和地形为最基本也最重要。地形，从某种意义上说控制或把握着大地的地理形势，它可以形成各种大地格局，它造成气候的复杂多样，它制造并制约了大地之上形形色色的景观，它还可以干扰或掩盖地理环境的纬度地带性。

中国地形的复杂多样，决定了中国气候的复杂多样。简言之，自由流动的南北冷暖气团由山脉阻挡了，尤以东西走向的山脉为甚，这便有了山南山北的风光迥异。如秦岭，南坡温情脉脉，细雨霏霏，北坡则是寒冷干燥。

包然山地使得北冰洋和西伯利亚的寒流受到层层阻截，路径因而迂回曲折。可是在北美洲因山脉都以南北走向为主，北方的冷气团可以全无窒碍呼啸南下。中国的寒潮最初是从西北向东南，被阻隔之后便向南与西南方向驱动，到达东部平原后，才可以一举深入华南。

青藏高原的如此高峻、巨大的存在，对空气运动的影响实在不能小视。在它面前高空西风急流碰壁而回，不敢造次，便有了分支与会合，影响了中国乃至世界的大气环流，最明显的是使中国、印度和日本的季风得到加强。与此同时，山地面向暖湿气流的一侧，成了雨水中心，如喜马拉雅山南麓、四川盆地西缘、台湾中央山脉南段西坡。反之背向暖湿的一侧，却在焚风中为高温煎熬，望雨听雨而不得雨。

自由大气每升高 100 米，温度便下降 0.6℃，这种规律性现象在地形坎坷的山区表现得更复杂一些，因为在这里自由大气就不那么自由了，除开高度它还要受地形及坡度的限制，山高谷深之处，气候与物候均有不俗表现。白居易写庐山的诗是很好的注脚，他从山外来到山中，不由得感叹道："人间四月芳菲尽，山寺桃花始盛开"。曾经感叹春阴苦短，归去难觅，哪知道"长恨春归无觅处，不知转入此中来"。庐山春来也晚花开也迟之故，只因为它是庐山。唐代大诗人李白对大自然情有独钟，《塞下曲》起句道："五月天山雪，无花只有寒。笛中闻折柳，春色未曾看。"有人认为写得很有科学性，那是今人之言，就其实质应是对天山气候、物候的追问，因新鲜疑惑而匠心独运，此诗之道也，或者亦可说以诗之道写天之道。

地带性是地理环境最突出的特征，其成因带有本原性，即由于地球的形状和对太阳的位置，出现了纬度的不同以及太阳热量在地面上的分布差异。不过地球表面并非完全均匀，地形高度有时就会局部改变地带性规律，青藏高原在中纬度的不可趋及的崛起便是一例。按纬度说，青藏高原区属于亚热带与暖温带气候，但在如此高峻的地势下它却成了温带大陆性高原气候,基本特点是气温低、日照强,由此而影响到气候、水文、土壤、生物物种,均与众不同。它的垂直带与五花八门的地理环境结构,成为地球上非地带性规律的典范。

> 也许这又是地球的一种启示:不要拒绝一般性,也不要无视特殊性,大地之上必定会有与众不同的地形地理,也必定会有与众不同的生灵万物,当然也包括了人,奇人、怪人之中很可能有高人、天才。

在自然地带性中反映最敏感从而也最突出的是植被类型。中国的地形以大兴安岭至雪峰山一线为界,大体可以划为东南和西北两大块。东南湿润部分植被以森林类型为主,西北干旱区域以草原和荒漠植被为主。从昆仑山到秦岭到淮河、长江一线,又可把西北、东南两大块再各分两半。西北的北部内蒙古高原与新疆为一块,以干旱草原和荒漠植被为主,南部青藏高原为高山草甸及冻土荒漠;东南部分的北部以阔叶落叶林和针叶林为主,南部则以各种类型的阔叶常绿林为主。

由海陆位置和地形差异造成的,中国植被不连续的分布,使我们看见了在主要体现地带性规律的植被类型里,也深嵌着非地带性的景致。这是一种不算离奇却很美妙的镶嵌,镶嵌不是重复,是交接、渗透与变化。

中国有三条东西走向的地形线,这就是五岭、秦岭和长城。

五岭一线是热带与亚热带的地理分界线。

秦岭、淮河一线是亚热带与中暖温带的地理分界线。

长城一线西至天山,东北延至吉林与辽宁的交界处,是暖温带与中温带的地理分界线。

中国的地形是以中国的大山为起始的,我们对中国地形的陌生,首先是因为对大山的疏离。亲爱的读者,我们是中国人啊,我们怎么能如此长久地茫然不知生于斯、长于斯的地球赐予的中华民族肇始、生存、发展之地呢?

以后的日子里;我们将不得不亲近大山,回归山区,在沙漠中植树种草辟出绿洲,或者在浅海地带营造家园。否则,我们将无处可去、无路可退。

中国地形的高峻、复杂及其西高东低的走向,已经创造了华夏先人由西北向东南的文明历程。在今后的岁月里,为了使这一世界古老文明中保持最久也相对最完整的文明得以持续,那希望之光却在今日已为人类所远离的山野之地。

我们只能上山下乡!

月亮叙事曲

对于我们短促的生命而言，似乎夜晚的星空是庄严、永恒、宁静的象征。事实上它是罕见事件发生的场所，是逐渐开始向我们显现的、创世的伟大戏剧的舞台。

——帕斯古阿·约尔坦

亲爱的朋友，让我们相约：只要生命还在，意识还算清晰，我们就要仰望星空。所有的借口都不必提及，即便你远离旷野，生活在白昼喧嚣的都市中，你说现代生活的节奏太紧张。可是我怎么能相信你连望一眼星空的时间都没有呢？

人们把太多的时间和目光专注于利欲了。

是的，对于大都市来说，星空正在退隐之中。它甚至给人凌乱的感觉，以水泥和钢筋为建材主体的世界，日益高大、日益凸显时，大地及大地之上的星空便无奈地破碎了。唯其如此，仰望星空便愈来愈成为人类中至少部分人的使命，他们将要向这个世界的未来的主人和岁月报告：你们继承的不仅是一个破碎的地球，而且是一片破碎的星空。

当我们的目光于星空中碰撞，在月亮上相遇，即便今天，困惑依然古老而又年轻：月亮为什么要追随地球？月亮可以不追随地球吗？如果没有月亮，地球会不会更形孤影独并且焦躁不安？

地球使我们脚踏实地。

月亮的启示则是：我们在天上，在天宇浩渺之中的一个小小的宇宙岛上。人类的原始思维无疑是从脚下开始的，不外乎衣食住行，但最初的灵智与想象却是在头顶发生的，伴随着惊愕和神秘，看日月星辰、天象错列，听云奔雨走、电闪雷鸣，那是撒播思想的种子的时刻，心有所动便是收获。这收获是有也是无，有情有致，无形无状。

月亮到底给了我们什么呢？

> 作为感觉和体验的对象，在漫长历史时期中，人类对地、月关系还一片朦胧之际，月亮和所有的星辰均作为神秘之物存在着。生灵万物，尤其是人类在白昼的劳碌之后由月亮得到的恬静而圆满的精神安慰，温馨地洋溢在家园内外，其中的崇高、慈爱与温顺则已成了人类天性的永远美好的追求。
>
> 还记得吗？朋友，我们儿时乡野中的那一间茅草屋，那一扇门窗、那一片屋顶上的明瓦。我们的已经不在人间的老祖母、老母亲边在月光下摇动纺车，一边随时用目光摘下一行月亮的神话或诗句，念给她的儿孙听。天启的神通出现了，少不更事的我们听得津津有味，从此铭刻在心中。

叔本华说得好：“一看见月亮，意志和永恒的困苦便从意识中消失，它使意识保持纯认识的功能。”

我们很难说，星空、月亮本身便是诗化的，还是被诗化的，那是人类文化中曾经辉煌一时的诗歌与神话的一处最广漠、最遥远、最神秘的发祥地。待到丈量星空的时代开始，这是发现而不是创造，撕碎了神秘的面纱，显示着人和技术的智慧与力量，并且不断地深入冥暗幽深的太空。从此，日益增长的无知向着日益增长的知识展开。诚如德国人希尔德斯海默所言:“我们愈是深入探索事物的根源,便愈能更好地认识它的情况,但却愈来愈远离它的本质。”

总而言之,星空和月亮已经明明白白地成了人类意志的对象了。“我们的权力已经能使一切达到自我毁灭的程度。”(《自然史》魏茨泽克)

月亮不再宁静。

1972 年 12 月 14 日,美国“阿波罗 17 号”宇宙飞船指令长尤金·塞尔南与他的同伴哈里森·施密特,在月球表面逗留 22 个小时,进入登月舱准备返航地球之前,是这样向月球告别的:

> 我现在站在月球的表面上,迈出在月球表面的最后一步,我会再来,但愿就在今后不久。我相信,历史将会作出证明:我们今天提出的挑战,将成为人类明天的目标。

1969 年 7 月 21 日格林尼治时间 2 时 56 分,“阿波罗 11 号”的宇航员阿姆斯特朗的脚——这也是人类第一次——踏上了月球。他说:“对于一个人来说,这是小小的一步,对整个人类而言,却是巨大的飞跃。”阿姆斯特朗缓缓地移步,显然他并不确切地知道应该怎样在月亮表面走路,或者说阿姆斯特朗想尽力把他此时此刻的脚步,踏得稳重而深沉一些。他从登月舱下的阴影踏入白色阳光照耀下的地方,地球和月球上都静极,至少有 5 亿人在收看电视转播的实况,更多的人在收音机旁屏息以听,阿姆斯特朗终于打破了寂静,他开始描述他所见到的月球表面的景象:“有许多非常精美的像粉末一样的沙粒,我能用鞋尖轻轻地踢起它们,我能看见我的鞋印留在沙粒上,行走没有困难。”这时候,另一位美国宇航员阿尔德林出现在登月舱的舷梯上,小心翼翼地往下爬。随后,两人忙于安放仪器,这些仪器将永久留在月球上。他们收集了 30 公斤月球岩石和土壤,准备带回地球。他们的步子很快,因为月球的引力仅是地球的 1 / 6。他们在月球上停留了 21 小时 30 分钟,这也是人类最初踏访月球的 21 小时 30 分钟。

报纸上还有消息说，哈勃·威尔逊，即阿姆斯特朗的登月宣言虽只是短短的几句话，却另有重大隐情，他走下舷梯后说的并非仅仅前文已写到的“小小一步”那两句话，而是：

> “我，哈勃·威尔逊，以全人类的名义宣布：月球不属于哪一个国家，而是全人类的共同财富。”稍稍停顿后，他又接着说了一句意味深长的话：“我们为和平而来。”

此时，卫星转播中断。

因为原来拟定的讲话稿的全文是：

> “我，哈勃·威尔逊郑重宣布：美利坚合众国拥有对月球的领土主权！”

如果报章上的消息是真实的，那么是什么景象、什么力量促使美国宇航员擅自更改了登月宣言？

从1969年7月21日“阿波罗11号”抵达，到1972年“阿波罗17号”离开，曾经降落过6次宇宙飞船，留下了12名宇航员足迹的月球，又恢复了曾经长达45亿年的沉寂。但这样的沉寂不再会是久远的了，因为有人类的意志和目标在。时隔25年，1998年1月6日，美国“月球勘探者号”升空，它的使命主要是探测月球表面以下是否有水，并且测绘月球地貌，更详尽地研究月亮的地质构造。简言之，“月球勘探者号”的使命之重大，不亚于阿波罗登月飞行，它的发现水源，是为了未来生活在月球上的人的生命需要；它要探测的月球10种主要矿产元素，是为了确立其资源储藏；绘制赤道以外月球4/5表面的地貌图，则是为将来选择定居点做准备。

至此，月球作为人类星际航行、宇宙开发第一站的设想，在美国、欧洲、日本和苏联人的蓝图上，已经是确定无疑的了。

> 这是人类实现梦想的时刻，也是月球在广宇之中、

于地球之后率先进入噩梦的时刻。

1998年3月5日,美国宇航局研究了“月球勘探者号”经过7个星期的扫描、中子谱发回的数据之后宣称:月亮上有水!“月球勘探者号”首席分析家艾伦·宾德博士欣喜若狂:“我们找到了水!”这一发现证实在过去几十亿年间,彗星和冰陨石在袭击月球时,把冰留到了月球上,初步推断月球上水的总储量在1100万吨~3.3亿吨之间。

即使月球上水的储量不是很多,仍可保证千百人在月球表面生活100年。这是一个人类梦寐以求的好消息!

月亮上水的发现,其意义是如此重大。因为水的原因不得不望而却步的人类,又争相水中揽月了。更何况不仅是水,还有月球表面的氦-3,以及远远不明白的月球矿藏。仅以氦-3论,若全部开采,可供地球世界几百年乃至上千年的能源需求。

> 月亮已不再神秘,这神秘的面纱已由人类撕成粉碎,人们毫不在乎月亮形象所给人的感觉与体验的崇高、美妙,而是要把它踩在脚下,当作第二个地球实行全面的开发。
>
> 月亮很快将被另一个名字取代:月球开发区。
>
> 月亮所面临的21世纪是残酷的世纪:那是瓜分月亮的世纪。

美国是捷足先登者。

俄罗斯尽管为经济低迷所困扰,但也已制订了开采月球氦-3的计划,这种在地球上极为贫乏的核燃料只需几十吨就可满足全球一年的能源需要,比在地球上开发石油和天然气的成本还要低。俄罗斯准备在2010年以后建立月球基地,研究采矿工艺。

迄今为止,地球上最具规模的月球城模型在日本。日本人将在2010

年建立月球上的高扬太阳旗的永久性空间站，并派人驻扎作开发研究。日本清水建筑公司拟建筑的月亮太空旅馆，是为夺取月球旅游的先机之着。

欧洲航天局早在1994年便制定了“欧洲月球2000计划”，在1998年3月5日月球有水的消息发布之后，欧洲航天局6月提前做出反应：欧洲将于2000年发射一颗微型月球卫星，2001年在月球南极附近降下登月舱，对附近一座高6000米的月球山脉进行考察。这一地点是美国人发现月亮有水的地方，而且常年阳光普照，有足够的太阳能。

美、俄、日及欧洲共15国斥资400亿美元，建太空城。这是太空竞赛中的另一面：既竞争又合作，但无论如何这是在可以竞争者之间的竞争与合作，和看客无关。

建成后的太空城长108米、宽88米，重470吨，与一个足球场大小差不多。站上设有6个实验舱，可容纳7人长期在太空城工作。

1998年6月该计划开始实施。未来5年中，将有100件组件分期分批运载至距地面350千米的高空轨道上用于搭建，2003年完成组装，2013年结束调试，然后开始运行、工作。

希尔顿国际饭店集团准备在月球上建造第一家五星级饭店：“月球希尔顿饭店”。它将拥有5000个房间。该集团总裁彼得·乔治说：“这真是个伟大的设想，自从近来证实月球上有水支持生命后，我们就想成为第一个在月球建饭店的人！”

“月球希尔顿饭店”的主体建设将高达325米，相当于地球上最高的饭店拉斯维加斯的“MGM格兰特大饭店”。设有多家餐厅、一个医疗中心、一座教堂、一所学校。饮用水从月球冰中取得，这些水同时还将被用于制造观赏、游览的人工月亮海。

上述种种，人类当然可以说，这是科学的胜利，但其实质却更是20世纪末人类世界的恐慌。人类中的一部分、少数人已经在准备撤离地球了，因为地球的各种资源已所剩不多了，地球环境也已经伤痕累累了。地球人面临着从空气到水与土地及粮食的黯淡前景，这是何种意义上的令人痛心的胜利大逃亡啊！可以断言的是，这样的逃亡在21世纪仍然只是属于少数人的特权，即：握有权力者和大富豪们。对于平民百姓来说——那是绝大多数——他们仍然只能在地球上耕种、生活，只是此种生活的前景——它的艰难度会与日俱增，并更加捉摸不定。

关于月亮，我们还能说些什么呢？今天的世界上，对于月球，似乎除了它存有固态水之外，一切都并不重要了。人类的功利性及实用主义在相当程度上已经决定了月球的未来，或者说地球的今天就是月球的明天。对于为人口爆炸、资源紧缺、环境污染所困扰的人类来说，在《宇航的动机》中，勃劳恩认为"唯一的出路是'往前逃'，而研究和发展永远是进步的钥匙"。勃劳恩没有告诉我们：人类之中有多少人可以搭乘宇宙飞船往前逃？人类逃到月球之后还能逃往哪儿？人类在建立地球上的全球王国并让地球千疮百孔之后，再逃往月球重复地球上的一切，再凭借科技选择下一个可逃的星球，那么人类到底想扮演一个什么角色呢？人类的使命难道就是为了占领一个星球、毁灭一个星球？

这就是人类的未来吗？

未来的一种可能是没有未来。

> 已经有另外一种声音，在这世纪末游荡了：人只能改变自己，人啊，你们要悔改！

有很多启示闪烁在仰望星空时。

星星无言，月亮无言，星星和月亮组成的夜空依然神秘，人类倘若从此心怀感激地与夜空交流，或许还有良心发现的一天。无论在月球上盖起了什么样的城市、酒店，月亮为哪几个国家瓜分，我们都要告诉孩子们：地球是神圣的，月亮是神圣的，宇宙是神圣的。

我们永远无法描述冷艳的月光为什么如此迷人？

我们只能听诗，人轻轻地略带忧郁地诉说：

我寻找清辉落地的声音

捕捉树叶上的风

在神秘的门扉轰毁之后

我守望废墟

期待着死灰复燃……

月球本身并不发光，它只是光的传送者，把照射它的太阳光孜孜不倦地反射出去。月球绕地球运行，它永远只以它的一面对着地球，因而它可以呈诸种月相，从蛾眉月、弦月，直到满月。

在中国古人的心目中，不断变换月相的月球是高不可及、深不可测的一种有生命的物体，它的或圆或缺、盈盈亏亏、有晕无晕，均意味着某种含义，但其意义指向神秘，是规范之外的神的语言，而且只向地球诉说。约略可知的便是对地球生命的影响，但那也只是感觉，是樵夫与农人曾经信奉的，比如在月圆时撒播种子，丰收可期；而斫木伐薪则应在月缺时，那是树木生命力最弱的时候；月生晕是对地球的提醒，要起风了，月晕而风也；础润而雨却是在我们脚底下了。

这一切或者已被遗忘，或者当作迷信而不再提及。但月球的种种奇特却不可能因此而被抹杀。太阳系外圈那些行星的卫星们，其大小都不亚于月球，如木卫三的体积是月球的一倍半。但是，按行星与其卫星的比例而言，在整个太阳系中还没有一个行星的卫星是可以跟地球的卫星月球抗衡的。从月球中心到地球中心的最大距离是40万千米强，按照宇宙标准看，这个距离相当于青蛙在地球上的随意一跳。可是月球直径却又是地球直径的1/4强，是水星直径的2/3强。一个足够而有适当重量的月球，离地球又如此之近——但是也不能再近了——所以它能使地球充分感受到它的引力。

此种引力之下地球上产生的最壮观的景象，便是海水堆积形成的涨潮。

在月球和太阳引力牵引之下每天涨落两次的潮汐，人们似已习以为常，人们更多注意的往往是风暴中的海洋波涛。其实，无论多大风力的飓风乃至龙卷风，都只能搅乱海洋的表层，使人惊心动魄的波涛都是风吹海面的结果。可是我们要注意，这是波浪滚过大海，波浪以下的海水仍然是安之若素的，并没有被裹挟而去。也就是说，只有潮汐才能移动或者说搅动整个大海，同时还能移动土地与大气，每次海里出现 3 米的高潮时，陆地会升高 15 厘米，环绕地球的大气层也会向月亮和太阳凸出好几千米。潮涨潮落，人的体重也会增减几克。

当月球环绕地球运行时，地球向月的一面的海水便鼓荡而起，地球背月的一面同样有波澜震荡。太阳尽管体积巨大，可是因为离地球太远，它对潮汐的影响力只有月球的一半。即便如此，太阳仍然可以通过加强或削弱月球的引力，而使地球海洋的潮汐更加有声有色。当月球、地球和太阳连接成一线时——比如新月和满月时，月球和太阳的引力加在一起，人们就会看到不同寻常的海洋中的高潮。因而八月中秋，在传统的中国南方民间不仅赏月也是观潮之际。而当上弦月或下弦月时，正值月球、太阳和地球成为直角的时候，引力互相抵消，海上有低潮。

潮汐既是千篇一律的，又是千姿百态的。

海洋并非均匀地覆盖地球表面，而是一些四处散落、断断续续、大大小小的海盆。每个海盆中的潮汐，因着地势、地形的差异而以各种不同的方式来回晃动。在个别海盆外缘漏斗形的海湾内，涌进来的潮水除了叠垒上升别无去路，这种地方的潮汐会涨得极高，波涛一层一层地堆积、汹涌、呼啸、澎湃，煞是壮观，如中国钱塘江口，便是全球闻名的观潮胜地。其浪可超过 10 米，还会掀起 1.2 米高的浪壁。加拿大芬迪湾每次涨潮，都会把 1040 亿立方米的海水带进海湾。

这样的时候你看月亮，不是新鲜的，就是圆满的。

没有空气也没有液态水的月球景色，其特征是片片广阔的暗色平原，由于远远看去极像海洋，过去被称为月亮海；月球上山岳高峻，锯齿状山峰岿然默然以及成千成万的直径分别长达几百千米的环形山岭。月球上的环形山曾经让地球上的天文学家以为是火山喷发的产物,不过现在已经可以肯定了,那些巨大的环形山及海形盆地,均是远古时代不知其数的陨星轰击而成的。

在人类看来冷艳无比的月球,自始至终都在经受着残酷的打击,当陨星轮番地、毫不留情地轰击月球时,月球壳面因之断裂而形成断层,然后液态玄武岩便从月球深处喷出,成为暗色平原或者环形山。令所有的地质学家惊奇的,是月球表面的坚硬度,它为什么如此坚硬?它如此坚硬仅仅是为了经受难以想象的打击和重压吗?

> 在那遥远得不可思议的年代里,月球有没有过面临轰毁边缘的危机?如果月球轰毁,地球会安然至今吗?
>
> 是的,没有这样的如果。
>
> 追问事物本身:这又是为什么?

诚如雅斯倍尔斯在《论历史的起源和目标》中所说的那样:

> 我们既不能否认可能性,也不能估计现实。但是我们能意识到那令人惊奇,使人日趋不安的事实:在无限时空中,人在此小小星球上苏醒过来不过6000年,或按流传说法的延续性才3000年……

我们所知道的有限的知识,在月球上发现水之前,大体是这样的:月球上没有可以觉察到的大气层以及随之而来的水气循环,因此月球地貌的形成是陨星不断冲击及温度急剧变化所致。月球的白昼可达127℃的沸腾温度,而在夜晚会冷至−183℃,月球表面因着极热和极冷而涨缩无定随意扭曲。月球上带回地面的石头也令科学家们大吃一惊,首先是月球至今仍在遭受撞击折损,其次这些石头上留下的宇宙射线的痕迹表明:亿万年间它们不断翻来滚去,跌来撞去,飞来飞去。这使人们想起陨星带来的冲击和震荡,因而月球表面到处都是飞来石,来自几千米、几十千米、几百千米以外不等。对于这些飞来石而言,可以说居无定所,永无宁日,不知道哪天它们又会因撞击而飞走。

极而言之,月球的荒凉是在袒露着以往,并告诉我们地球上已经杳无痕迹的家园往事。月球表面既没有大气层的保护,同时也没有地球上的种种侵蚀作用,更没有各种植被的修复和遮掩。因此自它形成以来的40多亿年中发生的事件,都作为地质记录保存下来了。

一般认为地球和月球形成的年代与过程大致相同,但地球表面已发现的最古老的岩石只有39亿年的历史,因此对地球考察者而言,月球是一览无余的资料库,它保持了地球—月球系统历史中,地球上已经无法钩沉的空白年代的宝贵资料。同时,我们也不妨认为,袒露荒凉的月球以不言为言:

地球曾经也是这样的。

于是,我们不能不想起施奈德的话:“宇宙是一位规范之外的神的言语。”地球的神奇与美妙,以及人类的精神存在,又岂是笔者所写的书能够回答的呢?

夜深人静,我的窗户有时能看见星星,有时只有漫漫黑夜,有时则风沙骤起、泥雨纷纷,我的笔触我的思维正在促使我“喊叫着沉入无限空间”(施奈德语):

月亮是地球的传记。

人啊!最后地赞美那完整而荒芜的月亮吧!